U0323854

中国矿业大学"卓越工程师培养计划"教材

江苏高校品牌专业建设工程项目(TAPP)

教育部新工科研究与实践项目

采矿地球物理学基础

主　编　牟宗龙　窦林名
　　　　曹安业　何　江

中国矿业大学出版社

·徐州·

内 容 简 介

　　本书主要介绍了采矿地球物理学的基本内容、采矿地球物理方法的技术原理,以及在典型矿井煤岩动力灾害预测预报、监测预警方面的应用。主要内容包括:采矿地球物理学的基本任务、煤岩动力灾害的发生机理、矿山开采诱发的震动监测、煤岩变形破裂的声发射监测、震动波探测、煤岩变形破裂的电磁辐射监测等方法的技术原理及在解决采矿问题中的应用。

　　本书主要用于采矿工程专业的本科生及研究生教学使用,也可供从事煤岩动力灾害研究领域的科技工作者及工程技术人员参考使用。

图书在版编目(CIP)数据

　　采矿地球物理学基础 / 牟宗龙等主编. —徐州:中

国矿业大学出版社,2018.10 (2019.12 重印)

　　ISBN 978 - 7 - 5646 - 4225 - 9

　　Ⅰ. ①采…　Ⅱ. ①牟…　Ⅲ. ①矿山开采－地球物理学

Ⅳ. ①TD8

　　中国版本图书馆 CIP 数据核字(2018)第 253544 号

书　　名	采矿地球物理学基础
主　　编	牟宗龙　窦林名　曹安业　何　江
责任编辑	陈红梅
出版发行	中国矿业大学出版社有限责任公司
	（江苏省徐州市解放南路　邮编 221008）
营销热线	(0516)83884103　83885105
出版服务	(0516)83995789　83884920
网　　址	http://www.cumt.com　E-mail:cumtpvip@cumtp.com
印　　刷	徐州中矿大印发科技有限公司
开　　本	787 mm×1092 mm　1/16　印张 14.75　字数 368 千字
版次印次	2018 年 10 月第 1 版　2019 年 12 月第 2 次印刷
定　　价	29.50 元

　　（图书出现印装质量问题,本社负责调换）

前　言

采矿地球物理学是现代采矿科学与地球物理学的分支学科和交叉学科。目前地球物理方法在矿井中的应用越来越广泛,尤其是在解决煤岩动力灾害问题方面体现出明显的优势。经过多年在国内外数十个矿井的成功实践表明,相比传统监测技术手段,地球物理方法具有不损伤煤体、劳动强度小、实时、连续、动态、非接触监测等优点,在煤岩动力灾害危险性预测预报及监测预警中具有极大的应用前景。21世纪,采矿地球物理方法将是应用在采矿安全技术以及矿井经济、高效开采等领域最基本的监测手段。

基于采矿工程专业学生培养目标需求,为使学生在学习传统煤矿监测技术基础上进一步了解和掌握新技术、新方法,提升解决实际问题的能力和水平,编者在原使用的教学资源基础上,通过广泛参阅相关研究成果,编写了适合采矿工程专业学生使用的《采矿地球物理学基础》一书。

全书共分8章:第一章介绍了采矿地球物理学的基本任务,包括地球物理学发展、地球物理场、地球物理方法在采矿中的应用;第二章讲述了矿山开采中的典型煤岩动力灾害,包括矿震和冲击矿压的概念及特征、动静载叠加诱冲机理及特征等内容;第三章介绍了微震监测原理与技术,包括矿山震动现象、矿震对环境的影响、矿震产生机理、震动波场特征及传播规律、煤岩动力灾害的微震监测技术原理及应用等;第四章介绍了岩石破裂的声发射监测,包括声发射监测物理基础、岩石声发射特点、冲击动力灾害的声发射监测预警等;第五章介绍了震动波探测矿山压力的物理力学与实验基础,包括震动波探测的物理力学基础、煤岩样受载与纵波波速耦合实验、震动波评价矿山压力问题的模型等内容;第六章介绍了震动波层析成像反演技术原理与应用,包括震动波探测方法、震动波层析成像技术原理、预测冲击危险的震动波层析成像技术及应用等;第七章介绍了煤岩变形破裂的电磁辐射监测,包括煤岩破坏的电磁辐射现象、机理、预警准则、动力灾害的监测预警技术及应用、煤岩动力灾害与电磁辐射耦合规律等内容;第八章介绍了其他采矿地球物理方法,包括热红外辐射法、地电法、重力法等技术方法的原理及在采矿中的应用等。

本书由中国矿业大学多位老师编写而成,各章编写分工及人员名单如下:

第一章:牟宗龙、窦林名;

第二章:牟宗龙、窦林名;

第三章:曹安业、蔡武;

第四章:贺虎;

第五章:牟宗龙、巩思园;

第六章:巩思园;

第七章:何江;

第八章:何江。

本书编写过程中参阅了大量的专业文献，谨向文献的作者表示感谢。华亭煤业集团有限责任公司、兖矿集团有限公司、徐州矿务集团有限公司、义马煤业集团股份有限公司、鹤岗矿业集团有限责任公司、大同煤矿集团有限责任公司、淮北矿业（集团）有限责任公司、大屯煤电（集团）有限责任公司等技术应用单位为本书提供了大量现场数据资料，王富奇、卢熹、赵从国、杨随木、朱海洲等对本书的编写提出了宝贵建议，中国矿业大学矿业工程学院及煤炭资源与安全开采国家重点实验室、深部煤炭资源开采教育部重点实验室、江苏省矿山地震监测工程实验室对本书中的试验内容提供了平台支持，冲击矿压课题组的研究生在书稿的文字录入、绘图排版和校对等方面付出了辛勤劳动。本书还得到了中国矿业大学"卓越工程师培养计划"及"江苏高校品牌专业建设工程"项目的资助，在此一并表示感谢。

由于编者水平有限，书中难免有不足之处，敬请读者不吝指正。

编　者

2018 年 10 月

目　录

第一章　采矿地球物理学基本任务…………………………………………… 1
　　第一节　地球物理学简介………………………………………………… 1
　　第二节　地球物理场……………………………………………………… 2
　　第三节　基本任务………………………………………………………… 22

第二章　矿山开采中的典型煤岩动力灾害…………………………………… 25
　　第一节　矿震……………………………………………………………… 25
　　第二节　冲击矿压………………………………………………………… 26
　　第三节　动静载叠加诱冲原理…………………………………………… 28

第三章　微震监测原理与技术………………………………………………… 36
　　第一节　矿震现象………………………………………………………… 36
　　第二节　矿震的影响……………………………………………………… 37
　　第三节　矿震产生机理…………………………………………………… 43
　　第四节　震动波传播衰减规律…………………………………………… 60
　　第五节　煤岩动力灾害的微震监测技术………………………………… 87
　　第六节　典型案例………………………………………………………… 110

第四章　岩石破裂的声发射监测……………………………………………… 124
　　第一节　声发射监测的物理基础………………………………………… 124
　　第二节　岩石声发射的特点……………………………………………… 124
　　第三节　组合煤岩体变形破裂的声发射效应试验……………………… 130
　　第四节　冲击矿压动力危险的声发射预警……………………………… 133
　　第五节　实例分析………………………………………………………… 139

第五章　震动波法探测矿山压力的物理力学与实验基础…………………… 145
　　第一节　震动波法探测的物理力学基础………………………………… 145
　　第二节　震动波法探测的实验基础……………………………………… 146
　　第三节　震动波法评价采矿矿压问题的模型…………………………… 159

第六章　震动波层析成像反演技术原理与应用……………………………… 164
　　第一节　震动波探测技术方法…………………………………………… 164

第二节　震动波层析成像反演原理与计算 ································ 167

第三节　典型案例 ·· 174

第七章　煤岩变形破裂的电磁辐射监测 ································ 189

第一节　煤岩变形破裂的电磁辐射现象 ································ 189

第二节　煤岩变形破裂的电磁辐射机理 ································ 193

第三节　煤岩破裂的电磁辐射监测预警准则 ························ 194

第四节　煤岩动力灾害电磁辐射监测预警技术 ···················· 200

第五节　煤岩动力灾害与电磁辐射的耦合规律 ···················· 214

第八章　其他采矿地球物理方法 ·· 216

第一节　煤岩变形破裂的热红外辐射 ···································· 216

第二节　岩体地电特征 ·· 218

第三节　开采引起的重力场 ·· 222

参考文献 ·· 225

第一章 采矿地球物理学基本任务

第一节 地球物理学简介

地球物理学是一门以地球为研究对象的应用物理学。自 20 世纪 60 年代以来,对固体地球的研究获得了极大发展,已成为地球科学的重要组成部分,并且渗透到地球科学的许多分支中。它是天文学、物理学与地质学之间的边缘科学,与地质学、地理学、地球化学一样,在地球科学中占据重要地位。

地球物理学的研究范围很广,包括从地球最深部的地核到大气圈的边界,由地震学、地磁学、地电学、重力学、地热学、大地测量学、大地构造物理学、地球动力学等基础科学组成。地球物理学采用物理学的原理和方法研究地球的形状、内部构造、物质组成及其运动规律,探讨地球起源、形成以及演化过程,为维护生态环境、预测和减轻地球自然灾害、勘探与开发能源和资源做出贡献。图 1-1 所示为地球物理学的形成和发展示意图。

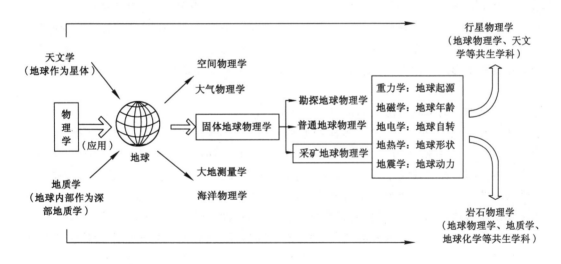

图 1-1 地球物理学的形成和发展示意图

按照研究的对象,即地球的大气圈、水圈和岩石圈,可把地球物理学分为大气物理学、流体物理学(或称海洋物理学)与固体地球物理学。习惯上,人们常说的地球物理学是指固体地球物理学,即狭义地球物理学。按照应用范围,狭义地球物理学又可分为以下几类:理论地球物理学或"纯"地球物理学、勘探地球物理学或应用地球物理学和采矿地球物理学。

人类观察和研究地球物理现象已经有几千年的历史,早在公元前 1177 年的商朝,我国就有关于地震的记载。实际上，现代物理学是从研究地球物理问题开始的，例如牛顿通过研究地球和月球的运动发现了万有引力定律，克雷若研究地球的形状，拉普拉斯研究地球的起源，高斯研究地球磁场，开尔文研究地球的弹性、热传导和其他与地球物理相关的问题。18～19 世纪，地球物理学成为物理学中的一门重要分支；到了 20 世纪初，它就自成体系；进入 20 世纪 30 年代，由于把地球物理学方法用于矿产资源勘探当中，使它得以迅猛发展。

第二节　地球物理场

地球从诞生到今天已有 46 亿年，在这样一个漫长的历史时期内，地球有其自身的演化过程。原始的地球被一层浓厚的气体（主要是氢、氦）包围着，由于陨石物质的冲击、放射性物质的衰变生热及原始地球的重力收缩使得地球的温度升高，加上来自太阳的辐射能量，气体分子的动力增大，地球的引力不足以吸引它们，这些质轻的气体分子很快地逃离地球的引力场，散逸到宇宙空间。所以，在地球的幼年时代，它的表面是光秃秃的，没有山脉也没有海洋，这个时期持续了约 10 亿年，地质学家把地球的这次脱气称为第一次脱气。

由于地球温度升高，致使物质发生熔化，熔化后的物质呈液态，易于对流。在地球重力的作用下，密度大的铁镍物质下沉形成地核，密度小的硅酸盐物质上升成为地表。早期形成的放射性元素，使得地球内部的温度越来越高，靠近地核的固态物质熔解为液体，这样地球就有了一个液态核。由于硅酸盐的熔点高于铁镍的熔点，而硅酸盐的密度又低于铁镍的密度，所以当地球内部的温度足以使铁镍熔化时，硅酸盐仍为固体，它们浮到液态核的上面形成地幔。随着地幔和地壳的分化，以镁、铁为主的硅酸盐构成地幔，以铝、铁为主的硅酸盐构成地壳。

当地幔获得足够的热量后，开始发生对流，初始的海底扩张使散热作用加速，地幔固结了，但外核仍为液态，而外核的对流是产生现今地球磁场的原因。最后，地球在其数十亿年的演化过程中形成了地震、地磁场、重力场及温度场等地球物理场。

一、地震

地震是地球内部具有能量的最直接的证据。地球内部能量于瞬间释放时引起的地球快速颤动，从而引发大小不等、形式多样的地震活动。按照震源深度（h）的不同，地震可以分为浅源地震（$h<70$ km）、中源地震（70 km$<h<$300 km）和深源地震（$h>$300 km）。破坏性巨大的浅源地震往往发生于板块内部，特别是发生在陆壳板块的内部，被认为是各种断层突发性活动的产物。我国境内发生的多数地震属于浅源地震，而中源地震和深源地震多被认为主要是与板块作用过程有关，尤其是与板块边缘的俯冲、碰撞过程密不可分。

岩石圈板块的运动有两种类型：一种是陆—陆碰撞，即碰撞发生于两个大陆板块之间；另一种是洋—陆俯冲，即在大陆板块和大洋板块之间进行。在陆—陆碰撞的情况下，地震主要沿着碰撞板块的结合带边缘分布，发生于碰撞形成的断层带内［图 1-2(a)］。由此引发的地震多数为浅源地震，也可有少量的中源地震发生。在洋—陆碰撞的情况下，洋壳板块沿着海沟带往大陆板块下部俯冲，并一直下插到地幔深度。在俯冲板块的不同部位，应力分布的状态是不相同的：俯冲板块的后缘处于相对拉张的构造环境，中、前部则受到强烈的挤压。在这种情况下，全部 3 种震源深度的地震都有可能发生，如图 1-2(b)所示。

此外，无论是陆—陆碰撞还是洋—陆俯冲，在陆壳板块的内部都会因为构造应力的局部集中而产生板内地震，这类地震一般多为浅源型。

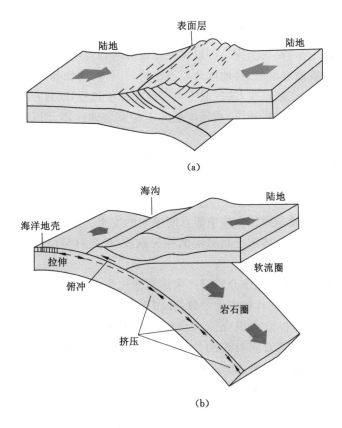

图 1-2 岩石圈板块运动类型

(a) 陆—陆碰撞；(b) 洋—陆碰撞

1. 地震波

任何一个物体受外力作用后，其体积和形状将发生变化，统称为形变。当外力消失后，如果这个物体立刻恢复到原来的状态，称该物体为完全弹性体；反之，如果该物体仍保持其受外力作用时的状态，称其为塑性体。在外力作用下，自然界中的大部分物体既可以显示为弹性，也可以显示为塑性，主要取决于物体本身的性质、外力的大小及作用时间长短、温度、压力等外界因素。当外力很小且作用时间很短时，大部分物体接近于完全弹性体。弹性力学中，通常将介质视为均匀、各向同性及完全弹性的连续介质，尽管这些假设具有很大的近似性，但使许多基本理论问题的讨论得以简化。

在地球内部，由人工激发或天然原因产生的地震，其能量以波动形式向周围传播，这就是地震波，即人工地震波和天然地震波。在讨论地震波的传播问题时，需要应用弹性力学的原理。地震观测大都在远离震源的地方进行，除了在震源附近，介质所受的力一般都是很小的，而且作用时间也极为短促。因此，可以将震源以外的介质视为完全弹性体。

在弹性理论研究中，通常还把物体的性质分为各向同性和各向异性两种。凡弹性与空间方向无关的介质，称为各向同性介质；否则，称为各向异性介质。构成地球介质的岩石是由矿物组成的，矿物晶体的排列方向是任意的，没有一个主要方向，因而可视地球介质为各向同性介质。

提到地球介质的均匀和连续时,人们会想到各种复杂的地质构造以及岩石性质的剧烈变化,微观上这种均匀和连续的假设显然不成立。但是我们所讨论的天然地震波,其波长一般达数百米,甚至数千米,宏观上完全可以将地球视为均匀连续的介质。

综上所述,在地震波理论中,将地球介质当作均匀、各向同性和完全弹性介质来处理,只是一种简化了的假定。实践证明,这种假定可以简化分析过程,而且在多数情况下可以得到与观测数据近似的结果。严格地说,实际地层并不是完全弹性体,而是黏弹体,但这并不影响我们引用弹性力学的基本理论。

地震波主要有两种类型:一类是能在整个地球介质内传播的体波;另一类是只能沿地球表面或分界面传播的面波。

(1)体波

实际上震动波的传播是弹性介质中质点间应变的传递。弹性介质中只有两种基本的应变——体应变和切应变。与体应变相对应的称为纵波(P波);与切应变相对应的称为横波(S波)。

在胀缩力的作用下,纵波周围介质只产生体积变化而无旋转运动,质点交替发生膨胀和压缩,质点的震动方向与波的传播方向一致,如图1-3(a)所示。

在旋转力的作用下,横波周围介质只产生转动而体积不发生任何变化,质点间依次发生横向位移,质点的震动方向与波的传播方向垂直,如图1-3(b)所示。只有在固体中才能传播横波,它又可分为两种形式:质点的横向位移发生在波传播方向垂直面内的称为垂直横波,记作SV波;质点的横向位移发生在波传播方向水平面内的称为水平横波,记作SH波。

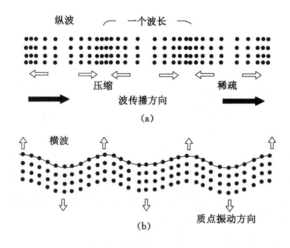

图 1-3 地震纵波和横波引起的质点震动

在各向同性介质中,地震波的传播速度仅与本身的物理性质有关:

$$v_{\mathrm{P}} = \sqrt{\frac{(1-\mu)E}{(1+\mu)(1-2\mu)\rho}} \tag{1-1}$$

$$v_{\mathrm{S}} = \sqrt{\frac{E}{\rho} \cdot \frac{1}{2(1+\mu)}} \tag{1-2}$$

式中：v_P，v_S 分别为纵、横波的传播速度；E 为杨氏弹性模量；μ 为泊松比；ρ 为介质密度。

由式(1-1)与式(1-2)可求纵、横波的速度比：

$$\frac{v_P}{v_S} = \sqrt{\frac{2(1-\mu)}{1-2\mu}} \qquad (1-3)$$

对于大多数岩石来说，$\mu \approx 0.25$，得出 $v_P \approx 1.73 v_S$。可见，P 波比 S 波的传播速度要快得多。

（2）面波

面波是体波在地球表面或界面因干涉而产生的，常见的面波有瑞利波和拉夫波两种。

瑞利波是一种沿空气与介质分界面（即地球表面或自由界面）传播的波，如图 1-4 所示。其质点震动有水平和垂直两个方向，运动轨迹为一个逆进椭圆，椭圆轨道的长轴垂直于地面，短轴与波的前进方向一致，长轴大致为短轴的 1.5 倍。瑞利波的能量主要集中在地表，水平振幅随距离的衰减比体波慢，而垂直振幅随距离的增加迅速衰减。瑞利波的传播速度 v_R 较低，约为同一介质中横波速度 v_S 的 0.92 倍。此外，它的传播速度随频率升高而降低，即：

$$v_R = v_{R\infty}(1 + a/f) \qquad (1-4)$$

式中：a 为随频率而改变的某一常数；$v_{R\infty}$ 为频率趋于无穷大时的速度。这种速度随频率而异的现象称为频散。

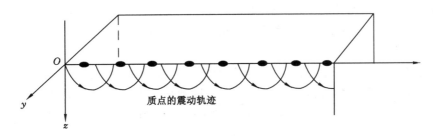

图 1-4　瑞利波的传播方向和质点的震动方向

拉夫波是在低速层（横波速度为 v_{S1}）覆盖于波速较高的半无限空间（横波速度为 v_{S2}）情况下产生的，如图 1-5 所示。拉夫波沿界面传播时，其质点的震动方向与波的传播方向垂直；而震动平面与界面平行。所以，拉夫波本质上是一种 SH 波，同瑞利波一样，也存在频散现象，它的传播速度 v_L 介于 v_{S1} 和 v_{S2} 之间。

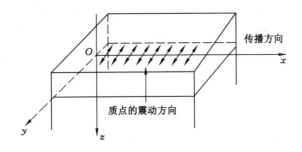

图 1-5　拉夫波的传播方向和质点震动方向

在爆炸地震学中(主要是进行地质普查和勘探),P波是最重要的波,S波的作用也在提高。在天然地震学中,P波和S波对于研究地球的内部都很重要。另外,面波波散的研究在了解地球表层及内部的速度结构方面,已成为一种有效的手段。

2. 天然地震

地震是一种自然现象,就其成因可分为构造地震、火山地震和崩塌地震3类,它是地下某处在极短时间内释放大量能量的结果。地下岩石受到长期的构造作用积累了应变能,岩石断裂时,应变能全部或部分地释放出来,便产生地震,这就是构造地震。无论从规模还是数量上讲,构造地震都占了地震的绝大多数。

地下发生地震的地点叫作震源,震源在地面上的投影叫作震中。震源其实不是一个点,而是一个区域,所以震中也不是一个点而是一个区域,叫作震中区。

地震在全球的分布是不均匀的,有的地方地震多,有的地方地震少。地震多的地区叫作地震区,地震区的震中常呈带状分布,所以也叫作地震带。全球性的地震带有3个:环太平洋地震带、海岭地震带和欧亚地震带。

环太平洋地震带环绕太平洋周围,是地球上地震活动最强烈的地带。它集中了全球80%以上的浅源地震和几乎所有的深源地震,所释放的地震能量约占全部能量的80%,但其面积仅占世界地震区总面积的1/2。

海岭地震带分布在环球海岭的轴部和两海岭之间的破碎带上,加利福尼亚和东非地震带可能是海岭地震带的延伸,海岭地震带的特点是宽度很小,一般只有数十千米。海岭地震的强度不大,且皆为浅震。由于这里的地壳很薄,因此与大陆浅震不同,多发生在地幔顶部,而不是在地壳里。

欧亚地震带包括地中海、土耳其、伊朗以及喜马拉雅弧的地震带,它与第三纪阿尔卑斯褶皱带基本一致,所以也称为阿尔卑斯地震带。欧亚地震带的地震活动性仅次于环太平洋地震带,常造成很大的灾害,释放的地震能量约占全部能量的15%。

我国也是地震多发区,破坏性地震大都聚集在一些狭窄地带内,而且地震发生的时间、强度和空间分布也都有一定的规律,并与地质构造有关。按照地震活动性和地质构造特征,可把我国分成23个地震活动带,如图1-6所示。

地震在时间上的分布也是不均匀的,全球每年释放的地震波能量起伏很大。在有些地区,较大地震会在原地点附近重复发生,但时间间隔并不均匀。地震活动是有间歇性的,但并无固定的周期。

表示地震的强弱有两种方法:一种是表示地震本身的大小,它的量度叫作震级;另一种是表示地震影响或破坏的大小,它的量度叫作烈度,震级和烈度都表示地震的强弱。

震级是地震固有的属性,它仅与地震释放的能量有关,而与观测点的远近或地面土质情况无关,所以可利用地震波的最大振幅、平均周期和震中距来计算震级。震级既可以用体波也可以用面波来计算,但对同一地震,计算出的体波震级和面波震级是不同的。

对于震中距大于20 km的浅源地震,面波水平振幅最大值的周期一般都在20 s左右。因此,面波的震级为:

$$M = \lg A + B \qquad (1-5)$$

式中:A是以微米为单位的面波振幅;B是与震中距和测点地质条件有关的常数。

式(1-5)中未出现周期,但实际限制了周期必须在20 s左右,对于其他周期的面波,用

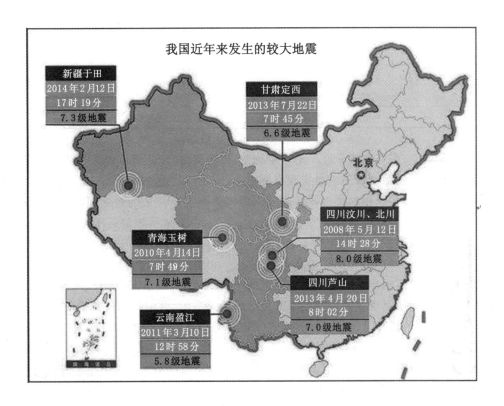

图 1-6　我国近年来较强地震分布示意图

下式计算震级：
$$M = \lg(A/T) + 1.66\lg\Delta + 3.3 \tag{1-6}$$
式中：T 为最大振幅的周期；Δ 为震中距。

对于深源地震，面波的能量很弱，因而必须用体波来计算震级，体波的震级为：
$$m = \lg(A/T) + B \tag{1-7}$$
式中：A 为体波振幅；T 为最大振幅的周期；B 为常数，由经验确定。

面波震级 M 和体波震级 m 之间的关系为：
$$m = 2.9 + 0.56M \tag{1-8}$$

由于震级是由地震波振幅所确定的，故震级与地震波能量 E 之间有一定量关系。假设地震波是简谐波，则 E 与 A^2 成正比，于是得 $\lg E = a + 2M$，式中 a 是常数。但是，这个关系并不准确，因为地震波并非简谐波，即 M 的系数 2 不可靠，可以采取上述式的函数形式，令
$$\lg E = A + BM \tag{1-9}$$

A 和 B 是两个待定系数，可以由许多地震记录图来确定最佳的 A 和 B 值。

现在最通用的数值是 $A = 4.8$，$B = 1.5$，即：
$$\lg E = 4.8 + 1.5M \tag{1-10}$$
式中，E 的单位为 J。

不同震级的地震所释放的能量见表 1-1。

表 1-1 地震释放的能量

震级	震动能量/J	震级	震动能量/J
1	2×10^5	7	2×10^{15}
2.5	4×10^8	8	2×10^{16}
5	2×10^{12}	8.5	4×10^{17}
6	6×10^{13}	8.9	1×10^{18}

需要强调的是,震级的概念并不是很准确的,以上含有 M 的关系式均是经验公式。

地震烈度是地面某点观测的地震效应的量度,它不但与地震的震级有关,而且与震中距离、震区地质条件及建筑物的类型等相关。人们根据地震所产生的自然现象以及对建筑物的破坏和人的感觉,将地震烈度分为 12 个等级。烈度主要是反映地震所造成的破坏情况,对于采取抗震措施有指导作用。

3. 震源机制

地震是地下岩石中积累的应力突然释放的一种表现,震源机制则是研究这一深部构造运动的力学过程。震源机制的研究是以断层学说为基础的,此前提下震源错动的方式(震源模型)、断层的产状、错动力的大小和方向等与地震直接成因有关的问题均属震源机制研究的范畴。

震源机制的研究方法很多,但主要是应用地震波动力学特征的方法,即利用 P 波初动方向求震源机制解(称为 P 波初动解)。这种方法简便易行,可利用的资料比较丰富,也较之其他方法严格。其他研究震源机制的途径包括利用 S 波、体波的频谱、面波及地面形变等。

(1) 弹性回跳假说

全世界有 90% 以上的地震属于构造地震。关于构造地震的成因有各种学说,其中断层学说已经成为一种被普遍接受的学说,与断层成因相应的机制理论称为弹性回跳理论。其基本观点是:当地壳变形时,能量以弹性应变能的形式储存在岩石中,直到某一点积累的形变超过了极限,岩石就发生破裂,或者说产生了断层。断层两盘回跳到平衡位置,储存在岩石中的应变能便释放出来,一部分应变能转化为热,另一部分用于使岩石破碎,还有一部分转化为使大地震动的震动波能量。该理论是雷德在 1906 年旧金山地震后分析了震前和震后观测到的中加利福尼亚跨圣安德列斯断层两侧的三角测量网的变化后于 1910 年提出的。在断裂前,断层附近的剪切应变如图 1-7 所示,经历了正常状态、应力集中、岩层破裂等阶段,地震时岩层发生弹性回跳恢复正常。

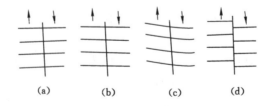

(a)　　　　(b)　　　　(c)　　　　(d)

图 1-7　弹性回跳理论示意图

由断层活动诱发地震发生的具体过程可以用断层的弹性回跳模型来解释：

① 引起构造地震的岩石破裂是由于周围地壳的相对位移产生了大于岩石强度的弹性应变的结果。

② 断层的相对位移一般是在一个比较长的时期内逐渐达到其最大值的。

③ 地震时发生的运动是破裂面两边的物质向没有弹性应变的地方突然发生弹性回跳，这种移动随着离破裂面的距离增大而逐渐变小，延伸距离可以达到几千米到十几千米。

④ 地震引起的震动源于断层破裂面。破裂的初始表面很小，一旦断层发生滑动，破裂面将迅速变大。

⑤ 地震时释放的能量在岩石破裂前是以弹性应变能的形式储存在岩石中的。

总之，由于断层在孕育过程中积累了大量能量，一旦断层发生整体断裂和滑移，被积累的能量就因为断层的运动和变形而迅速释放，从而导致地震。

但后来的研究发现，地震并非在整个断层的所有段落上都是同时发生的。因此，有人提出了断层闭锁段的概念，认为在断层内部往往存在着一到多处闭锁段，它（们）在断层开始做整体变形和运移时，只发生剪切应变而不发生宏观滑移，即处于闭锁状态（图1-8）。

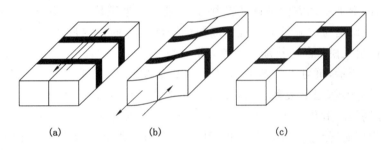

(a)　　　　　　(b)　　　　　　(c)

图 1-8　有断层闭锁段的地震断裂示意图

修正的地震弹性回跳假说：

① 地层受到剪切作用而开始剪切变形。

② 除闭锁段外，断层其他部分均已发生显著滑移。

③ 断层闭锁段被彻底剪断而发生瞬时滑移，地震因断层闭锁段的弹性回跳而产生，闭锁段也随之消失。

可以看到，断层闭锁段大致上呈一椭圆形区域，其范围随着断层的活动演化而变化。在开始阶段，由于断层在整体上还没有发生宏观滑移，断层闭锁段的范围也不明显[图1-8(a)]；此后，随着断层整体滑移量的增加，断层闭锁段的区域也随之增大[图1-8(b)]。但当断层内剪切应力的积聚超过了闭锁段的强度极限后，断层闭锁段即因其自身发生了宏观尺度的快速滑移而消失[图1-8(c)]。由于除断层闭锁段外的其他部位在断层运动的全过程中，都大致作相对均匀的滑移，故在这些段落，剪切应力也随着断层的滑移而做相对匀速的释放，这样就难以在短期内积聚起大量的应力而导致骤发性地震。但是，在断层活动的多数时间内，闭锁段并不随同滑移，因此其剪切应变和应力的增长就显著地高于断层的其他部位。而一旦闭锁段被剪断，它又势必于瞬间产生突然的位置回跳，以调整与断层其他部分的空间关系，并因此快速地释放出其积累的弹性应变能。这样，以断层闭锁段为中心的地震就成为必然。

按照这种修正的断层回跳假说,研究得最详细的例子是北美圣安德列斯断层。距今1.5亿年以来,圣安德列斯断层在整体上一直保持左行剪切的趋势,断层两盘在这期间已相对滑移了约560 km,具有大约每年5 cm的平均滑移速率。关于断层活动的记录表明,只是在1906年弗兰西斯科地震和1994年加利福尼亚地震等几次强震期间,断层闭锁段有明显加强的活动迹象外,在80年左右的时间内,两个断层闭锁段并未随着断层的整体滑移而活动,这成为上述修正模式的有力证据。

对地震而言,著名的古登堡—里希特(Gutenberg-Richter)公式和大森公式都揭示出在地震频度与震级等参量之间存在着统计分形分布的规律,因此地震很可能是一种自组织临界现象。巴克(Bak)等也进一步指出,大小地震产生于同样的机械过程,古登堡—里希特定律正是地震被锁定于永久的自组织临界态的证据。这种解释为研究地震的机制和预报问题提供了新的思路和判据,但要真正做到准确地预报地震,在相当长的时期内仍将是一件任重而道远的事。

(2)震源模型

从地震记录中可以看到,有的台站的P波初动方向是指向震中的(对接收点来说是膨胀);有的台站的P波初动方向是背离震中的(对接收点来说是压缩)。通过分析和研究,人们认识到上述现象是与震源运动过程中断裂的产状及力的作用形式有直接关系。为求P波初动解,可以引入模拟断层错动的震源力学模型。

如图1-9(a)所示,单力偶在 XOY 平面内沿 Y 轴作用,YOZ 平面相当于直立的震源断层面。如图1-9(b)所示,当P波到达时,箭头前方介质受到压缩,而后方介质受到拉伸,位移的垂直分量分别是向上和向下(常用"+"号和"-"号表示)。震源周围的空间被两个互相正交的平面(称为节面)分隔成初动压缩和膨胀交替排列的4个区域。随后,两节面扩展后与地面的交线(称为节线)把P波初动符号分成正负相间的4个象限。

双力偶模型是在 XOY 平面内沿 X 轴和 Y 轴同时作用着一对大小相等、方向相反的力。显然,双力偶模型所引起的P波初动符号分布与单力偶模型相同,并且两个模型均等效于图1-9(c)中的主压应力 p 和主张应力 T,即由两个模型模拟产生的地震波相当于由上述主应力释放产生的地震波。

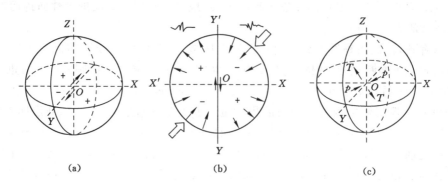

图1-9 震源力学模型

(a)单力偶模型;(b)双力偶模型;(c)断层平面解

理论和实践均表明,用双力偶模型模拟震源运动较为合理。根据P波初动方向可求得断层面的走向、倾角及断层错动方向等断面参数。

（3）海洋地震的震源机制

海洋地震的活动性及其震源机制是板块构造理论的主要依据，在海沟附近及其稍外侧发生的浅震，多半是与岛弧走向相平行的正断层型。这可能是由于大洋板块产生弯曲，上面的张力作用引起的。海沟内侧的浅震，其地震断层多半是属于小倾角逆断层，这些地震被认为是板块边界地震。

大多数的中源地震发生在岛弧和海沟地区，它们的震源机制比较复杂。多数中源地震的断层为倾滑断层，即倾滑断层的滑动方向基本上与断层面一致，并且与走向垂直；只有少数为走滑断层，即走滑断层的滑动方向则与断层走向一致。

大西洋中央海岭的错动部分由转换断层连接着。中央海岭的地震是正断层型，在与海岭垂直的方向上为张力；转换断层上的地震是直立的走向滑动型。

（4）大陆地震的震源机制

在大陆内部发生的地震中，有像非洲裂谷带的地震那样，其机制类似于中央海岭的；也有像北美洲东部和我国的地震那样，在远离岛弧和中央海岭的地区发生的。迄今，大陆地震的震源机制还没有找到统一的规律，这可能与大陆地震的成因还未确定有关。

二、地磁场

1. 地球磁场的基本特征

固体地球是一个磁性球体，有自身的磁场。根据地磁力线的特征，地球外磁场类似于偶极子磁场，即无限小基本磁铁的特征。但其磁轴与地球自转轴并不重合，而是呈 11.5°的偏离（图 1-10）。地磁极的位置也不是固定的，它逐年发生一定的变化。例如，磁北极的位置，1961 年在 74°54′N，101°W，位于北格陵兰附近地区，1975 年已漂移到了 76.06°N，100°W 的位置。

地磁力线分布的空间称作地磁场，磁力线的分布情况可由磁针的理想空间状态表现出来。由磁针指示的磁南、北极，为磁子午线方向，其与地理子午线之间的夹角称磁偏角（D）。磁针在地磁赤道上呈水平状态，由此向南或向北移动时，磁针都会发生倾斜，其与水平面之间的夹角称作磁倾角（I）。磁倾角的大小随纬度增加，到磁南极和磁北极时，磁针都会竖立起来。地磁场强度以符号 F 表示，单位为 A/m。地磁场强度是一个矢量，可以分解为水平分量 H 和垂直分量 Z。地磁场的状态则可用磁场强度 F、磁偏角 D 和磁倾角 I 这三个要素来确定。

地磁场的偶极特征也取决于磁力线从一个磁极到另一个磁极的闭合特征。在地球表层，这一闭合结构形成了一个磁捕获系统，捕获了大气圈上层形成的带电粒子而构成一个环绕地球的宇宙射线带，称作范艾伦带。范艾伦带的影响范围可达离地面 65 000 km 以上。由大气层上部 100～150 km 处气体发光而形成的极光，就是范艾伦带中的气体分子受电磁扰动的产物。沿着范艾伦带，极光可以在不到 1 s 的时间内从一个受扰动的极区于瞬间传到另一个扰动极区，因此极光的爆发在北极区和南极区几乎是同时发生的。

将地磁场比作偶极子磁场的说法中，隐含着地磁场是永久不变的这一假定。实际上不仅磁极在不断发生摆动，从发现地磁场以来，人们还逐渐发现了磁偏角在几十年到几百年的时间内，大致沿着纬线方向平稳地向西移动，这一性质被称作地磁场的向西漂移。地磁场漂移速率可以达到约每年 0.18°，绕地球一圈大致需要 1 800 年的时间。除了地磁场的这种较长期的变化外，地磁场还有时间尺度更短的昼夜变化，取决于地球表面相对于太阳位置的昼夜变化。在一天之内，地球表面的磁极所发生的位移因此可达其平均位置的 100 km。由于

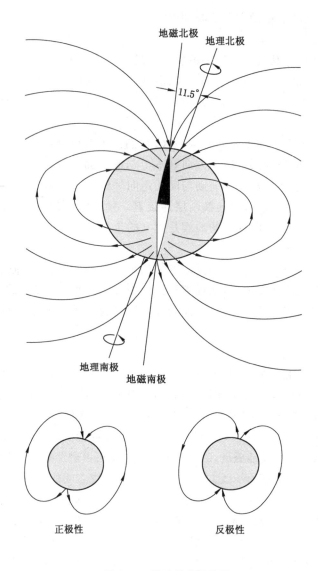

图 1-10　地球的磁场地图

地磁场的这种昼夜变化,磁极在图上往往不是用点来表示,而是用一个圆圈来代表其所在的空间范围。

在世界范围内选择若干个地磁测站,测量该处的地磁要素数据,然后推算出世界各地的基本地磁场数据,并以此作为地磁场的正常理论值。在实际工作中,会发现某地区实测地磁场要素的数据与正常值有显著的差别,这种现象称作地磁异常。和重力异常类似,如果差值为正,称为正异常;差值为负时,称为负异常。如图 1-11 所示,一般情况下,正异常多是由于地下赋存着高磁场性的矿物或岩石,如磁铁矿、镍铁矿和超基性岩类等。负异常则多由地下赋存的石油、盐矿、铜矿和花岗岩等低磁性或反磁性矿物或岩石引起。据此,利用地磁异常来寻找地下矿产和了解深部地质构造等情况的方法,称为磁法勘探。这种方法不仅可以在地面上操作,还可以利用飞机和卫星等各种不同的飞行器在高空进行。

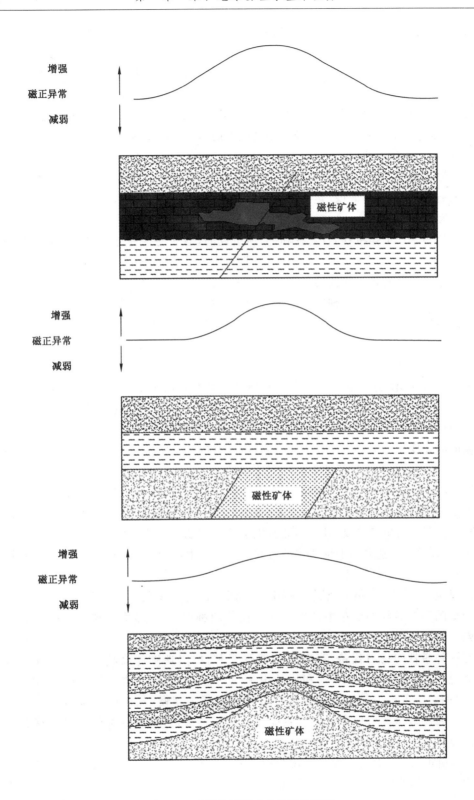

图 1-11 磁异常探测矿床构造示意图

磁暴是一种急剧的地磁场变化现象,也是一种危害性很大的灾害性自然现象。在发生磁暴时,不仅地磁场要素会发生激烈的跳跃式变化,还会使电力线受到破坏、通信线路和信号中断、变压设备发生故障、绝缘电缆被击穿等。一般认为,磁暴是由太阳活动所引起,但在发生磁暴时,感应的环形电流不仅出现在电离层中,也会出现在地球内部。在磁暴的影响下,地球内部出现的这种深部电流,称为大地电流。大地电流可以被用于研究地球内部的各种相关物理特征,如岩石圈各层的导电率及地内的压力和温度等。

2. 地磁场起源的成因假说

地球磁场的成因至今还没有最终的定论。在地球科学上,产生过各种猜测和假说,其中较重要的有 3 种:铁磁体假说、热电假说和双圆盘发电机假说。

(1) 铁磁体假说

由于地核基本上是由铁磁体(铁和镍)所组成的,地核的这种特有成分及其球状对称的形态是铁磁体假说的基本依据。按照这一假说,地核因其组成而自然成为一个磁化体,由此也就决定了地球具有偶极特征的磁场。但这一假说面临着一个无法解释的困难,即地核内的平均温度远远超过了任一种铁磁性物体的居里点,所有的铁磁性体都将在这一温度下转变成顺磁性体,从而丧失其磁性。因此,由于地核的金属成分而自然形成地磁场的可能性是不成立的。

(2) 热电假说

如图 1-12 所示,这一假说首先考虑到地磁要素具有快速变化的特点(比如向西漂移的周期不超过 2 000 年),肯定了地磁场与地壳和地幔无关的推断。这是因为地壳和地幔主要呈固态的特征决定了其中的各种过程具有漫长的地质时间尺度,不可能出现几十年或几百年尺度的明显变化。但外地核处于液态,它所具有的流动特征使之能够快速反应外部的激励和变化,从而能够和地磁场的短尺度变化相吻合。从这一点出发,热电假说提出地磁场具有电性,但要形成今天的地磁场,需要约 10^9 A 的电流。而要在地核中形成电流,必须借助于热电效应,即:由于外核物质的热对流而在边界处产生电流,并进而产生磁场。这样,热电假说虽然克服了居里点造成的困难,却产生了新的问题,即:这种机制难以形成具有偶极特征的磁场,并且也未能确切地证实这种机制是否能产生足够强大的电流以形成地磁场。

(3) 双圆盘发电机假说

该假说是目前获得最多支持的假说。当两个圆盘在弱的外部磁场中旋转时,与轴和外缘相交的两根导线的回路中产生方向相反的两种电流 I_1 和 I_2。这两种电流形成磁场而极性相反,其强度会明显地超过外部附加的初始磁场的强度。圆盘旋转频率的差异造成具有一种极性的场占优势;当频率比值改变时,便出现磁场反转。根据这种双圆盘发电机假说,在地核中这两种方向相反的电流,可由液态的外核物质的热对流(混合作用)产生,这种对流可以引起液态地核表层旋转出现某种减慢(相对而言于地幔底面而言),引起外核表层减慢的层位中产生的磁场异常向西位移,这为地磁场的西向漂移提供了动力学解释。

发电机模式的作用原理是以自激为前提的,即液态外核表面上的对流流动,导致封闭的螺旋式环形电场的形成。尽管它可以解释至今所知的地球磁场的各种特点,但这并不意味着地磁场的成因问题已经彻底解决了。问题出在发电机假说是以假设外地核中有热对流存在为基础的,后者又基于地核对地震横波的屏蔽能力(外核呈液态)的推断。但无论是外核

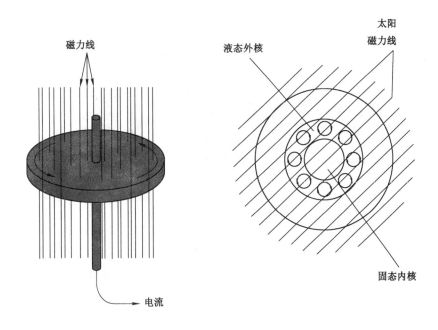

图 1-12　热电假说模型

的液态还是其中的热对流,至今都不是科学上经过证实的事实。此外,问题不仅涉及地磁场的成因,也涉及磁铁相互作用的理论。严格地说,最后解决地磁场的起因问题还需要进一步的努力。

3. 地磁场反转与大陆漂移

目前地球磁场的强度约为 $M = 8 \times 10^{25}$ CGS(厘米-克-秒)。这一磁矩的大小每 100 年间约减少 5%。按此趋势,2 000 年后地球的磁矩应变为零。在地球的磁场中,像这样存在着以数千年时间为周期的变化称为长期变化,向西漂移就是一种长期变化。与之相反,地球的昼夜变化和磁暴等现象,都是短期变化。磁场的存在会导致岩石发生磁化,而磁场的变化会在磁化的岩石中留下记录(图 1-13)。岩石磁化的方式则随岩浆岩、变质岩和沉积岩等岩石类型的不同而异。比如,熔岩从地下喷出时的温度是在磁性物质的居里点以上,然后在熔岩冷却的过程中,磁性矿物沿着当时当地的磁场方向被磁化。这种当岩石冷却时所获得的磁性称为热剩磁。一般情况下,热剩磁是稳定的,在此后即使岩石所在地的外部磁场发生变化,也不会使热剩磁发生变化。沉积岩中的颗粒在已经磁化的情况下,在沉积过程中,也会沿着当地存在的磁场方向平行排列,形成沉积岩中的剩磁。此外,如砂岩中的磁性矿物以化学方式析出,后者的磁性也会具有和当地磁场平行的性质。

由于具有不同的剩磁特征,岩石成为研究古磁场的特殊"化石"。从对岩石的磁性、特别是对它们剩磁方向的研究,可以弄清楚岩石磁化时在地球上的位置。所以,将依据岩石磁性来研究地史时期地磁场的状态、磁极变化和大陆漂移的学科称为古地磁学。虽然现代的地磁场不完全是磁偶极子型磁场,地磁极与地理极的位置也有所偏移,但从最近几十万年间的古地磁学资料所确定的各时代的磁极位置来看,它们均散布在现代地球自转极的周围,这表明地磁极与自转极之间在很大程度上是一致的。因此,在古地磁学中假定,无论在什么地质

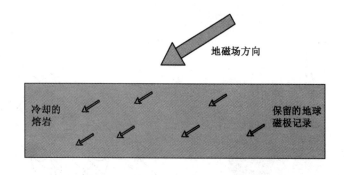

图 1-13　岩石中保留地球磁极记录

时代,地球的磁场都是偶极子型磁场,并且磁偶极子的轴与地球自转轴向一致。

　　古地磁研究在板块构造理论的兴起和确定过程中起了十分关键的佐证作用。在地磁极与地球自转极性一致的前提下,某地的磁倾角 I 可以由该点的纬度角来确定,二者之间的关系为:

$$\tan I = 2\tan \theta \tag{1-11}$$

　　如果大陆是固定不动的,从各大陆的古地磁学资料中就可以确定地球自转极随着时间流逝而发生的移动。理论上自转极移动曲线只可能有一条,无论在哪个大陆上所确定的地球自转极移动的曲线都应该一致。实际上,不仅每个现代大陆计算的结果大不相同,同一大陆内部的不同地区也有明显的差异,这只能是因为各大陆曾发生过不同程度、不同方向的聚散和漂移所致。

　　地磁极不仅曾发生过漂移,还出现过反转——南、北极互相颠倒的现象。在距今大约100 万年前的第四纪,地磁场的方向和现在完全相同。与之相应,这一时期称作地磁场的正向期。但比第四纪更早的时期,通过对岩石磁法研究的结果,其磁化方向多数与现代地磁场的方向相反,因此也称其为反向期。正向期和反向期在地球历史上交替出现,表明地史时期中曾有过多次地磁场反转事件。对从距今 8 000 万年以来的古地磁学研究发现,地磁场的反转大约平均每 40 万年就要发生一次,当然并不存在严格的固定周期。

　　地磁场反转的机制也可以用双盘发电机产生的偶极子型磁场进行解释。在由磁场产生电流的过程中,偶极子场一面保持同一方向,一面慢慢地减弱,直到偶极子的磁矩减少为零,随之产生反向的偶极子磁场。理论计算表明,地球磁场由一个方向变为另一种方向所需的时间大约为 1 万年。并且,可以用 J/J_0 值(岩浆岩的天然剩余磁化强度 J 与岩石在现代地磁场中的热剩余磁化强度 J_0 的比值)来推算过去地磁场的强度。研究结果表明,在 2 000年前的古地磁场强度约为现代的 1.5 倍,此后磁场强度以每 100 年 5% 的比率单调减小,并且还将在今后一段时间内持续下去。

　　三、密度重力场

　　地球是一个椭圆形球体,根据大地测量的结果,地球的赤道半径为 6 378 km,极向半径为 6 357 km,扁率为 1/298.3,平均半径 6 371 km,体积为 1.083×10^{21} m³。

　　地球的质量可以根据万有引力定律及牛顿第二定律求得。牛顿第二定律指出,物体加速度 a 与物体所受的力 F 成正比,与物体的质量 m 成反比:

$$a = F/m \tag{1-12}$$

就自由落体来说,a 是由于物体受重力作用而产生的加速度,用符号 g 表示,则:

$$F = mg \qquad (1\text{-}13)$$

与万有引力定律合并,得出:

$$F = mg = G(m \cdot M/R^2) \qquad (1\text{-}14)$$

消项并改写得出:

$$M = gR^2/G \qquad (1\text{-}15)$$

式中:M 为地球的质量;g 为重力加速度(9.8 m/s^2);R 为地球的平均半径;G 为引力常数。

据式(1-15)得出地球的质量为 $5.975 \times 10^{27} \text{ g}$,除以地球体积后,所获得地球的平均密度为 $5.52 \times 10^3 \text{ kg/m}^3$。图 1-14 所示为地球密度分布图。

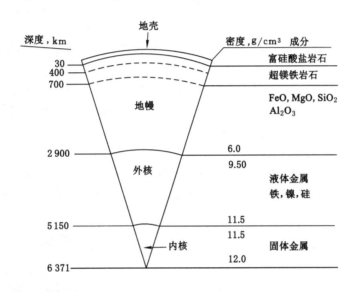

图 1-14 地球密度分布图

地球的平均密度远高于地壳的平均密度,故地球内部物质的密度必定比地表物质大得多。

1. 地球上的重力

地球上某处的重力是该处所受到的地心引力与地球自转离心力的合力。

根据牛顿定律 $G = fM/r^2$,如图 1-15 所示,重力加速度与地球的质量成正比,而与半径的平方成反比。因此,地表的重力随着纬度值的增大而增加。测量的结果也表明,在赤道海平面上的重力加速度为 $9.780\ 318 \text{ m/s}^2$,在两极地区的海平面上为 $9.832\ 177 \text{ m/s}^2$,后者比前者确实增加了 0.53%。同理,地表的重力加速度还随着海拔高度的增大而减小,两者之间呈反比关系。海拔高程每升高 1 km,重力加速度就减少 0.31 m/s^2。而在地球内部,由于

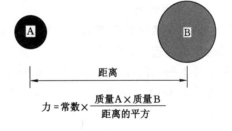

图 1-15 两物体间的引力公式

要同时考虑质量(密度)和半径两方面的变化,情况与地表相比不尽一致。一方面,深度增加使

半径减小,使重力加速度增大;另一方面,随着深度增加,地球内的质量也在减少(因为上部物质产生的附加引力向上),这导致重力加速度随之变小。因此,地球内部重力究竟是变大还是变小,这取决于谁的影响占主导地位。在地球的上部层位,由于地球物质的密度较小,引起的质量变化要小于半径变化造成的影响,故重力随着深度的增加而缓慢增大,到 2 891 km 即古登堡面附近达到极大值 10.68 m/s²;在越过 2 891 km 界面后,地球物质的密度变化造成的影响开始大于半径引起的变化,地球的重力也随之急剧减小;最后,根据球体公式 $V=4\pi r^3/3$ 和密度公式 $\rho=M/V$,通过数学变换,由牛顿定律所求出的地心处重力为:

$$G = \frac{4}{3}\pi f\rho r \tag{1-16}$$

可以看出:因为地心处的半径 $r=0$,所以尽管在地心处的物质密度增加到最大值,地心处的重力仍递变为零。

进行重力研究时,将地球视为一个圆滑的均匀球体,以其大地水准面为基准,计算得出的重力值称作理论重力值。对均匀球体而言,地表的理论重力值应该只与地理纬度有关。实际上,不仅地球的地面起伏甚大,内部的物质密度分布也极不均匀,在结构上还存在着显著差异。这些都使得实测的重力值与理论值之间有明显的偏离,在地学上称之为重力异常。对某地的实测重力值,通过高程及地形校正后,再减去理论重力值,差值称作重力异常值。如为正值,称正异常;如为负值,则称为负异常,如图 1-16 和图 1-17 所示。前者反映该区地下的物质密度偏小,后者则说明该区地下物质密度偏大。地球物理勘探中的重力勘探方法,就是利用这一原理,通过发现各地的局部重力异常来进行找矿和勘查地下地质构造,如图 1-18 所示。

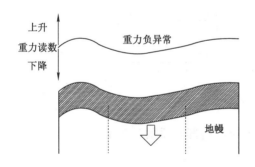

图 1-16　重力负异常　　　　　　　　图 1-17　重力正异常图

2. 重力均衡

前期在横穿北印度的大地测量中发现,喜马拉雅山引起的垂线偏差比假定它只是一个均质地球上的凸起要小得多,这一发现导致了对地壳均衡补偿理论的探索。按照重力均衡原理,在单位截面上,任一个垂直柱体中(无论其高低)的岩石总质量应该是一个常数。这个柱体以一个特殊的"补偿"面为基底,补偿面以下的物质处于均质状态。这样地壳的高度变化将

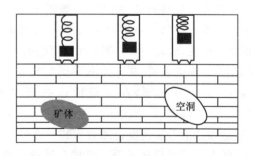

图 1-18　重力异常在找矿中的应用

以流体静力平衡的方式支撑着。问题在于:补偿面自身的形态又是怎样的呢?英国人普拉

特和艾利分别提出了两种截然不同的模型。普拉特认为,地壳较高部分是由于它们具有较低的密度而受到抬升的结果。换言之,在补偿面以上各地的岩石密度是不同的,与这一认识对应,地下的补偿面应该近于处在同一高程上,故以这种补偿方式为基础的普拉特模型可以称作密度补偿模型。与此相反,艾利认为地球表层各处的物质组成是相同的,地壳和其下伏地幔的关系如同木块浮在水面上的关系那样;如果地表某处的高程比其他地区高出越多,它往下插的深度就会比其他地区大得越多;一般而言,如果某个地区的岩石块体显示出较高的地表高程,其地下的"根"也会比其他块体要向下扎得更深一些。艾利提出的这种补偿模式因此被称作深部补偿模式,如图 1-19 所示。深部补偿模式预言的结果与许多地区的地震测深结果是一致的,即大陆地壳与大洋地壳的下插深度相比,要远大于大陆与洋底之间的高程差。但现代研究表明,实际地壳均衡补偿过程比这两种理想模型都要复杂,应该是二者按一定比例结合的结果。这意味着地壳确实存在着(如普拉特模型所指出的)横向物质分布的不均一性,但地表显示的陆洋地形高差,则部分是由密度补偿(约占 37%)、部分是由深部补偿(约占 63%)的结果。

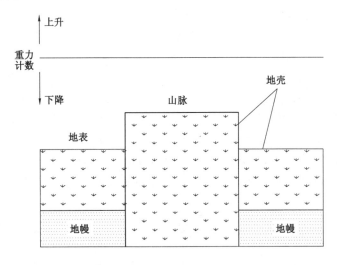

图 1-19　重力均衡的深部补偿模式

3. 地球的压力

地球的压力(压强)是与重力直接相关的地球物理性质,地球某处的压力是由上覆地球物质的重量产生的静压力。静压力的大小与所处的深度、上覆物质的平均密度及重力加速度呈正相关关系。但由于物质的密度随深度的增加是一种非线性递增的关系,压力—深度图也不是一条直线而是一条曲线,在地球表层、地壳和接近地心附近时压力增长较平稳,在下地幔和外核部分增长得较快。利用密度分布的规律来估算地球内部的压力状况,以截面为 1 cm² 的岩石柱作为压力的计算表示法,可得到:

$$p = h\rho/100 \tag{1-17}$$

式中:p 为压力;h 为深度;ρ 为密度。

利用此式,可以算出从地表到地下 24 km 内,压力从 1×10^5 Pa 增加到 0.6×10^9 Pa;到 670 km 处,压力增大到 24×10^9 Pa;到 2 891 km 时,压力增大到约 136×10^9 Pa;最后在 6 371 km(地心)处,压力会上升到最大值 364×10^9 Pa。

四、温度场

1. 地球内部的温度

火山喷发、温泉以及矿井随深度而增温的现象表明地球内部储存有大量热能,可以说地球是一个巨大的热库。但从地面向地下深处,地热增温的现象随着深度的改变不是均匀的。地面以下按温度变化的特征可以划分为3层:

(1) 外热层

该层地温主要是受太阳辐射热的影响,其温度随季节、昼夜的变化而变化,故也称作变温层。日变化造成的影响深度较小,一般仅 $1 \sim 1.5$ m。

(2) 常温层

该层地温与当地的年平均温度大致相当,且常年基本保持不变,其深度为 $20 \sim 40$ m。一般情况下,在中纬度地区较深,在两极和赤道地区较浅;在内陆地区较深,在滨海地区较浅。

(3) 增温层

在常温层以下,地下温度开始随深度增大而逐渐增加。大陆地区常温层以下至约30 km深处,大致每往下 30 m,温度会增加 $1°$;大洋底到 15 km 深处,大致每加深 15 m,地温增高 $1°$。为规范计算地下温度变化的规律,将深度每增加 100 m 时所增高的温度称作地温梯度,单位为℃/hm。由于地下的地质结构和组成物质不同,地温梯度在各地是有差异的。例如:在我国华北平原,当地的地温梯度一般为 $2 \sim 3$ ℃/hm,在靠近大断裂的安徽庐江则为 4 ℃/hm。

在地下更深处,由于受到压力和密度增大等因素的影响,地温的增加逐渐趋于缓慢。通过多种间接方法测算的结果表明,在地表以下 100 km 处的温度约为 1 300 ℃;1 000 km 处的温度约为 2 000 ℃;2 900 km 处地温约 2 700 ℃;地心的温度则高于 3 200 ℃,据推测最高可达到 4 000 ~ 5 000 ℃,图 1-20 所示为地球内部的温度和压力分布图。

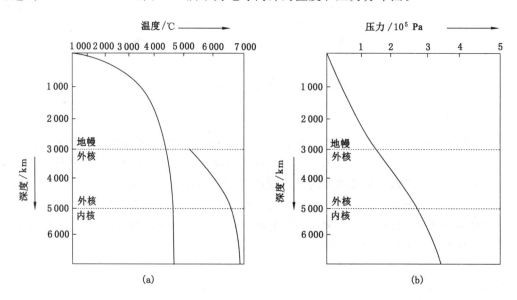

图 1-20 地球内部的温度和压力分布

(a) 温度分布图;(b) 压力分布图

2. 地球的能量

地球是由内、外两部发动机驱动的,这两部发动机提供了地球的全部能量来源。地球从太阳吸收的能量每年大约为 4.2×10^{24} J,超过地球上全部煤炭储量完全燃烧后所能够获得的热能的 300 倍。但在地球吸收的太阳能中,有 1/3 左右的能量被大气圈和地球表面反射掉,并直接分散到宇宙空间中去,剩下的 2/3 被地球表层系统吸收,再以各种方式转化为地球演化所需的能源。

地球内部热能的来源问题尚无定论。一般认为,由岩石中放射性元素衰变释放的热是地热的主要来源,这种热能据估算可以达到 2.14×10^{21} J/a。其次,因地球本身的重力作用过程也可以转化出大量热能,其总热量可能十分接近于放射性热能。此外,地球自转的动能和地球物质不断进行的化学作用等都可以产生大量的热能。

每秒钟从地球内部传导到每平方厘米地表的平均热流量为 1.5×10^{-6} J/(cm^2 · s),根据一年中有 3.2×10^7 s 和地球的总表面积为 5.1×10^{13} km^2,可以计算出在一年时间内,由热传导从地球内部传出的热量应为 1.0×10^{21} J。

地内热场的其他分量受到地球内部或深部的多种作用所控制,不同区域的能量变化相差很大,但这种热源一般是相当稳定的,并且维持从深部到地表的热流约为 6.3×10^{-6} J/(cm · s)。这也即意味着在一年内每平方厘米约为 1 989 J。

铀、钍和钾的放射性同位素是衰变热源的主要供给者。构成地壳上部的花岗岩和沉积岩层中放射性元素含量最高;在玄武岩中,它们的含量低好几倍,而且在上地幔岩石中最少;在球粒陨石和铁陨石中,放射性含量是微不足道的,可以与地幔下层和地核中的含量相对应。

根据放射性元素的实际含量,由厚度分别为 15 km 的花岗岩和玄武岩组成的大陆地壳,能够产生约为 4.2×10^{-6} J/(cm^2 · s)的热流。因为地壳的厚度通常超过 30 km,所以测量到的热流的主要部分是在地壳中形成的。与大陆地壳的产热能力相比,大洋地壳由放射性元素含量较低的玄武岩组成,热流值应相当低。但测量结果表明,大洋区的热流平均值接近于大陆区的数值,而且个别地段(如大洋中脊处)的热流值实际上可以高达 34×10^{-6} J/(cm^2 · s),比大陆区平均值几乎高出一个数量级。这有可能是由于大洋下面的地幔活动物质和地幔中的热对流所补充的热所造成。因此,在结构不同的大陆和大洋中,热流机制有本质的不同(图 1-21)。在大陆上,热能的主要部分产生在地壳中,而且主要是在花岗岩中,大陆玄武岩和来自地幔的热是不大的;但大洋中的热主要来自地幔,只有很小部分的热流产生于厚度和产热率都较小的玄武岩中。

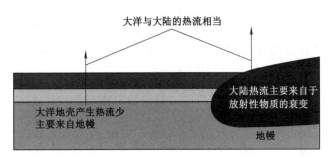

图 1-21　大洋与大陆的热流及成因

深部热的其他来源是地核物质的分异作用(原来均一成分分离为不同组分的全过程),这种来源比起放射性物质的衰变热要小得多。根据地球的"冷起源假说",原始的陨石物质分异伴随着地幔中的重金属的熔融,使铁镍地核独立出去。在这种情况下,可以释放出大约为 9.6×10^{32} J 的热量。除以上所说的热源外,深部补充来源还包括地球重力绝热压缩所形成的热和化学反应释放的热。后者如成矿过程中的地球化学反应和某些矿物的深部结晶过程等,都在不同程度上伴随有热的释放。但它们比起前面的几种热源来说,除了在影响局部地区的热过程和热状态方面有一定作用外,对于深部热场总的平衡所起的作用则很小。

岩石因放射性衰变产生热量的能力并不相同。花岗岩产热能力最大,数值却很小,如果用 1 cm³ 花岗岩中释放的热来烧开一杯水大约需要 1 亿年时间。从全球规模上看,放射性热对形成和维持地球热场的作用仍相当大。研究表明,如果地球中的放射性元素含量和它们在地壳中的含量相当,那么地球所释放的热量不仅足够使整个地球熔化,而且能够使地球全部被气化且蒸发掉。

第三节　基本任务

采矿地球物理学是采矿科学中的一个分支,是利用岩体中自然的或人工激发的物理场来监测岩体的动态变化和揭露已有的地质构造的一门学科,用以研究矿产资源的高效、安全开采。

要进行安全、高效的矿物开采,首先必须要详细了解矿床的赋存状况,如煤层的厚度、倾角等;其次要揭露和确定矿床周围的地质构造,以便进行矿床开采和解决与之有关的灾害问题,如冲击矿压、煤和瓦斯突出等矿山动力现象。

用来研究与矿山开采有关的岩体物理活动过程和现象、解决采矿实际问题的地球物理方法称为采矿地球物理方法,主要用于解决开采引起的围岩应力分布、矿山动力现象(震动、冲击矿压、突出)、煤岩物理力学参数以及地质构造等问题。例如:研究矿山震动现象及岩体中震动波传播特性的微震法、震动法和声发射法(也称为地音法);研究岩体内重力变化的重力法;研究地电现象的地电法;研究煤岩电磁辐射现象的电磁辐射法等。

历史上,采矿地球物理方法首先用来观测矿井中的矿山震动现象。20 世纪初,南非建立了世界上第一台微震观测仪器,其任务是观测和记录矿山震动。结果表明,震动与矿山开采、岩柱的破裂和损坏有关。从那时起,世界各采矿国家均在不同程度地使用采矿地球物理方法研究和预测岩体的震动和破坏及地质构造的变化等问题。

采矿地球物理方法有如下特点:

(1)与打钻孔、掘巷道探测相比,观察及测量效率高。

(2)采矿中的岩体震动、冲击矿压、煤和瓦斯突出等矿山动力现象很难采用传统方法测量,但可采用地球物理方法进行测量、记录和分析。

(3)可以实时连续测量,获得的数据信息量大。

(4)测量具有非破坏性,这对开采安全性及巷道稳定性维护等具有重要意义。

(5)需专门的设备或软件进行数据测量和处理分析,技术要求较高。

一、矿山压力测量

采矿活动引起的矿山压力问题对巷道维护及矿井安全生产具有重要意义,对矿山压力分布及应力集中区的探测是一项十分重要的任务,根据不同岩性及应力状态的围岩中的震动波传播速度的不同,可采用震动法测量岩体内震动波传播特征,实现对区域内矿山压力分布规律及高应力区的探测。

二、矿山动力现象监测

目前,矿山动力现象监测常用的方法可归结为以下 3 类:

(1)第一类是经验类比法,主要有综合指数法、计算机数值模拟法和多因素耦合法等。

(2)第二类是煤岩应力状态监测法,包括钻屑法、煤岩体变形观察法(顶板动态、围岩变形)、煤岩体应力测量法(相对应力和绝对应力测量)。

(3)第三类是地球物理方法,包括微震监测法、电磁辐射法、声发射法、震动法等,它们都是根据连续记录煤岩体内出现的动力现象来预测矿山动力灾害。

前两类方法在我国应用广泛,对冲击矿压的监测预报发挥了重要作用,但也暴露了很多问题,如经验类比法主要应用于矿井设计和开拓准备阶段的早期评估,在实际生产阶段适用性不强;传统煤体应力状态监测法则劳动量大,难以实现连续、大范围监测,精度不高。

而采用第三类地球物理方法,可以解决以下矿山动力问题:

(1)采用微震法、地音法可连续记录采矿作业引发的矿震和岩体微破裂现象,可连续评价、预测研究区域的矿山动力灾害的危险性,如冲击矿压、煤和瓦斯突出等。

(2)采用震动法、地质电法、重力法和热法,可提前认识潜在的危险区域,如应力升高的地点。

(3)采用震动法可提前确定采掘面前方冲击矿压危险和不安全地段。

(4)同时,采用这些方法也可评价灾害治理措施的防治效果。

随着科技进步,各学科的不断融合,地球物理方法发展迅速,该方法具有不损伤煤体、劳动强度小、实时、连续、动态、非接触监测等优点,在国内外煤岩动力灾害监测、预测预报中具有很大的应用前景。

三、煤岩物理力学参数测量

可以采用震动法确定岩石物理力学参数,通过测量震动波的传播速度可以提前认识岩体的结构及物理力学特性,如弹性模量、泊松比等,这是矿山压力研究中最基本的参数。其基础是测量两种不同类型的地震波(纵波和横波)在介质中的传播速度,用这种方式得到的参数称之为动态参数,与实验室获得的静态参数有明显的区别,动态参数更接近于岩体的实际特性。

四、地质构造探测

采矿地球物理方法可以对煤层的构造区进行探测和定位,如煤层中的断层、侵蚀、煤层分叉等。在集中化生产的今天,这对保证煤层开采的连续性和高效性,具有重要意义。

对于提前确定工作面前方煤层的构造问题,主要采用震动法来完成。震动法可根据煤层中地震波传播的连续性、振幅的变化,或者利用煤层非连续表面(断层面、侵蚀面)出现的反射波信息等来确定工作面煤层的构造问题。还可采用其他方法,如电磁波法对其进行研究,目前进行的雷达法研究就属于这类。另外,采用重力法也可获得一些地质方面的信息。

五、其他方面的探测

地球物理方法在矿井中其他方面的应用还包括:

(1)采掘面区域内水的诊断及其灾害危险性评价,主要采用地质电法。

（2）井壁状况的评价，主要采用地质电法、震动法、重力法和雷达法，这些方法有时也用来确定支架后方的空洞。

（3）爆破作业等震动效果的评价，以及震动对井下和地表建筑物影响的评价，可采用地震几何法。

六、应用前景

采矿地球物理学中所采用的方法，如微震法、声发射法、震动法等观测记录的信息多，分析处理的信息量大。而电子计算机的飞速发展，正好促进了地球物理方法的大力发展。高速、大容量计算机的应用，不仅可以大量存储数据，进行信号的转换和数据的传输，而且可以进行复杂的分析和处理，对处理后的信息能进行及时反馈，用来指导实践，并且以此为基础可建立一些新的地球物理模型，进一步解决一些采矿、地质及安全等方面的复杂问题。

目前，世界采矿业正越来越广泛地应用着地球物理方法来解决采矿生产实际中的问题，未来，采矿地球物理方法将是应用在采矿安全技术以及矿井经济、高效开采等领域最基本的监测手段。

 知识巩固及拓展习题

1. 基本概念

地震波　重力异常　采矿地球物理学　采矿地球物理方法

2. 简述采矿地球物理方法的特点。

3. 论述采矿地球物理方法的基本任务及应用前景。

第二章　矿山开采中的典型煤岩动力灾害

矿山开采过程中的典型动力灾害类型一般包括矿震、冲击地压、煤与瓦斯突出等,这些动力灾害是由积聚在煤岩体中的大量弹性能(气体压力)在一定条件下突然释放造成的,并伴随煤岩块抛出、声响、震动以及气浪等明显的动力现象,对矿井安全生产造成巨大威胁,需要采取针对性防治措施。

由煤岩体积聚的弹性能突然释放导致的煤岩动力现象主要包括矿震和冲击矿压。煤岩动力灾害因具有突发性、强烈震动性、巨大破坏性、复杂性和易诱发复合动力灾害等特征,导致其研究及防治具有相当大的难度,成为采矿和岩石力学领域研究的焦点和难点问题。

第一节　矿　　震

矿震也称为"矿山震动"、"矿山地震",是煤岩体内部裂隙发育、弹性能突然释放并产生明显震动和声响的动力现象。强度较低的矿震发生时,可在采掘空间内产生煤尘和震动,一般情况煤岩不向已采空间抛出,但部分强矿震能使人在地面及建筑物内感觉到震动,可导致煤体片帮或煤岩块塌落现象,甚至诱发一定范围内的煤体发生冲击矿压。

震动能量从 10^2 J(很弱)到 10^{10} J(很强),一般对应地震里氏震级 $0\sim4.5$ 级,频率从 0 到几百赫兹。相对来说,采矿矿震是一种高能量的震动,而较弱一些的如声响、煤炮、小范围的变形卸压,则是声发射研究的范围。

按矿震发生地点,矿震分为发生在开采面附近的矿震和发生在地质不连续面的矿震。发生在开采面附近的矿震和采矿有关,其能量来源于自重,多发生在煤柱处,所以有时也称为压力型矿震。当开采引起的附加应力与构造应力相互作用时,如果引起断裂面的重新滑移,即为发生在地质不连续面的矿震;由于与构造应力有关,有时也称为构造型矿震。构造型矿震震级一般较大,南非的克莱克斯多普金矿被一条大的正断层错断,其错断处曾发生过5.2级矿震。

按矿山类型分,矿震分为煤矿中的矿震、金属矿中的矿震、非金属矿中的矿震等。矿山类型不同,震源机制也不同,表现出的特征也不同。

按矿震成因分,矿震分为煤柱冲击型矿震、顶板垮落型矿震、顶板开裂型矿震、断层活动型矿震。实际中,这几种矿震往往伴随发生,如当出现大面积悬顶并久悬不落时,可能会出现顶板垮落和顶板开裂,如果附近存在矿柱或断层,则很可能发生煤柱冲击和断层活动。

矿震主要发生在地质构造比较复杂、围岩应力较大、断裂活动比较显著的矿区。在我国,发生矿震并构成灾害的矿区有北京、新汶、抚顺、北票、大同、华亭、鹤岗、七台河、阜新、徐州等矿区。例如:在抚顺矿区,曾经每年矿震(地震台能记录到的矿震)次数达 3 000~4 500 次,最大震级为 3.3 级;北京在门头沟矿自 1947 年首次测到 3.8 级矿震以来,随着开采深度的不断增加,矿震频度和能量均显著增加,最大矿震达 4.2 级;新汶矿区开采深度在 700～1 000 m 时,矿震现象已十分突出,曾监测到每年发生的矿震达 100 余次,地面震感强烈,影响范围可达 10 km 以上。

第二节 冲击矿压

冲击矿压是煤矿采掘过程中发生的一种煤岩动力现象,即巷道和采场周围煤岩体发生突然爆炸性破坏,积聚的大量弹性能量瞬时释放,动力将破碎的煤岩高速抛向采掘空间,同时发出强烈震动和声响,产生大量煤尘。

冲击矿压以其突然、急剧、猛烈的破坏特征造成采掘空间及设备损坏、人员伤亡等,冲击矿压还会引发其他矿井灾害,包括瓦斯与煤尘爆炸、火灾、水灾以及干扰通风系统等,严重时还可产生类似天然地震的危害,造成地面震动和建筑物破坏,如图 2-1 所示。因此,冲击矿压是煤矿重大自然灾害之一。

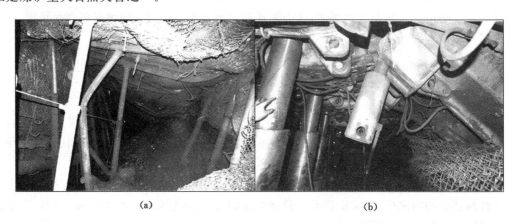

(a)   (b)

图 2-1 冲击矿压事故破坏图
(a) 巷道冲击;(b) 工作面冲击

冲击矿压的一般特征包括:

1. 突发性

冲击矿压发生前一般没有明显的宏观前兆,部分事故可能有矿震、声响等短时前兆,冲击过程突然且迅疾,持续时间几秒到几十秒,难以提前且准确地确定发生的时间、地点和强度。

2. 强烈震动性

冲击矿压产生巨大的声响和强烈的震动,电机车等重型设备被移动,震动波及范围可达几千米,甚至更远,地面有时有震感。

3. 巨大破坏性

冲击矿压发生时,大量煤体突然破碎并从煤壁抛出,堵塞巷道,破坏支架,同时会产生强烈的冲击波,造成人员伤亡和巨大的财产损失。

4. 复杂性

在自然地质条件上,采深为 200～1 000 m,地质构造从简单到复杂,煤层从薄层到特厚层,倾角从水平到急倾斜,顶板包括砂岩、灰岩、油母页岩等,都发生过冲击矿压。在生产技术条件上,不论炮采、机采、综采(综放),全部垮落法或水力充填法等各种采煤工艺,不论是长壁、短壁或房柱式,分层开采还是倒台阶开采等各种采煤方法都出现过冲击矿压。

5. 诱发复合动力灾害

冲击矿压还可能诱发其他矿井灾害,包括瓦斯突出、煤尘爆炸、火灾、水灾、造成地面震动和建筑物破坏等。

德国、南非、俄罗斯、美国、波兰、日本和我国等世界上主要的采矿国家都发生过冲击矿压。目前,我国有 100 多对冲击矿压(危险)矿井,随着我国煤矿开采深度的增加以及开采条件越来越复杂,冲击矿压矿井数量及矿震频度、冲击矿压次数越来越多,危害也越来越大。

根据国内外的分类方法,冲击矿压可分为由采矿活动引起的采矿型冲击矿压和由构造活动引起的构造型冲击矿压,而采矿型冲击矿压可分为压力型、冲击型和冲击压力型。压力型冲击矿压是由于巷道周围煤体中的压力由亚稳态增加至极限值,其聚集的能量突然释放引起的;冲击型冲击矿压是由于煤层顶底板厚岩层突然破断或位移引发的,它的发生有时与矿震有关;冲击压力型冲击矿压则介于上述二者之间,它是当煤层受较大压力时,在来自围岩内的矿震作用下发生的冲击矿压。构造型冲击矿压分为断层型和褶曲型,构造区域围岩应力异常,对冲击矿压的发生具有促进作用。其中,尤以断层型冲击矿压发生的实例较多,采动作用诱发断层活化,产生矿震和导致断层周边围岩应力异常,从而诱发冲击矿压。

对于煤岩冲击现象,世界各国以及不同行业对其称谓是不一样的,常见的英文名词有"rock burst"、"coal bump"、"coal burst"、"pressure bump"、"shock bump"等,中文名称有"岩爆"、"冲击矿压"、"冲击地压"、"煤炮"、"矿山冲击"等,本书采用"冲击矿压"。目前,国内使用的"岩爆"一词,一般限指岩体的冲击,用该词表述煤体冲击的很少。

冲击矿压和矿震均属矿山的动力现象,均可释放弹性能量,但又有区别。冲击矿压是矿山震动的一种特殊表现形式,伴随有破碎的煤岩体抛出,发生冲击矿压时一定会产生强烈震动,而矿震是开采过程中较普遍存在的能量释放现象,矿震对冲击矿压有诱发作用,但并非每一次矿震都会引发冲击矿压,因此可以简单归纳为"冲击矿压是矿震集合的子集"。多个冲击矿压实例表明,发生冲击矿压时,矿井周边地震台及微震监测系统往往可以监测到较强烈的地震信号,通过定位震源和实际冲击矿压显现地点对比,冲击矿压的地点可能是震动中心,也可能是发生在距震中有一定距离的地方。

统计表明,开采一定区域范围的煤体,矿震能级和出现的频率存在负相关关系。震动能量级越高,矿震出现的频率就越低,震动能量级越低,矿震出现的频率就越高。图 2-2 所示为波兰某矿震动出现的频率 n 与能量级 E 之间的关系。

震动频率与能量等级之间可用下式表示:

$$\lg n = a\lg E + b \tag{2-1}$$

式中:a,b 分别为方程系数。

冲击矿压的发生可能性和震动能量大小有关,震动能量越大,诱发冲击矿压的可能性越大。从冲击矿压与岩体震动的关系来看,诱发冲击矿压的矿震最低能量一般为 10^4 J。在矿震能量级别为 10^6 J 时,诱发冲击矿压的实例数量最多;当震动能量达到 10^{10} J 时(实际很少发生如此强的矿震),诱发冲击矿压。

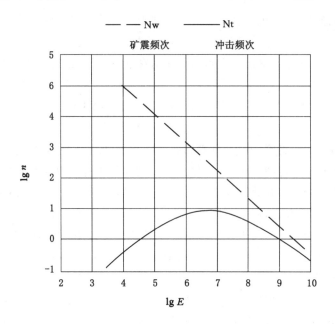

图 2-2　冲击矿压和震动频次与能量关系

第三节　动静载叠加诱冲原理

煤岩体的破坏分为稳定破坏(缓慢破坏)和失稳破坏(突变破坏),常见的井下巷道围岩变形破坏、顶板垮落等矿压现象一般均是由煤岩体的稳定破坏引起的。当煤岩体产生大规模失稳破坏时,才是冲击矿压现象。

目前有多种冲击矿压理论,包括强度理论、刚度理论、能量理论、冲击倾向理论、三准则理论、变形系统失稳理论和突变理论等经典冲击矿压理论。以上理论各有自身适用条件及局限性,目前应用较多的一般是按照以下 3 个准则判断冲击矿压是否发生:强度准则、能量准则和冲击倾向准则。

冲击矿压影响因素众多、发生机理复杂,还需要进一步研究。近年来,有代表性的研究成果包括煤岩动静载叠加诱冲原理等。

一、传统冲击矿压理论

1. 强度准则

煤岩体破坏的原因和规律,实际上是强度问题,即材料受载后,超过其强度极限时,必然要发生破坏。但这仅是对材料破坏的一般规律的认识,它不能深入地解释冲击矿压的真实机理。在强度理论指导下,曾经对围岩体内形成应力集中的程度及其强度性质等方面做了大量研究工作。从 20 世纪 50 年代起,开始对"矿体—围岩"力学系统的极限平衡条件的分析和推断,具有代表性的是夹持煤体理论。该理论认为,较坚硬的顶底板可将煤体夹紧,煤体夹持阻碍了深部煤体自身或"煤体—围岩"交界处的卸载变形。这种阻抗作用意味着,由于平行于层面的侧向力(摩擦阻力和侧向阻力)阻碍了煤体沿层面的卸载移动,使煤体更加压实,承受更高的压力,积蓄较多的弹性能。从极限平衡和弹性能释放的意义上来看,夹持起到闭锁作用。据此,在煤体夹持带所产生的力学效应是:压力高并储存有相当高的弹性能,高压带和弹性能积聚区可位于煤壁附近。一旦高应力突然加大或系统阻力突然减小,煤体可产生突然破坏和运动,抛向已采空间,形成冲击矿压。

2. 能量准则

20 世纪 50 年代末期的苏联学者和 60 年代中期的英国学者提出,矿体与围岩系统的力学平衡状态破坏后所释放的能量大于消耗能量时,就会发生冲击矿压。这一观点阐明了矿体与围岩的能量转换关系,煤岩体急剧破坏形式的原因等问题。由于在刚性压力机上获得了岩石的全应力应变曲线,揭示出非刚性压力机与试件系统的不稳定性导致了试件在峰值强度附近发生突然破坏的现象。1972 年,有学者把它推广为发生冲击矿压的条件,认为矿山结构(矿体)的刚度大于矿山负荷系(围岩)的刚度是发生冲击矿压的条件,这也称为刚度理论。实际上,它是考虑系统内所储存的能量和消耗于破坏和运动等能量的一种能量理论,即在围岩刚度大于煤体刚度的条件下也发生了冲击矿压。

3. 冲击倾向准则

煤岩介质产生冲击破坏的能力称为冲击倾向。据此,可利用一些试验或实测指标对发生冲击矿压的可能程度进行估计或预测。对冲击倾向的量度称为冲击倾向度,其条件是:介质实际的冲击倾向度大于规定的极限值。这些指标主要有:弹性变形指数、有效冲击能量指数、极限刚度比、破坏速度指数等。一些学者认为,这种方法也可称为冲击倾向理论。

将上述 3 种理论综合起来即形成冲击矿压的“三准则机理”,可用式(2-2)来表示:

$$\begin{cases} \dfrac{\sigma(f_1,f_2,f_3,f_4,f_5)}{\sigma'} > 1 \\[2mm] \dfrac{\alpha\left(\dfrac{\mathrm{d}W_E}{\mathrm{d}t}\right)+\beta\left(\dfrac{\mathrm{d}W_S}{\mathrm{d}t}\right)}{\dfrac{\mathrm{d}W_D}{\mathrm{d}t}} > 1 \\[2mm] \dfrac{K_R}{K_R'} > 1 \end{cases} \quad (2\text{-}2)$$

式中　f_1——采掘活动所造成的附加应力;

　　　f_2——地质构造应力;

　　　f_3——岩体自重应力;

　　　f_4——岩体内部其他应力,如瓦斯、裂隙水压、温度压力等;

　　　f_5——煤体—围岩交界处应力;

　　　σ'——煤体—围岩系统的临界强度;

　　　α——围岩系统能量释放有效系数;

　　　W_E——围岩系统储存的变形能;

　　　W_S——煤体储存的变形能;

　　　β——煤体能量释放有效系数;

　　　W_D——消耗于煤体—围岩交界处和煤体破坏阻力的能量;

　　　K_R——煤岩的冲击倾向指数,是目前各种冲击倾向度判别指标(如弹性能指数、冲击能指数等)的综合反映指数;

　　　K_R'——冲击倾向指数临界值。

强度准则是煤岩体的破坏准则,而能量准则和冲击倾向准则是煤岩体突然破坏准则,只有当3个准则同时满足时,才能发生冲击矿压。该3条准则也被看作冲击矿压发生的充分必要条件。

二、煤岩动静载叠加诱冲原理

冲击矿压的发生要满足能量准则,即煤体—围岩系统在其力学平衡状态破坏时所释放的能量大于煤岩破坏所消耗的能量。根据能量准则,可用下式表示:

$$\frac{dU}{dt} = \frac{dU_R}{dt} + \frac{dU_C}{dt} + \frac{dU_S}{dt} > \frac{dU_b}{dt} \tag{2-3}$$

式中:U_R 为围岩中储存的能量;U_C 为煤体中储存的能量;U_S 为矿震能量;U_b 为冲击矿压发生时消耗的能量。

煤岩体中储存的能量和矿震能量之和可用下式表示:

$$U = \frac{(\sigma_j + \sigma_d)^2}{2E} \tag{2-4}$$

式中:σ_j 为煤岩体中的静载荷;σ_d 为矿震形成的动载荷。

冲击矿压发生时消耗的最小能量可用下式表示。其中,$\sigma_{b,min}$ 为发生冲击矿压时的最小应力。因此:

$$U_{b,min} = \frac{\sigma_{b,min}^2}{2E} \tag{2-5}$$

因此,冲击矿压的发生需要满足如下条件,即:

$$\sigma_j + \sigma_d \geqslant \sigma_{b,min} \tag{2-6}$$

采掘空间周围煤岩体中的静载荷与矿震形成的动载荷叠加,超过煤岩体破坏所需的最小载荷和最小能量时,就发生冲击矿压灾害,这就是冲击矿压发生的"动静载叠加诱冲原理"。

1. 静载分析

一般情况下,采掘空间周围煤岩体中的静载荷由地压和支承压力组成,即:

$$\sigma_j = \sigma_d + \sigma_z \tag{2-7}$$

地压则由自重应力和水平构造应力组成:

$$\begin{cases} \sigma_{d1} = \gamma H \\ \sigma_{d2} = \lambda \gamma H \end{cases} \tag{2-8}$$

支承压力可表示为:

$$\sigma_z = (k-1)\gamma H \tag{2-9}$$

因此,煤岩体中的垂向与水平向静载荷可表示为:

$$\begin{cases} \sigma_{j1} = \sigma_{d1} + \sigma_z = k\gamma H \\ \sigma_{j2} = \sigma_{d2} + \sigma_z = (\lambda + k - 1)\gamma H \end{cases} \tag{2-10}$$

式中:γ 为上覆岩层的容重;H 为上覆岩层的厚度;λ 为水平应力系数;k 为支承应力集中系数。

2. 动载分析

矿井开采中动载产生的来源主要有开采活动、煤岩体对开采活动的应力响应等。具体表现为采煤机割煤、移架、机械震动、爆破、顶底板破断、煤体失稳、瓦斯突出、煤炮、断层滑移等。

假设矿井煤岩体为三维弹性各向同性连续介质，则应力波在煤岩体中产生的动载荷可表示为：

$$\begin{cases} \sigma_{dP} = \rho v_P (v_{pp})_P \\ \sigma_{dS} = \rho v_S (v_{pp})_S \end{cases} \quad (2-11)$$

式中：σ_{dP}，σ_{dS}分别为 P 波、S 波产生的动载；ρ 为煤岩介质密度；v_P，v_S 分别为 P 波、S 波传播的速度；$(v_{pp})_P$，$(v_{pp})_S$ 分别为质点由 P 波、S 波传播引起的峰值震动速度。

3. 动静载叠加破坏煤体机理

矿震动载传播至煤体后，将与静载叠加共同作用诱发冲击矿压。矿震的动力扰动与静载荷叠加作用对煤岩体冲击主要有两种方式：

（1）巷道或采场围岩原岩应力本身较高，巷道开挖或工作面回采导致巷道或采场周边高应力集中，此时应力水平虽未超过煤岩体冲击的应力水平，但已接近其临界值，远处矿震产生的微小动应力增量便可使动静载组合应力场超过煤岩体发生冲击的临界应力水平，从而导致煤岩体冲击破坏。此时，矿震产生的动应力扰动在煤岩体破坏中主要起到一个诱发作用。

（2）巷道或采场围岩原岩应力较低，但远处矿震震源释放的能量很大。震源传至煤体的瞬间动应力增量很大，巷道或采场周边静态应力与动态应力叠加超过煤体冲击的临界应力，导致煤岩体突然动态冲击破坏。此时，矿震的瞬间动态扰动在冲击破坏过程中起主导作用。

从能量角度考虑，传播至工作面的震动波能量以动态能 $E_z^{(d)}$ 的方式作用于"顶板—煤体—底板"系统，并与静态能量 $E_z^{(s)}$ 进行标量形式的叠加。动态能 $E_z^{(d)}$ 的大小受矿震震源能量大小和能量辐射方式、震源至工作面传播距离、岩体介质吸收等因素综合决定。$E_z^{(d)}$ 和 $E_z^{(s)}$ 能量叠加后（即 $E = E_z^{(d)} + E_z^{(s)}$），赋予煤岩系统聚集更多弹性能，更容易满足煤体冲击失稳的能量条件。

上覆岩层破断释放的震动能量越多，产生的瞬间动载荷强度越大。同时，与能量的标量叠加不同，岩层破断产生的动载荷 p_d 与煤岩系统原有静载荷 p_z 以矢量形式进行叠加，即 $\vec{p} = \vec{p_z} + \vec{p_d}$，应力叠加的结果使煤体应力发生振荡性变化，其加载作用使煤岩系统的应力进一步增大，卸载作用会使煤岩体的弹性能释放和内部产生惯性运动。若煤岩系统的原有静载荷较大，则较低的动载荷就可导致叠加后的应力峰值超过煤体冲击破坏的临界应力水平而易发生破坏；反之，若煤岩系统的原有静载荷较小，则需较高动载荷才能诱发煤体冲击破坏。同时，叠加后的应力峰值越高，越易满足冲击失稳条件。

三、"顶板—煤体"组合系统的刚度对煤岩体破坏方式的影响

由顶板、煤体与底板构成的组合体力学结构中，三者的应力及能量变化互相影响，其不同的力学性质决定系统不同的破坏方式。将顶板、煤层和底板（假设底板为刚性）构成一个平衡系统，如图 2-3 所示。

假设底板不变形，煤柱与顶板一起作用。顶板的质量为 M_1，刚度为 k，煤的质量为 M_2，煤柱中的力是位移和时间的函数，即 $p_2 = f(u_2, t)$。

则上覆岩层作用在顶部上的力和煤柱中所受的力分别为：

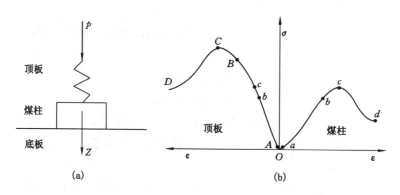

图 2-3 冲击矿压模型

(a) 系统结构模型;(b) "顶板—煤体"受载应力应变曲线

$$\begin{cases} p_1 = M_1 \dfrac{\mathrm{d}^2 u_1}{\mathrm{d} t^2} + k(u_1 - u_2) \\ p_2 = f(u_2, t) \end{cases} \tag{2-12}$$

式中:k 为顶板岩层的刚度;u_1 为顶板的位移;u_2 为煤柱的位移。

当系统平衡时,即 $p_1 = p_2$,则:

$$M_1 \frac{\mathrm{d}^2 u_1}{\mathrm{d} t^2} + k(u_1 - u_2) = f(u_2, t) \tag{2-13}$$

从冲击矿压发生的能量条件,若要系统平衡,则必须使顶板中变化的能量小于煤柱中变化的能量,即:

$$\Delta A_1 \leqslant \Delta A_2 \tag{2-14}$$

分情况讨论:

(1) 顶板重心加速度为零,即 $\dfrac{\mathrm{d}^2 u_1}{\mathrm{d} t^2} = 0$

假设顶板重心位移为零,而顶板向下产生弹性变形位移为 Δu_2,即煤柱中的位移增加了 Δu_2,则 p_1,p_2 均发生了变化,其增量为:

$$\Delta p_1 = -k \Delta u_2 \tag{2-15}$$

$$\Delta p_2 = f'(u_2, t) \cdot \Delta u_2 = \frac{\mathrm{d} f(u_2, t)}{\mathrm{d} u_2} \cdot \Delta u_2 \tag{2-16}$$

则其能量的变化为:

$$\Delta A_1 = \left(p_1 + \frac{1}{2} \Delta p_1 \right) \cdot \Delta u_2$$

$$\Delta A_2 = \left(p_2 + \frac{1}{2} \Delta p_2 \right) \cdot \Delta u_2 \tag{2-17}$$

根据式(2-15)～式(2-17)可知,顶板—煤层—底板系统平衡方程式为:

$$k + f'(u_2, t) \geqslant 0 \tag{2-18}$$

可以看出式(2-18)存在 3 种可能性。

① 煤柱处于弹性阶段(图 2-4),即:

$$k + f'(u_2, t) > 0 \tag{2-19}$$

并且

$$\frac{\mathrm{d}f(u_2,t)}{\mathrm{d}u_2}=f'(u_2,t)>0\quad(k>0) \tag{2-20}$$

此时,煤柱和顶板均处于应力升高阶段,处于积聚能量状态,说明系统是稳定的。

② 应力超过煤体极限强度,煤柱处于破坏阶段,但煤柱是逐步破坏的,强度是逐渐下降的,如图 2-5 所示。

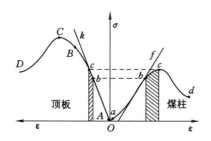

图 2-4　系统处于稳定状态

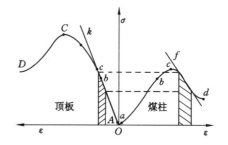

图 2-5　系统处于亚稳定状态

此时

$$k+f'(u_2,t)>0$$

但是

$$\frac{\mathrm{d}f(u_2,t)}{\mathrm{d}u_2}<0\quad(k>0) \tag{2-21}$$

即煤柱破坏消耗的能量大于顶板释放的能量,说明煤柱破坏过程是静态破坏;也可以说,系统结构是亚稳态的。

③ 煤柱处于破坏阶段,但煤柱是脆性破坏,强度发生突变,如图 2-6 所示。

此时

$$k+f'(u_2,t)<0$$

其中

$$\frac{\mathrm{d}f(u_2,t)}{\mathrm{d}u_2}<0\quad(k>0) \tag{2-22}$$

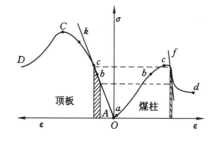

图 2-6　系统突然动态破坏
（顶板运动加速度为零）

这时,顶板释放的能量大于煤柱破坏消耗的能量,伴随有剩余能量的突然释放,煤柱为动态破坏(发生冲击矿压)。释放能量的大小为:

$$\Delta A=\Delta A_2-\Delta A_1=\frac{1}{2}\Delta u_2^2\left[f'(u_2,t)+k\right] \tag{2-23}$$

(2) 顶板重心加速运动,即 $\dfrac{\mathrm{d}^2u_1}{\mathrm{d}t^2}\neq0$

设顶板的重心位移为零,且有一加速度为 $\dfrac{\mathrm{d}^2u_2}{\mathrm{d}t^2}$,而顶板向下产生弹性变形位移为 Δu_2,即煤柱中的位移增加了 Δu_2,则 p_1,p_2 也均发生了变化,顶板和煤层中的能量平衡也被打破。

顶板和煤层中力的增量为：

$$\Delta p_1 = -k\Delta u_2 - M_1 \frac{\mathrm{d}^2 u_1}{\mathrm{d}t^2}$$

$$\Delta p_2 = f'(u_2, t)\Delta u_2 \qquad (2\text{-}24)$$

其中,能量变化为：

$$\Delta A_1 = \left(p_1 + \frac{1}{2}\Delta p_1\right)\Delta u_2$$

$$\Delta A_2 = \left(p_2 + \frac{1}{2}\Delta p_2\right)\Delta u_2 \qquad (2\text{-}25)$$

此时,顶板—煤柱—底板系统的平衡方程为：

$$f'(u_2, t) + k - M_1 \frac{\mathrm{d}^2 u_1}{\mathrm{d}t^2}(\Delta u_2)^{-1} \geqslant 0 \qquad (2\text{-}26)$$

由于顶板有一加速运动,相当于顶板的刚度 k 减小了 $M_1 \dfrac{\mathrm{d}^2 u_1}{\mathrm{d}t^2}\dfrac{1}{\Delta u_2}$,变为：

$$k' = k - M_1 \frac{\mathrm{d}^2 u_1}{\mathrm{d}t^2}\frac{1}{\Delta u_2} \qquad (2\text{-}27)$$

这种情况下,与没有顶板加速度相比,此时顶板释放的能量更多(图 2-7),使煤层更容易处于不稳定状态,即：

$$f'(u_2, t) + k' < 0 \qquad (2\text{-}28)$$

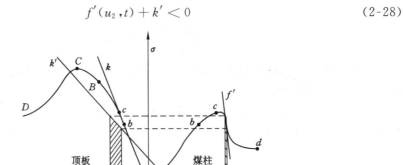

图 2-7　系统突然动态破坏(顶板运动加速度不为零)

这时,更容易发生冲击矿压,系统破坏时释放的能量比式(2-23)的要多 $\dfrac{1}{2}M_1 \dfrac{\mathrm{d}^2 u_1}{\mathrm{d}t^2}\Delta u_2$。

四、冲击矿压影响因素

冲击矿压影响因素可以分为 3 类：自然地质因素、开采技术因素和组织管理因素。

自然地质因素中,影响最大的是原岩应力和构造应力,主要由采深和地质构造决定,而煤层和顶板岩层的冲击倾向性也是影响冲击矿压的重要地质因素。

开采技术因素中,开采规划布局不合理、采掘扰动、煤柱应力集中、支护不合理及开采速度过快等均可造成冲击危险性升高。

组织管理因素中,主要是防冲投资不到位,缺乏有效的监测及防冲技术装备,没有专门的防冲队伍及完善的管理制度,防冲意识不强,片面重视生产和接续,存在侥幸心理等。

知识巩固及拓展习题

1. 基本概念。

矿震 冲击地压 强度准则 能量准则 冲击倾向准则

2. 简述典型煤岩动力灾害类型及特征。

3. 论述矿震与冲击地压的关系以及矿震诱发冲击地压的统计规律。

4. 论述动静载叠加诱冲原理。

第三章 微震监测原理与技术

第一节 矿震现象

采矿诱发震动与天然地震类似,都是岩体应力释放产生的震动,但矿震具有其特点。地震是构造应力作用下断层活动引起的大地强烈震动,震源一般较深,浅则几千米,深则几十千米,甚至上百千米;而矿震则主要是人为开采矿产资源引起的开采区域及附近煤岩体的震动,相比天然地震,其强度及影响范围要小得多,因此对矿山震动的监测一般称之为微震监测。

根据煤矿地质资料分析,矿震发生的主要因素有采深、褶曲、断层、煤柱等。而这些因素导致矿震发生具有其本身的力学机理,而最为直接的是这些因素往往导致高应力及高应力差。高应力和高应力差是导致煤岩体破坏以及失稳的直接原因,若煤岩体本身存在诸如断层、巷道表面等结构弱面,煤岩体将极易产生运动,此时的煤岩体处于极限平衡状态。这种平衡是非稳定的平衡,当遇到开采活动的扰动,平衡将被打破,随即产生矿震。

从类型上讲,矿山震动是一种高能量的震动,而较弱一些的如声响、煤炮、小范围的变形卸压,则属于声发射研究的范围。其分类如图 3-1 所示。

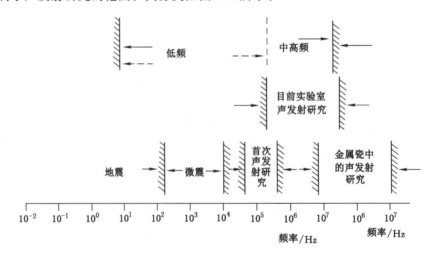

图 3-1 按频率对岩体中弹性波的研究分类

总之,震动现象是由于矿山开采使岩层产生应力应变过程的动力现象,包括开采应力随时间形成和重新分布。开采后,上覆岩层结构破坏,坚硬致密顶板岩层变形,顶板岩层的下沉。

微震监测主要是记录矿震活动,对其进行有目的的解释,分析和利用这些记录的信息,对矿山动力危险,如冲击矿压进行预测和预警。

衡量矿震程度的大小是采用单位时间内矿震的频次和震动能量,是由井巷周围煤岩体的变形体系确定的,是工作面布置方式和岩体结构构造影响的结果。例如:开采边界和邻近层的残采区;地质构造,如断层;工作面前方的巷道、煤柱、老空区等。

上述结构构造的变化将起应力场的变化,变化梯度越大,产生震动的可能性就越大,释放的能量就越高,震动的数量就越多。

根据古登堡-里希特方程,随着震动能量的增加,震动数量按对数下降,即:

$$\lg N(E) = a - b\lg E \tag{3-1}$$

式中 E——震动能量;

  $N(E)$——该震动能量下的震动数量;

  a, b——常数,系数 b 表征单位时间内震动强度下降的速率。

第二节 矿震的影响

一、矿震对环境的影响

在采矿巷道中发生震动和冲击矿压,将会引起巷道、工作面的破坏以及人员的伤亡,其主要原因是震动波传播过程中动载荷脉冲的冲击,使煤层垮落,动力抛出煤岩体;也会造成冲击矿压区域人员伤亡,但巷道损坏不大;另外,在较大能量的震动和冲击矿压发生时,地表产生振动,使建筑物产生裂缝,甚至倒塌。

二、对井下巷道的影响

冲击矿压对井下巷道的影响主要是动力将煤岩抛向巷道,破坏巷道周围煤岩的结构及支护系统,使其失去功能。然而,一些小的冲击矿压或者岩体卸压,则对巷道的破坏不大。巷道壁局部破坏、剥落或巷道支架部分损坏。应当确定的是,当矿山震动较小或震源距巷道较远时,将不会对巷道产生任何损坏。

采矿巷道和支架是一个支护系统,用来支撑一定的静载和动载,即抵抗由振动速度、加速度及主频率引起的地震力。

研究表明,震源处于巷道附近(即在近距离波场)对巷道的影响是非常大的。其特点如下:

① 振动的主频率为几十赫兹,甚至 100 Hz,它与震动能量大小成正比,即:震动小,频率高;震动强,频率低。

② 振动速度峰值振幅 PPV 为几十到几百毫米每秒。

③ 振动加速度的高峰幅值 PPA 为 50~200 mm/s²。

④ 煤壁裂缝带起强化振动幅值的作用。

图 3-2 所示为震动能量 10^5 J,距震源 130 m 的近距离波场记录到的信号。

研究表明,在震源发生震动后,将产生应力降,对于波兰上西里西亚地区的矿井,其压力降通常不超过 10 MPa,有的也能达到 20~30 MPa。对于小震动,对巷道不产生破坏,其应力降一般为 0.1~1.0 MPa。因此,震源的应力降与巷道破坏相关,而应力降可通过测量震

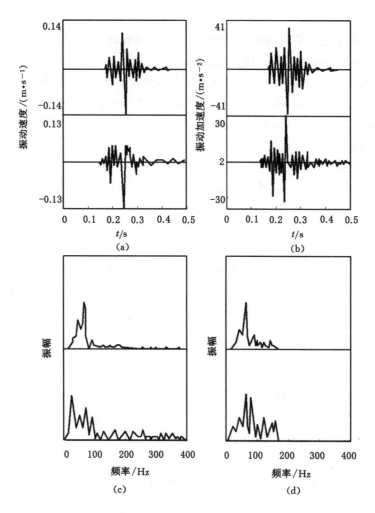

图 3-2　在近距离波场记录到的信号图

（a）振动速度图；（b）加速度图；（c），（d）频谱图

源的有关物理参数来确定，这样就可以预计震动对具体井巷的影响程度。

如果已知振动速度或加速度值，就可以计算应力降，即

$$\Delta\sigma_x = \rho v_P (PPV)_x \tag{3-2}$$

$$\Delta\sigma_y = \Delta\sigma_z = \Delta\sigma_x \left(\frac{\gamma}{1-\gamma}\right) \tag{3-3}$$

$$\Delta\tau_{xy} = \rho v_S (PPV)_y \tag{3-4}$$

式中　$\Delta\sigma_x$，$\Delta\sigma_y$，$\Delta\sigma_z$——正应力；

$\Delta\tau_{xy}$——剪应力；

v_P，v_S——纵波和横波的传播速度；

$(PPV)_x$，$(PPV)_y$——振动速度在 x，y 方向的幅值。

因此，可以采用振动速度来确定震动对井巷损坏程度，道丁（Dowding）和雷森（Rezon）给出了其经验分类方法，见表 3-1。

表 3-1   矿震对井巷的影响

影响程度	PPV 值/(mm·s⁻¹)	影响特征
Ⅰ	<200	对井巷有影响
Ⅱ	200～400	对井巷影响较小,产生小的破坏,出现裂缝、剥落等现象
Ⅲ	>400	对井巷影响明显,出现大的新裂缝

对于振动速度的低限 200 mm/s,即巷道因震动而首次产生破坏,岩体产生较弱的卸压情况。根据式(3-2)～式(3-4),其压力降为:

$$\Delta\sigma_x = 1.25 \text{ MPa}$$

$$\Delta\tau_{xy} = 1.00 \text{ MPa}$$

$$\Delta\sigma_y = \Delta\sigma_z = 0.42 \text{ MPa}$$

三、对矿工的影响

在发生冲击矿压的区域如果有工人在作业,则可能对其产生伤害,甚至造成死亡事故。

波兰对 5 起伤亡 48 人(其中:死亡 24 人,重伤 17 人,轻伤 7 人)的冲击矿压事故进行了分析,见表 3-2。医学上主要将伤亡的情况分为 6 类,这 6 类可能是与冲击矿压动力灾害紧密相关。

表 3-2   医学分析表

事故种类	脑顶部	脑脸部	内部器官	上下肢	胸骨	其他
死亡	18	2	6	1	10	1
重伤	11	4	3	2	6	2
轻伤	9	—	—	6	13	2
合计	38	6	9	9	29	5

发生冲击矿压后,由上分析结果可知:人员受伤的主要部位是脑部,为 44 例;其次是胸部的机械损坏,包括肋骨折断等,为 29 例(其中内部器官的损坏主要是肺、心、胃等,为 9 例);再次为上、下肢的折断。

为分析其原因,采用了人体动力学模型来确定机械振动对人体组织的影响。图 3-3 所示为采用弹性—阻尼系统连接的人体模型。

该模型采用机械的观点,确定了一个自由系统及各组件的共振频率,见表 3-3。

表 3-3   人体器官的共振频率

器官名称	共振频率/Hz	器官名称	共振频率/Hz
头	4	肚	4.5～10
眼	7～25	肝	3～4
上下颚	60～90	膀胱	10～18
喉、气管、支气管	6～8	骨盆	5～9
胸	12～16	下肢	5
上肢	5～9	人在坐的位置	5～12
骨	3～8	人在站的位置	4～6

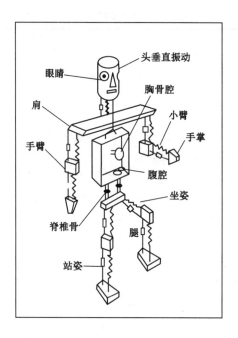

图 3-3　采用弹性-阻尼系统连接的人体模型

根据上述分析,可采用波形图中振幅、频率的分布情况,分析震动对人体的威胁。图3-4所示为某次震动的振幅分布情况以及人体各部分的共振频率分布规律。

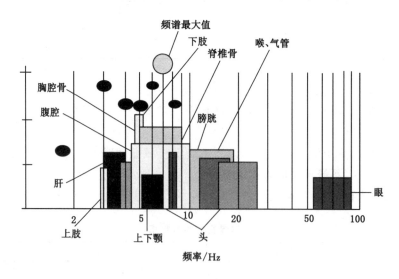

图 3-4　人体各器官共振频率分布及某次冲击矿压频率与人体器官对应的关系

在这次冲击矿压事故中,有 6 人死亡,大部分是脑部及脸部损坏,还有心脏、胃、脊柱、肾等损坏,这与上图分析结果是非常吻合的。研究表明,在震动能量大于 10^5 J 的情况下,振动加速度的幅度可能为 2 m/s^2,甚至大于 1 000 m/s^2。

在震动对人体的影响范围中,最重要的是确定允许振动加速度与脉冲持续时间之间的关系,如图 3-5 所示。可以确定的是,垂直方向允许的加速度值比水平方向的要高。

在冲击矿压发生时,其震动持续时间一般为 0.01～0.1 s。因此,发生冲击矿压时,大的振动加速度是人体受伤和死亡的主要原因。震动对大脑的影响较大,分析表明:脸部损坏,特别是头部顶盖骨头的开裂和折断,大脑会受到严重的损伤,其主要原因是动力使人体撞击物体,而撞击力与物体速度降的影响有关,如图 3-6 所示。

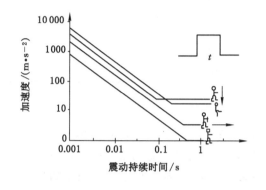 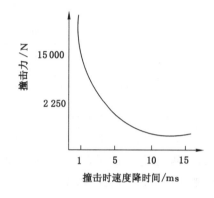

图 3-5 人体允许的加速度值　　　　图 3-6 撞击力与撞击时速度降时间关系图

例如,在速度降时间为 1.5 ms 时,质量为 4.5 kg 的头撞击到固定的物体,则减速度为 3 270 m/s², 撞击力为 14.7 kN, 而头顶盖撞击巷道壁的极限强度为 300～650 N/cm², 这样就会产生灾害性后果。从图 3-6 可知,降低撞击力可用延长撞击时间来实现。

这里,我们可以得出对矿工劳动保护的要求,特别是在冲击矿压危险区域工作的矿工,其头盔要满足一定的条件;并且对矿工其他劳保产品,如鞋等也应有一定的要求。

四、对地表建筑物的影响

矿震和冲击矿压不仅对井下巷道造成破坏,对井下工作的人员造成伤害,而且对地表及地表建筑物造成损坏,甚至造成地震那样的灾难性后果,见表 3-4。其中,破坏最严重的一次为 1982 年 6 月 4 日在比托姆(Bytom)市下发生的 3.7 级的矿震,共造成 588 多幢建筑物的损坏。

表 3-4　　　　　　　　　　波兰矿震与冲击矿压对地表的影响

日期	地点	震动能量/J	震级	建筑物破坏数量
1970-09-30	比托姆(Bytom)	8×10^9	4.26	427
1981-07-12	比托姆(Bytom)	1×10^9	3.8	452
1982-06-04	比托姆(Bytom)	9×10^8	3.77	588
1984-02-18	利古塔-科奇洛维斯 (Ligota-kochlowice)	2×10^9	3.95	241
1992-05-05	博杰索伊(Bojszowy)	2×10^9	3.95	300
1994-12-09	科奇洛维斯(Kochlowice)	3×10^9	4.04	140

对于矿震及冲击矿压对地表的影响,德敦(Dedwon)将其分为 7 类,并用震动能量、振动加速度和振动速度来表示,见表 3-5。

表 3-5　　　　　　　　　　矿山震动对地表影响分布表

强度等级	影响程度	震动能量/J	振动加速度/(mm·s^{-2})	振动速度/(mm·s^{-1})
1～4	0	$<10^7$	<120	<5
5	1a	$1\times10^7\sim5\times10^7$	120～180	5～7
	1b	$5\times10^7\sim1\times10^8$	180～250	7～10
6	2a	$1\times10^8\sim5\times10^8$	250～370	10～15
	2b	$5\times10^8\sim1\times10^9$	370～500	15～20
7	3a	$1\times10^9\sim5\times10^9$	500～750	20～25
	3b	$5\times10^9\sim1\times10^{10}$	750～1 000	25～30

矿震与冲击矿压对地表影响的特征如下:

(1) 3 和 4 级:大楼中的一些居民能感觉到震动,震动类似于一卡车在楼旁经过。

(2) 5 级:大楼中的所有居民均能感觉到震动,楼外的居民也能感觉到;动物受惊;悬挂的物体来回摆动;某些轻的物体移动;未锁的门窗来回扇动;震动类似于一个很重的物体从楼外掉下。

(3) 6 级:大楼内外的居民均能感觉到,画从墙上掉落;书从书架上掉下;家具移动。

(4) 7 级:震动类似于坐在行驶中的小汽车内;建筑物因内部家具移动受强烈损坏。

例如,在井下 -800 m 深的煤层中开采时,在上覆顶板岩层中发生的 7×10^6 J 能量的震动,在地表记录到的最大加速度为 300 mm/s^2,对地表的影响强度为 6 级。图 3-7 所示为地表加速度仪测量的结果,其中(1),(2),(3)分别为 x,y,z 方向的振动加速度;图 3-8 所示则为振动加速度的振幅与振动频率之间的关系。

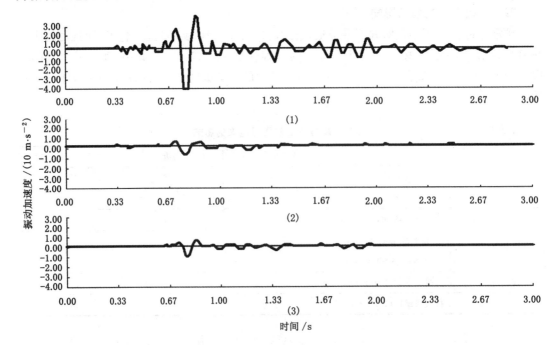

图 3-7　地表加速度仪测量的结果

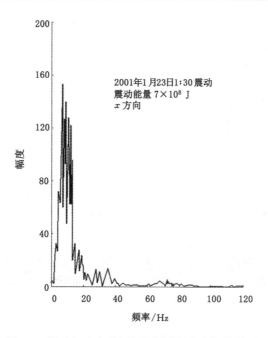

图 3-8　振动加速度的振幅与振动频率之间的关系

因此,高强度矿震与冲击矿压的发生将对地表产生巨大的影响。

第三节　矿震产生机理

根据弹性波理论,岩体的瞬间破裂会激发弹性波。这些弹性波携带着破裂源的信息,依赖岩体弹性介质向四周传播。可通过建立矿山微震监测系统,利用震动传感器在远处测量这些弹性波信号(图 3-9),然后根据所监测的微震信号特征来确定破裂的发生时间、空间位置、尺度、强度及性质。不同的岩石破裂对应不同的微震信号特征,而煤矿冲击矿压、微震等煤岩动力现象,与岩体的微破裂有着必然联系。

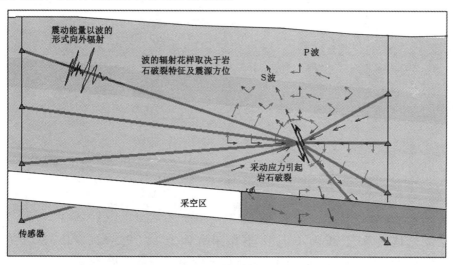

图 3-9　采矿引发的断裂和震动模型

岩石的体积形变产生纵波(P波),在它的传播区域里岩石发生膨胀和压缩,而岩石的切变产生横波(S波)。纵波和横波以不同的速度传播,波速与岩石的弹性系数和密度有关。纵波和横波在震源周围的整个空间传播,统称为体波。纵波和横波未遇到界面时,可以认为在无限介质中传播。当纵波和横波遇到界面时,会激发界面产生沿着界面传播的面波,在垂直于界面的方向上只有振幅的变化,其振幅按指数规律衰减。

一、煤岩介质中的传播方程

在开采应力影响下,煤岩体的弹性特性决定着煤岩体的动态变化,而且与煤岩体的震动参数相关。图 3-10 所示为几种由于采矿引发的震动;图 3-11 所示为震动形成的纵、横波位移场。其中,图 3-10 中(d)~(f)的情况对应图 3-11 中(d)的剪切模型。

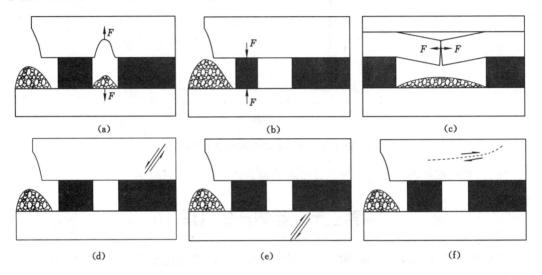

图 3-10　由于采矿引发的断裂和震动模型(李铁等,2006;张少泉等,1993)

(a) 巷道顶板垮落;(b) 煤(矿)柱冲击;(c) 顶板张性断裂;

(d) 顶板正断层滑移;(e) 底板逆断层滑移;(f) 顶板近水平俯冲断层滑移

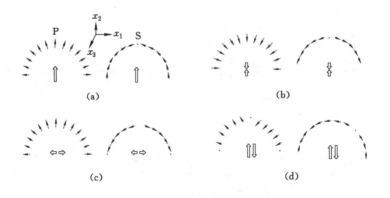

图 3-11　半平面内各种力形成的纵、横波位移场

设在煤岩体微单元 $dV = dxdydz$ 上作用有体力 F_i($F_x = F_x' r dV$, $F_y = F_y' r dV$, $F_z = F_z' r dV$),其位移为 $u_i(u_x, u_y, u_z)$。引进标量势 $\boldsymbol{\Phi}$ 和矢量势 $\boldsymbol{\Psi}$,则:

$$u_i = \text{grad } \boldsymbol{\Phi} + \text{rot } \boldsymbol{\Psi} \tag{3-5}$$

在微单元上不仅作用有体力,而且六面体各个面上作用有面力。根据牛顿定律,面力和体力之和等于惯性力,则可得煤岩体微单元运动的微分方程:

$$\left.\begin{aligned}
\rho \frac{\partial^2 u_x}{\partial t^2} &= \rho F_x{}' + \frac{\partial \sigma_x}{\partial x} + \frac{\partial \tau_{yx}}{\partial y} + \frac{\partial \tau_{zx}}{\partial z} \\
\rho \frac{\partial^2 u_y}{\partial t^2} &= \rho F_y{}' + \frac{\partial \sigma_y}{\partial y} + \frac{\partial \tau_{xy}}{\partial x} + \frac{\partial \tau_{zy}}{\partial z} \\
\rho \frac{\partial^2 u_z}{\partial t^2} &= \rho F_z{}' + \frac{\partial \sigma_z}{\partial z} + \frac{\partial \tau_{xz}}{\partial x} + \frac{\partial \tau_{yz}}{\partial y}
\end{aligned}\right\} \tag{3-6}$$

根据弹性力学的几何方程和物理方程,按空间动力问题求解,可以得到所需的波的基本微分方程:

$$\left\{\begin{aligned}
\rho \frac{\partial^2 u_x}{\partial t^2} &= \rho F_x{}' + (\lambda + \mu) \frac{\partial e}{\partial x} + \mu \nabla^2 u_x \\
\rho \frac{\partial^2 u_y}{\partial t^2} &= \rho F_y{}' + (\lambda + \mu) \frac{\partial e}{\partial y} + \mu \nabla^2 u_y \\
\rho \frac{\partial^2 u_z}{\partial t^2} &= \rho F_z{}' + (\lambda + \mu) \frac{\partial e}{\partial z} + \mu \nabla^2 u_z
\end{aligned}\right. \tag{3-7}$$

式中

$$\left\{\begin{aligned}
\lambda &= \frac{E\mu}{(1+\mu)(1+2\mu)} \\
\mu &= \frac{E}{2G} - 1 \\
\nabla^2 &= \frac{\partial^2}{\partial x^2} + \frac{\partial^2}{\partial y^2} + \frac{\partial^2}{\partial z^2}
\end{aligned}\right. \tag{3-8}$$

设体力为0,对式(3-7)的各个分量在各个轴上求导,得出:

$$\left\{\begin{aligned}
\frac{\partial^2 u_x}{\partial t^2} &= \frac{\lambda + 2\mu}{\rho} \nabla^2 u_x \\
\frac{\partial^2 u_y}{\partial t^2} &= \frac{\lambda + 2\mu}{\rho} \nabla^2 u_y \\
\frac{\partial^2 u_z}{\partial t^2} &= \frac{\lambda + 2\mu}{\rho} \nabla^2 u_z
\end{aligned}\right. \tag{3-9}$$

式(3-9)中,u_i 用转子代替,可得:

$$\frac{\partial^2 (\text{rot } u_i)}{\partial t^2} = \frac{\mu}{\rho} \nabla^2 (\text{rot } u_i) \tag{3-10}$$

式(3-9)描述了煤岩体的体积变形,而式(3-10)则描述了煤岩体的位置变形。这个方程式还可以写成:

$$\frac{\partial^2 \boldsymbol{\Phi}}{\partial t^2} = \frac{\lambda + 2\mu}{\rho} \nabla^2 \boldsymbol{\Phi} = v_\alpha \nabla^2 \boldsymbol{\Phi}$$

$$\frac{\partial^2 \boldsymbol{\Psi}}{\partial t^2} = \frac{\mu}{\rho} \nabla^2 \boldsymbol{\Psi} = v_\beta \nabla^2 \boldsymbol{\Psi} \tag{3-11}$$

因此,煤岩体中力作用的结果将产生两种变形,以两种不同的波(纵波和横波,波速为

v_α 和 v_β)传播。

不同矿山地震由于诱发成因不同,破裂机制也各有特点,比如剪切、拉张或它们的组合,如图 3-12 所示。研究表明,拉张破裂所释放的能量及造成的应力降远小于剪切破裂的,其应力降为剪切应力降的 8%~12%。同时,最小应力为压应力的剪切破裂所释放的能量大于最小应力是拉应力的剪切破裂,如图 3-13 所示。

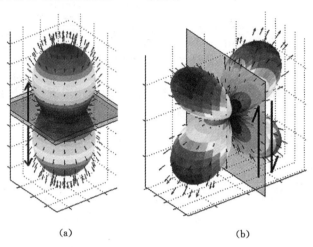

(a)   (b)

图 3-12   两种典型岩石破裂形态

(a) 拉张破裂;(b) 剪切破裂

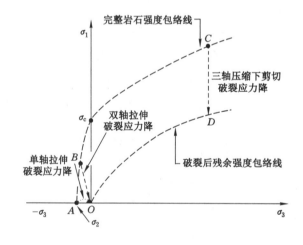

图 3-13   不同破裂形态的应力释放

矿震破裂机制的研究可极大提高我们对工作面周围采动应力场和岩石破裂特征的认识,而这些不同特征又与不同矿山动力灾害密切相关。比如,瓦斯突出和顶板垮落主要与拉张破裂有关,而大震级的矿震或冲击矿压灾害主要由于岩层剪切断裂或断层滑移诱发。因此,揭示不同冲击矿压类型(如顶板型、煤柱型、构造型等)的震源过程,以解释和指导冲击矿压的预报和防治实践,是微震法预测预报冲击矿压的重要任务之一。不同冲击震动类型震动机理及其特征的归类结果见表 3-6。

表 3-6 冲击震动分类及特征

冲击震动类型	冲击震源 机理描述	震动波 初动符号	里氏震级 （南非统计情况）
应变型冲击震动 （巷道垮落）	巷道表面剥落、有时 伴随煤岩体猛烈弹射	难以检测， 内爆型（拉张型）	-0.2~0
弯曲破坏型冲击震动 （顶板张性断裂）	平行于空间自由面的 岩体呈板状猛烈抛出	内爆型	0~1.5
煤柱型冲击震动	煤体从煤柱边缘 猛烈抛出	大部分为内爆型	1.0~2.5
剪切破裂型冲击震动	剪切破裂在完整岩体 内不稳定扩展	双力偶剪切型	2.0~3.5
断层滑移型冲击震动	原有断层两侧突然 产生相对运动	双力偶剪切型	2.5~5.0

二、震动位移场分析

震动释放能量与位移场的平方成正比，故震动位移波场特征代表了震动能量在空间方位上的辐射方式。因此，通过建立不同煤岩震动的点源等价力模型，对不同采动煤岩冲击破裂模式的震动位移场和能量辐射特征展开系统分析。

震动波震源是个封闭的区域，该区域内部为非弹性变形，外部只有震动波传播。在地震学上，一般采用一等效力模型来描述震源作为震源的近似，该模型忽略了震源区的非线性影响而与其线性波动方程相对应。力作用在给定点上所产生的位移与真实力作用于震源处所产生的位移一致，该力被定义为等效力。当震源与接收点的距离远大于震源破裂尺寸以及所观测的震动波波长相对较长时，那么该震源区可被考虑为一个点，在该点上存在力与力偶系统的平衡。图 3-14 所示为常见震动波的 9 种点源模型。任何破裂类型都可由这些力偶的组合来表达。

震动能量因震源受力方式的不同在不同方位辐射并不一样。通过分析不同微震事件破裂形态，可进一步分析该事件的位移及能量分布情况。

在求解震动波波动方程时，忽略了震源处体力作用。虽然体力不影响震动波的产生，却影响震动位移场辐射特征及震动波传播方式。当体力 $f_i(x,t)$ 集中在 ξ 点且作用在 x_i 方向上、作用时间函数为 $F(t)$ 时，则有：

$$f_i(x,t) = F(t)\delta(x-\xi)\delta_{ij} \tag{3-12}$$

式中，$\delta(x-\xi)$ 为三维狄拉克（Kronecker）函数，如前所述。

在微震震源体积 V 内，以等价体力密度 f_i 分布的震源，t 时刻在点 x 处所产生的位移 u_k 可表示为：

$$u_k(x,t) = \int_{-\infty}^{\infty}\int_V G_{ki}(x,t;r,t')f_i(r,t')\mathrm{d}V\mathrm{d}t' \tag{3-13}$$

式中：$u_k(x,t)$ 为震动在 t 时刻、点 x 处产生的震动位移；$G_{ki}(x,t;r,t')$ 为震源 (r,t') 和震动传感器 (x,t) 之间的传播效应的格林函数，其物理意义是在震源 r 处、t' 时刻、j 方向的点力，在测点 x 处、t 时刻、i 方向上产生的位移。

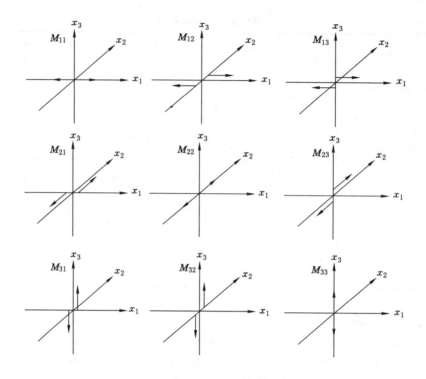

图 3-14　震动点源模型

(下标 i,j 分别为力的方向和力臂的方向,并有 $M_{ij}=M_{ji}$)

在参考点 $r=\xi$ 附近,将格林函数进行泰勒展开,得:

$$G_{ki}(x,t;r,t') = \sum_{n=0}^{\infty} \frac{1}{n!}(r_{j_1} - \xi_{j_1})\cdots(r_{j_n} - \xi_{j_n})G_{ki,j_1,\cdots,j_n}(x,t;\xi,r,t') \qquad (3\text{-}14)$$

式中:标记之间的逗号表示对逗号后面的坐标($j_1,\cdots,j_n$)的偏微分。

对于煤岩诱发微震之类的小能量震动(相比天然地震而言),参考点通常取为震源。以震源矩心为参考点,将体力密度用力矩形式进行表达,则与时间有关的矩张量 M_{ij} 被定义为:

$$M_{ij_1,\cdots,ij_n}(\xi,t') = \int_V (r_{j_1} - \xi_{j_1})\cdots(r_{j_n} - \xi_{j_n})f_i(r,t')\mathrm{d}V \qquad (3\text{-}15)$$

故,将式(3-13)中位移场多重展开,得:

$$u_k(x,t) = \sum_{n=0}^{\infty} \frac{1}{n!}G_{ki,j_1,\cdots,j_n}(x,t;\xi,r,t') * M_{ij_1,\cdots,ij_n}(\xi,t') \qquad (3\text{-}16)$$

因此,震动位移场可表示为矩张量与格林函数的时间褶积。在点源近似状态下,仅需考虑式(3-16)的第一项,即二阶矩张量。同时,假定震源为同步震源[震动矩张量所有分量,具有相同的时间依赖关系 $s(t)$],此时震源矩张量在 t 时刻、点 x 处产生的位移为:

$$u_k(x,t) = M_{ij}[G_{ki,j} * s(t)] = M_{ij} * G_{ki,j} \qquad (3\text{-}17)$$

矩张量就是地震学上通常所提的震源等效力,该等效力作用在给定点上所产生的位移与真实力作用于震源处所产生的位移一致。当震源与接收点的距离远大于震源破裂尺寸以及所观测的震动波波长相对较长时,那么该震源区可被考虑为一个点,在该点上存在力与力偶系统的平衡。它是由在 $x_i(i=1,2,3)$ 方向上的力与 $x_j(j=1,2,3)$ 方向上的力臂的力偶 M_{ij} 的组合来表达。因此,矩张量共有 9 个分量,其中 6 个独立分量。正是由于作用于各震源的矩张量成分不同,导致采动诱发煤岩微震的破裂机理各不相同。

震源作用力所产生的位移场则为矩张量各力偶所产生位移的总和,则各向同性均匀介质中式(3-17)的完整表达式为:

$$u_k = \left(\frac{15\gamma_k\gamma_i\gamma_j - 3\gamma_k\delta_{ij} - 3\gamma_i\delta_{kj} - 3\gamma_j\delta_{ki}}{4\pi\rho} \right) \frac{1}{r^4} \int_{r/a}^{r/\beta} \tau M_{ij}(t-\tau) \mathrm{d}\tau +$$

$$\left(\frac{6\gamma_k\gamma_i\gamma_j - \gamma_k\delta_{ij} - \gamma_i\delta_{kj} - \gamma_j\delta_{ki}}{4\pi\rho v_p^2} \right) \frac{1}{r^2} M_{ij}\left(t - \frac{r}{v_p} \right) -$$

$$\left(\frac{6\gamma_k\gamma_i\gamma_j - \gamma_k\delta_{ij} - \gamma_i\delta_{kj} - 2\gamma_j\delta_{ki}}{4\pi\rho v_s^2} \right) \frac{1}{r^2} M_{ij}\left(t - \frac{r}{v_s} \right) +$$

$$\frac{\gamma_k\gamma_i\gamma_j}{4\pi\rho v_p^2 r} M_{ij}\left(t - \frac{r}{v_p} \right) - \left(\frac{\gamma_k\gamma_i - \partial_{ki}}{4\pi\rho v_s^2 r} \right) \gamma_i M_{ij}\left(t - \frac{r}{v_s} \right) \tag{3-18}$$

式中:v_p 和 v_s 分别为 P、S 波的传播速度;r 为震源到台站距离;ρ 为岩石密度;k 为台站传感器的第 $k(k=1,2,3)$ 分量;δ_{ki} 为 Kronecker 函数;γ_i 为震源至台站的震动波射线对应于各坐标轴的分量;M_{ij} 为震源矩张量。

式(3-18)中:第一项对应于震动位移场的近场项;中间两项分别对应于 P 波、S 波位移场的中场项;最后两项分别对应于 P 波、S 波位移场的远场项。各位移场项受不同等价力源的作用,由震源向外辐射的震动波具有明显的方位性。在实验室监测尺度进行煤岩冲击破坏的震动波场特征分析时,需要考虑震源激发位移场的近、中场部分;而对于矿井或采区监测范围内,用于矿山实际煤岩诱发冲击微震破裂机理研究的方法和技术主要依据震动位移场的远场项,近、中场位移基本可以忽略。

因此,P 波、S 波的远场位移分别表示为:

$$\left.\begin{array}{l} u_{p,k} = \dfrac{\gamma_k\gamma_i\gamma_j}{4\pi\rho v_p^2 r} M_{ij}\left(t - \dfrac{r}{v_p} \right) \\[4mm] u_{s,k} = -\left(\dfrac{\gamma_k\gamma_i - \partial_{ki}}{4\pi\rho v_s^2 r} \right) \gamma_j M_{ij}\left(t - \dfrac{r}{v_s} \right) \end{array}\right\} \tag{3-19}$$

在球形坐标系中引入矢量 $\boldsymbol{R},\boldsymbol{\Theta},\boldsymbol{\Phi}$,分别与震源—台站径、切向方向一致,式(3-19)可用球坐标表示为:

$$\left.\begin{array}{l} u^P = \dfrac{1}{4\pi\rho v_p^3 r} R^P(M_{ij}) \\[4mm] u^{SV} = \dfrac{1}{4\pi\rho v_s^3 r} R^{SV}(M_{ij}) \\[4mm] u^{SH} = \dfrac{1}{4\pi\rho v_s^3 r} R^{SH}(M_{ij}) \end{array}\right\} \tag{3-20}$$

$$\begin{bmatrix} R^P \\ R^{SV} \\ R^{SH} \end{bmatrix} = \begin{bmatrix} \gamma_1\gamma_1 & 2\gamma_1\gamma_2 & 2\gamma_1\gamma_3 & \gamma_1\gamma_2 & 2\gamma_2\gamma_3 & \gamma_3\gamma_3 \\ \theta_1\gamma_1 & \theta_1\gamma_2 + \theta_2\gamma_1 & \theta_1\gamma_3 + \theta_3\gamma_1 & \theta_2\gamma_2 & \theta_2\gamma_3 + \theta_3\gamma_2 & \theta_3\gamma_3 \\ \varphi_1\gamma_1 & \varphi_1\gamma_2 + \varphi_2\gamma_1 & \varphi_1\gamma_3 + \varphi_3\gamma_1 & \varphi_2\gamma_2 & \varphi_2\gamma_3 + \varphi_3\gamma_2 & \varphi_3\gamma_3 \end{bmatrix} \tag{3-21}$$

式中,$\gamma_i,\theta_i,\varphi_i(i=1,2,3)$ 分别对应于矢量 $\boldsymbol{R},\boldsymbol{\Theta},\boldsymbol{\Phi}$ 各分量。

并有：

$$
\begin{cases}
\boldsymbol{R} = \begin{bmatrix} \sin\theta\cos\varphi & \sin\theta\sin\varphi & \cos\theta \end{bmatrix} \\
\boldsymbol{\Theta} = \begin{bmatrix} \cos\theta\sin\varphi & \cos\theta\sin\varphi & -\sin\theta \end{bmatrix} \\
\boldsymbol{\Phi} = \begin{bmatrix} -\sin\varphi & \cos\varphi & 0 \end{bmatrix}
\end{cases}
\tag{3-22}
$$

例如，图 3-16 所示为顶板水平拉张断裂（图 3-15）震动位移场辐射花样。由图可见，P 波、S 波的位移场是随方位不同而变化，而并不是理想中的以标准球形波方式由震源向外均匀扩散。P 波、S 波位移场均以震源为原点在作用力方向上（图中 x_1 方向，$\theta=90°$）呈左右对称。P 波在 x_1 方向上达到最大位移幅值，并随着 θ 值的减小而减小，在垂直于震源作用力方向上（$\theta=90°$）振幅为零；S 波在与轴成 $\pm45°$ 方向上达到最大剪切幅值，初动方向始终指向作用力轴（如图中箭头所示），S 波在震源作用力方向及其垂直方向上振幅均为零。

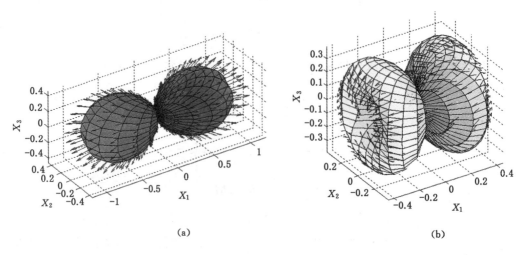

图 3-15 顶板初次和周期来压拉张断裂示意图

（a）初次来压拉张破坏；（b）周期来压拉张破坏

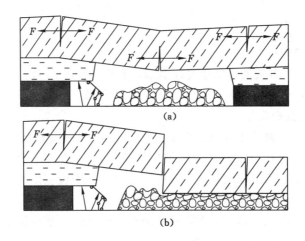

（a）

（b）

图 3-16 顶板张性断裂震动位移场辐射花样

（a）P 波辐射花样；（b）S 波辐射花样

图 3-18 所示为顶板岩块间沿破裂面滑移失稳（图 3-17）时 P 波、S 波的位移辐射花样。由图可见，在岩块滑移面上，P 波位移振幅为零，其最大位移振幅在与滑移面成 ±45°平面上，若以逆时针方向为正，在与滑移面成 +45°平面上产生由震源向外传播的压缩波，P 波初动为"＋"，而在 −45°平面上产生由震源向外传播的膨胀波，P 波初动为"－"；S 波最大振幅恰恰旋转了 45°，在滑移面及其法向面上达到最大值，而在与滑移面成 ±45°平面上振幅为零，S 波初动方向如图中箭头所示。

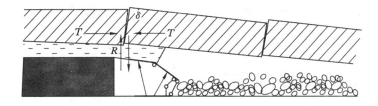

图 3-17 岩块滑落失稳示意图

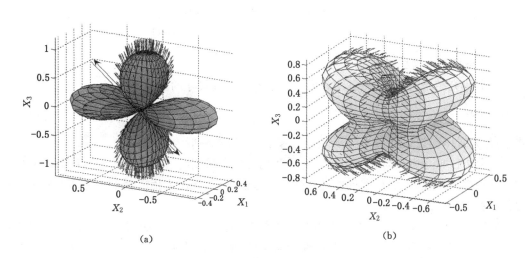

(a)   (b)

图 3-18 顶板滑移失稳震动位移场辐射花样

(a) P 波辐射花样；(b) S 波辐射花样

三、基于震动波场特征的煤岩震动分类

可通过布设在震源三维空间周围的微震监测网的记录结果，在震动波形图上辨认 P 波初动方向，对采动诱发的不同矿山震动进行分类。根据分析结果，顶板水平拉伸破裂、顶板离层和顶板垮落等破裂方式产生的是离开震源、波前向外压的压缩 P 波，所有微震台站接收到的 P 波初动应均为"＋"，该类震动为典型的拉伸型矿震；顶板回转失稳、煤柱压缩破裂等震动方式产生的是指向震源、波前向外拉的膨胀 P 波，所有微震台站接收到的 P 波初动应均为"－"，该类煤岩诱发震动为典型的内爆型矿震；顶板剪切破裂、"砌体梁"结构滑移失稳、煤柱动态冲击、采动诱发断层"活化"等煤岩震动，震源产生的 P 波初动在空间上呈四象限分布，符合典型双力偶源的震源破裂机理，可称为剪切型矿震，该类震动破坏过程一般较为强烈，释放震动能量较多，冲击危险性也最高。

图 3-19 例举了 3 种微震模型的典型煤岩震动、相应的 P 波辐射方式和位于震源之上台

站所监测的震动波垂直初动示意图。

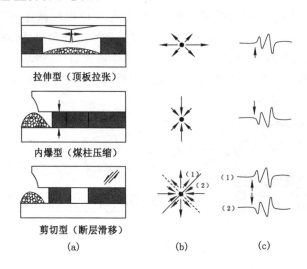

图 3-19 典型煤岩震动类型及震动波初动示意图
(a) 震动类型；(b) P 波辐射花样；(c) P 波初动方向

四、微震震动波频谱特征

根据研究结果,震动波的震动频率随岩层断裂裂缝尺寸的增加而下降,即：

$$f = \frac{c}{L} \tag{3-23}$$

式中：L 为岩体断裂裂缝长度；f 为震动频率；c 为常数,一般为 $100\sim300$。

谱分析已成为微震研究的一种普遍采用的方法。采用时—频分析技术分析微震信号的功率谱和幅频特性,以便从谱特性进行微震信号的辨识,从而为预测预报矿井冲击矿压等动力灾害提供一条新的线索。

时间域内的震动波形模拟分析需要相当复杂的技术,尚不能做到常规应用。微震记录或时间序列经快速傅里叶变换(FFT)变为频率域,便可得到所需的振幅谱和相位谱,不但可容易求得大部分震源参数(部分参数在时间域内),亦可确定信号的频率特征,掌握信号的构成及性质。

从矿山微震监测实际应用的角度,微震信号特征分析的目的是正确识别不同成因引起的不同种类波形及其特征,因此微震信号的波形特征主要是指波形形态特征和频谱特征。对于波形的形态特征可以直接从微震监测系统的示波窗口内的波形来观测；而对于频谱特征分析,一般采用傅里叶频谱分析和快速傅里叶时频分析理论。

傅里叶变换的基本形式：

$$S_F(\omega) = \frac{1}{2\pi} \int_{-\infty}^{+\infty} S(t) \mathrm{e}^{-\mathrm{i}\omega t} \, \mathrm{d}t \tag{3-24}$$

式中：$S(t)$ 为连续时间信号函数；$\mathrm{e}^{-\mathrm{i}\omega t}$ 为傅里叶变换的基函数。

由积分变换式,可发现任何时间信号的突变都会影响到整个函数频率域上。基于这种认识,加博(Gabor)引入了短时傅里叶变换的概念,短时傅里叶变换称之为窗口傅里叶变换,其基本形式为：

$$S_{WF}(\omega,\tau) = \int_{-\infty}^{+\infty} e^{-i\omega t}\omega(t-\tau)S(t)\mathrm{d}t \tag{3-25}$$

式中:$\omega(t-\tau)$ 为窗口函数,在信号分析和处理中,人们常采用高斯窗口函数。这种窗口变换或短时傅里叶变换的优点在于,在给定的时间和频率域范围内,具有最大能量信号的傅里叶变换有良好的局部化特征;在其他时频段能量较小信号的傅里叶变换系数则接近于零。但这种变换的局限性就在于窗口的形状无法做到随频率和时间的变化而任意缩放。

把原来在时域内以时间 t 为变量的函数 $B_H(t)$ 变换为频域内以频率 f 为变量的函数 $B(f)$,也就是将原来的函数分解为一系列振幅不同的频率变化的正弦函数,得出频域内振幅随频率变化的函数 $B(f)$,即:

$$B(f) = \int_0^T B_H(t)e^{-2\pi ft}\mathrm{d}t \tag{3-26}$$

式中:T 为 $B_H(t)$ 在时域内延伸的区间。

由于振幅的平方与功率成正比,定义单位时间内功率谱密度 $S(f)$ 为:

$$S(f) = B(f)^2/T \tag{3-27}$$

使用快速傅里叶变换(FFT)将震动波形从时间域变化到频率域上,即得到波形的频谱图。

不同矿山震动由于诱发成因不同,其破裂机制也各有特点,释放能量大小也各不相同,频谱特征也有所不同。从目前各矿微震监测结果来看,微震频谱特征具有相似性,表现为高能量微震频谱偏低,低能量微震频谱偏高,可以从微震频谱的变化规律分析出微震能量发展变化趋势,为冲击矿压危险分析提供一个新思路。

以兖州鲍店煤矿为例,该矿微震监测系统运行期间,采集到了不同能量级别下的微震数据,事件能量主要集中在 $10^2 \sim 10^5$ J,同时工作面开采过程中也出现了几次 10^6 J 以上的强微震事件。

1. 能量不小于 10^6 J 的波形和频谱特征

据能量分级筛选的统计结果,选择两个能量 $E \geqslant 10^6$ J 的强微震事件,记录波形时间为 2008 年 8 月 1 日 22:40:38 和 2008 年 8 月 15 日 03:48:44。全通道波形分别见图 3-20 和图3-21。图 3-22 所示为两个强微震事件的部分单通道波形频谱图。可以看出,两次震动释放能量都大于 10^6 J,其波形振幅速度大,均超过了 5×10^{-4} m/s,信号持续时间均超过 4 000 ms,衰减慢。从频谱上看,两信号均为典型的低频信号,频率分布在 0~10 Hz,主频为 2 Hz 左右。而图 3-22(b)与(a)相比,由于 8 月 15 日震动释放的能量更大,其波形持续时间更长,主频成分更低,S,P 波初至振幅比也更大。

2. 能量不小于 10^4 J 的波形和频谱特征

图 3-23 所示为几个能量不小于 10^4 J 的微震事件的部分波形和频谱图。由图可知,震动释放能量大于 10^4 J 的微震,其震动速度振幅主要介于 $(1.5 \sim 3.5) \times 10^{-4}$ m/s,信号持续时间在 2 000~3 000 ms,衰减较快。而且震动能量越高,其持续时间较长。从频谱上看,3 个信号的频带分布介于 0~20 Hz,主频在 5 Hz 左右,并随着能量的降低,对应峰值频谱向高频段移动。

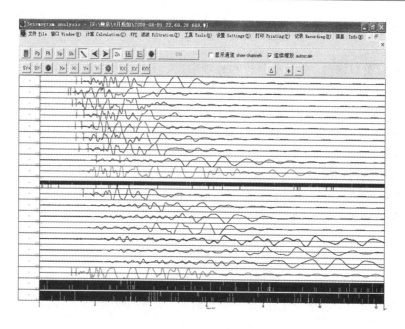

图 3-20　22:40:38(2008-08-01)微震波形

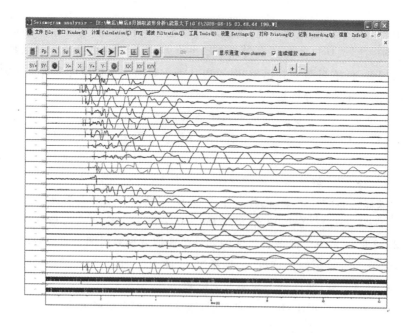

图 3-21　03:48:44(2008-08-15)微震波形

3. 能量不小于 10^3 J 的波形和频谱特征

由图 3-24 可知,能量不小于 10^3 J 的微震事件,其振动速度的幅值主要介于 $0.5\times10^{-4}\sim$ 1×10^{-4} m/s,信号持续时间在 1 000~2 000 ms,衰减快,且能量越高,其持续时间较长。从频谱上看,信号的频带分布介于 30~55 Hz,主频在 3~5 Hz。

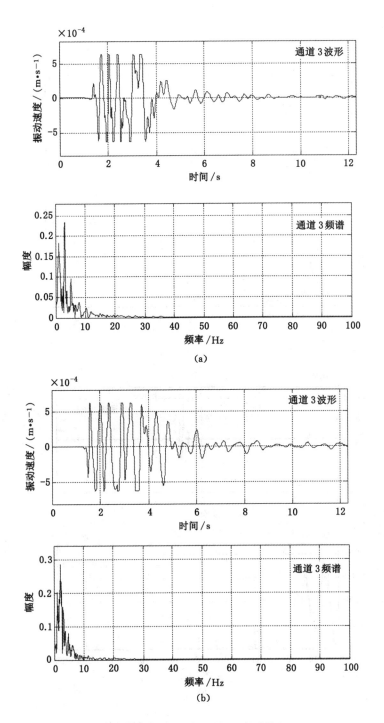

图 3-22 $E \geqslant 10^6$ J 波形和频谱特征

(a) $E = 2.79 \times 10^6$ J(2008-08-01 22:40:38 689W);(b) $E = 6.05 \times 10^6$ J(2008-08-15 03:48:44 190W)

4. 能量不小于 10^2 J 的波形和频谱特征

由图 3-25 可知,能量不小于 10^2 J 的微震事件,其振动速度的幅值主要介于$(1.0 \sim 5.0) \times$

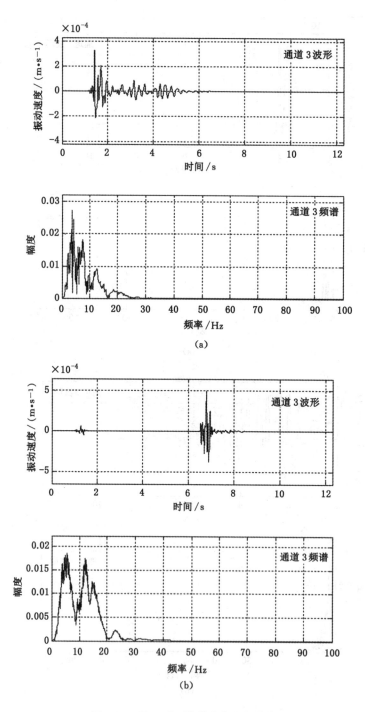

图 3-23 $E \geqslant 10^4$ J 波形形态和频谱特征

(a) $E = 5.95 \times 10^4$ J(2008-07-16 23:14:59 222W);(b) $E = 3.95 \times 10^4$ J(2008-08-01 23:01:39 343W)

10^{-5} m/s,信号持续时间在 1 000~1 500 ms,衰减快。从频谱上看,3 个信号的频带分布介于 30~50 Hz,主频在 6 Hz 左右。

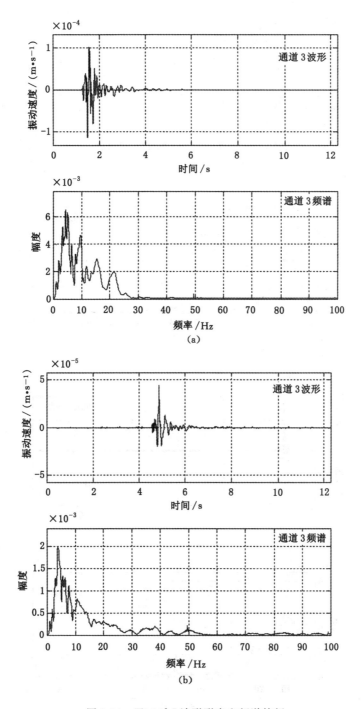

图 3-24 $E \geqslant 10^3$ J 波形形态和频谱特征

(a) $E = 9.74 \times 10^3$ J(2008-07-24 06:12:47 376W);(b) $E = 1.01 \times 10^3$ J(2008-07-23 20:31:37 261W)

5. 不同能量级别下微震信号特征比较

从以上研究可以发现,在不同能量级别下,微震信号所对应的波形形态和频谱存在着不同的特征,见表 3-7。

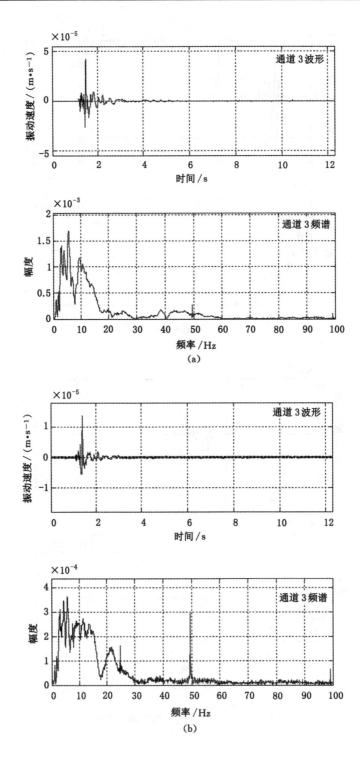

图 3-25　$E \geqslant 10^2$ J 波形形态和频谱特征

(a) $E=9.94 \times 10^J$(2008-08-14　23：41：25　891W)；(b) $E=1.01 \times 10^2$ J(2008-08-11　23：03：43　535W)

表 3-7 鲍店煤矿不同能量级别下微震信号比较

能量级别	持续时间/ms	衰减情况	幅值/(10^{-4} m·s^{-1})	主频/Hz	频率分布/Hz
≥10^6 J	＞4 000	快	＞5	2	0～10
≥10^4 J	2 000～3 000	较快	1.5～3.5	5	0～30
≥10^3 J	1 000～2 000	较快	0.5～1	3～5	0～30
≥10^2 J	1 000～1 500	快	0.1～0.5	6	0～30

6. 各矿微震信号频谱分析结果

矿井的生产地质条件不同,微震信号表现的频谱特征也有所差异。表 3-8～表 3-12 列出了其他部分矿井观测到的微震频谱特征。

表 3-8 平煤十一矿不同能量级别下微震信号比较

能量级别	持续时间/ms	衰减情况	幅值/(10^{-5} m·s^{-1})	主频/Hz	频率范围/Hz
≥10^5 J	1 200～3 000	较快	9～60	5～10	0～100
≥10^4 J	1 000～2 000	较快	1.5～50	30～50	0～150
≥10^3 J	800～1 500	快	1.5～20	20～80	0～150

表 3-9 峻德煤矿不同能量级别微震信号特征比较

能量级别	持续时间/ms	衰减	幅值/(10^{-4} m·s^{-1})	主频/Hz	频率/Hz	接收测站
≥10^5 J	1 000～3 500	较慢	＞5	＜10	0～70	＞9
≥10^4 J	1 000～2 000	较慢	1.2～5.5	10	0～50	6～10
≥10^3 J	300～1 000	较快	1～5	8～30	0～60	4～9
≥10^2 J	600～1 000	快	0.8～2.0	20	0～100	4～6

表 3-10 桃山煤矿不同能量级别下微震信号比较

能量级别	持续时间/ms	衰减	幅值/(10^{-4} m·s^{-1})	主频/Hz	频率/Hz	接收测站
≥10^4 J	＞1 000	慢	2～6	＜10	0～100	＞10
≥10^3 J	400～800	较快	0.5～5	40～140	0～200	6～10
≥10^2 J	100～400	较快	0.5～1	40～200	0～250	5～7
＜10^2 J	＜400	快	＜1	非常离散	0～250	＜6

表 3-11 星村煤矿不同能量级别下微震信号比较

能量级别	持续时间/s	幅值/(10^{-3} m·s^{-1})	频率范围/Hz	主频/Hz	衰减速度
≥10^5 J	1.5～2.2	10～40	0～20	2	最快
≥10^4 J	1～2	1～30	1～45	10	快
≥10^3 J	1～2	0.8～6.5	15～120	25	中
≥10^2 J	0.5～1	0.6～6	40～130	48	慢

表 3-12　　　　　　　　忻州窑煤矿不同能量级别下微震信号比较

能量级别	持续时间/ms	衰减	幅值/(10^{-4} m·s^{-1})	主频/Hz	频率范围/Hz
≤10^3 J	500～2 000	快	≤0.5	25	0～60
10^4 J	1 000～3 000	较快	1～9	6	0～60
≥10^5 J	1 600～5 000	慢	1～9	3	0～10

第四节　震动波传播衰减规律

一、震动波传播的实验室试验

选择四种不同完整性、松散性的介质进行试验研究。第一种介质即相对完整和坚硬的石块场地;第二种介质即是硬度较低但完整连续的细沙土地;第三种介质即松散破碎岩层的小泥块土地;第四场地为水泥地。实验总共进行了 19 次。采集系统的布置是:从距离震源 3 m 处开始,每间隔 10 m 沿直线距离设置拾震器子站,一共设置 6 台观察子站;主站放在辐射子站的圆弧中心位置处,以接收分站采集的信号,如图 3-26 所示。

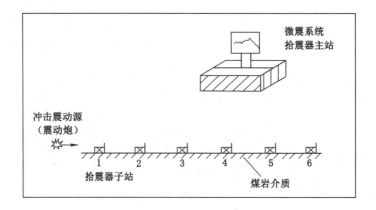

图 3-26　拾震器布置示意图

由实验现场测定的原始结果如图 3-27 所示。

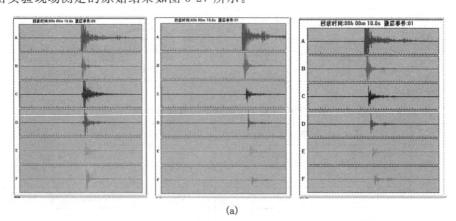

(a)

图 3-27　不同实验场地采集的震动信号

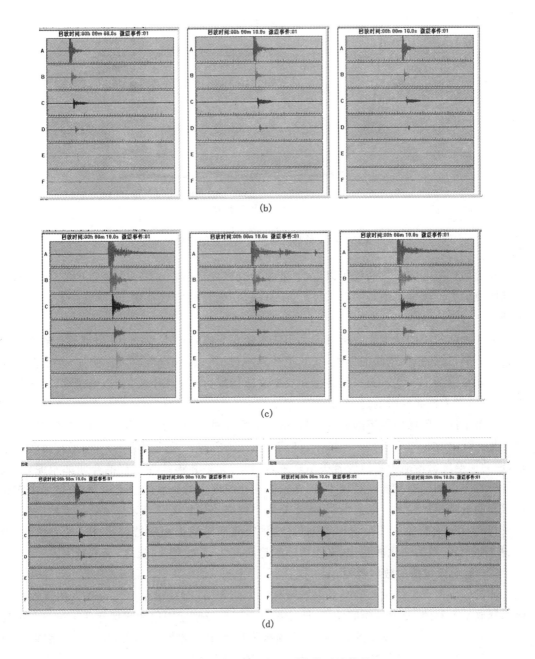

续图 3-27 不同实验场地采集的震动信号

(a) 第 1 实验场地信号采集;(b) 第 2 实验场地信号采集;(c) 第 3 实验场地信号采集;(d) 第 4 实验场地信号采集

根据 TDS-6 微震实验系统内部设计自定的振动加速度幅值与震动烈度的对应关系、震动烈度与震级的关系,可以回归振动加速度幅值与震级之间的运算关系。再根据震级与能量之间的关系 $\lg E = 1.8 + 1.9 M_L$,可得到计算各拾震器位置震动能量与振动加速度之间的计算公式:$E = 10^{3.7849 + 0.8271 \ln a}$,从而计算出 4 个实验场地各拾震器位置冲击震动波能量值,进而得到冲击震动波沿传播距离的衰减特征曲线,如图 3-28 所示。

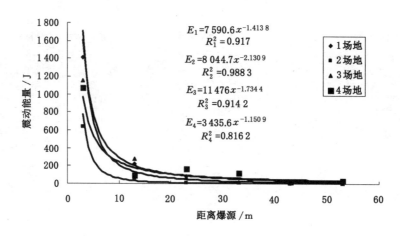

图 3-28　各实验场地各拾震器位置能量变化曲线

从上面能量衰减变化曲线可以看出,能量的衰减变化趋势同震动加速度的变化趋势,随传播距离增大能量也呈乘幂关系 $E = E_0 e^{-\eta}$ 衰减,初始衰减依然很快,到一定距离后衰减幅值减小。

在 4 种介质中的能量衰减指数的大小依然随介质的完整性、硬度、孔隙率等性能指标的变化而不同,这些指标越趋向良性,衰减指数越小;反之,衰减指数越大。例如,在水泥地介质中衰减指数为 1.150 9,而在细沙土介质中衰减指数达到了 2.130 9。以上说明,震源距采掘面越近,对采掘面的影响越大。

根据不同实验场地采集的震动信号,得出上面 4 种不同场地介质的最大震动加速度幅值变化曲线,如图 3-29 所示。从图中可以看出,距离震源较近处幅值很大,但沿传播距离增加,震动加速度沿传播距离呈乘幂关系衰减,在相对完整和连续性较好的介质如水泥地、大块砂石地中震动剧烈程度衰减较小,而在松散和孔隙度大的介质如沙土地、小石块场中震动剧烈程度衰减趋势较大。以上说明,岩土介质中裂缝、节理、孔洞等导致波的振动幅度降低,对波传递有较大的吸收和阻尼作用,而且这种吸收和阻尼作用随着传递介质的完整性、硬度、孔隙率等参数的变化而变化,这些指标越趋向良性,衰减越小;反之,衰减越大。

二、震动波传播的数值模拟

冲击矿压的发生最主要的一个因素是高应力的集中,而且这个高应力积聚的弹性变形能的释放是突然的、急速的瞬间阶段,通常都是由于顶板坚硬岩层的突然弯曲下沉或断裂移动而造成的。有时也会发生这样的情况:顶板岩层积聚的弹性能不大,但受到周围采动影响,比如爆破、机械振动等影响,这些采矿活动产生的震动能量传播至已经事先积聚了一定能量的坚硬顶板处,应力叠加总和超过了坚硬顶板所能承受的极限强度,诱发顶板岩层的突然弯曲下沉或断裂移动,能量转移至强度极限相对更低的煤体中,从而导致冲击矿压的发生。因此,只要发生冲击矿压现象,一般是顶板或巷帮周围存在一个突然爆发冲击震动力的高应力区,我们将这个产生突然冲击震动的高应力区称为冲击源(震源)。

FLAC 数值模拟软件中的 Dynamic 模块,具有模拟诸如爆炸等突发冲击震动效应的力学模拟功能。通过一定的赋值语句,确定好震源加载波形,对各个参数相应赋值,就可以模拟巷道在冲击震动波的传播效应下围岩应力分布和位移趋势及大小,并分步再现冲击矿压

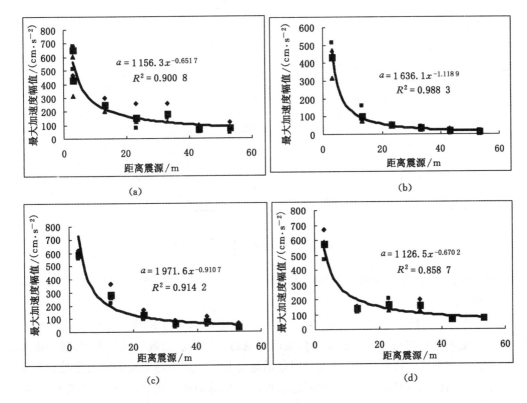

图 3-29　各实验点拾震器位置最大加速度变化曲线

(a) 第 1 实验点(砂石地)；(b) 第 2 实验点(沙土地)；(c) 第 3 实验点(小石块场)；(d) 第 4 实验点(水泥地)

破坏的全过程。

图 3-30 和图 3-31 分别是 5×10^6 J 能量级别的冲击震动源分别在顶板 10 m、80 m 处对巷道产生的冲击破坏效应模拟结果。

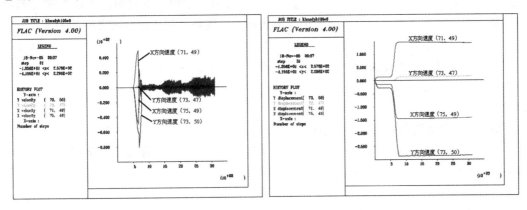

图 3-30　顶板 10 m 处 5 MJ 冲击效应

从以上的结果看出，在冲击源距离巷道一定范围之内时，冲击速度和位移量很快就达到最大值，巷道基本呈瞬时破坏现象；而在冲击源距离巷道一定位置后，同一能量震源对巷道的破坏出现明显的分段累积作用效应，冲击载荷对巷道的破坏也呈现出多轮冲击破坏现象，

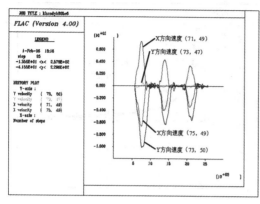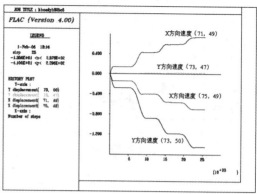

图 3-31　顶板 80 m 处 5 MJ 冲击效应

巷道是在冲击波的反复压缩和拉伸作用下累积破坏的,速度时步变化过程与位移量时步变化过程呈现出一致性。

图 3-32 所示为同一能量(5×10^6 J)不同位置冲击震源对巷道冲击效应曲线。可以看出,同等能量冲击源距离巷道顶板不同位置时对巷道产生的冲击效应截然不同,随冲击源距离巷道增大,冲击效应逐渐减弱,巷道围岩移动速度和移动量均随距离的增大呈乘幂关系减弱。对于一个具体震源能量在一定距离之内可以造成巷道产生冲击矿压破坏现象,但在这个距离之后对巷道的冲击震动作用就明显减弱。

三、微震震动波衰减的现场测试

某矿为薄煤层群开采,由于上层位煤柱、本层上区段采空区顶板悬顶及本工作面后部采空区的影响,79Z6 工作面上巷煤壁一侧应力集中程度较高,具有较高的冲击危险。

采用爆破研究震动波的传播特征,而且爆破后诱发了冲击矿压。图 3-33 所示为距离爆破震源分别为 452.5,400.7,1 023.6 m 的 6,7,12 通道记录的速度波形。各通道速度幅值与传播距离的关系见图 3-34。采用最小二乘法可得速度幅值与传播距离之间的关系:

$$v_P = v(L) = 0.362\ 3L^{-1.638} \tag{3-28}$$

由此可反算该震源传播到冲击显现位置处的速度幅值。由冲击矿压发生点与爆破施工位置,可估算出距离 L 取值范围为 $1 \sim 20$ m,以此可得卸压爆破对冲击矿压易发区域产生的动载为 $0.03 \sim 3.89$ MPa。

四、爆炸震动波传播特性的原位试验

某矿共计布设了 12 个井孔型拾震器,其中 10 个布置在井下,煤气站与路新庄 2 个拾震器采用地面深钻孔布置,孔深分别为 228 m 和 229 m。

本次试验研究在该矿 7206 工作面轨道巷进行,7206 工作面轨道巷平均标高为 -840 m,在 7206 工作面轨道巷周围布置了 6 个三分量传感器,分别为 1 号(-860 车场)、3 号(-700 南翼充电房)、4 号(九煤车场)、8 号(煤气站)、10 号(西二下山中部 -770 点)以及 12 号(路新庄)。本次试验主要利用 1 号、3 号以及 4 号传感器采集的微震数据进行分析。在轨道巷掘进初期,利用最近的 1 号传感器采集爆源中心的震动波,随着轨道巷的不断掘进,测定爆炸震动波 3 个分量随传播距离在煤岩层中的传播衰减规律。

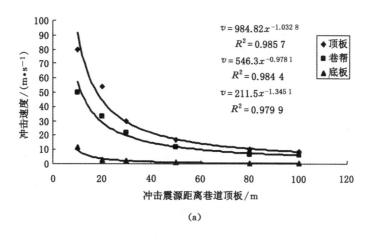

(a)

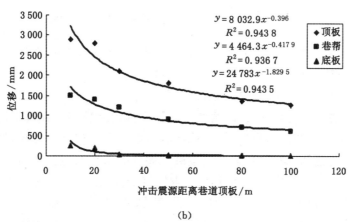

(b)

图 3-32　同一能量(5×10⁶ J)不同位置冲击震源对巷道冲击效应曲线
(a) 速度曲线；(b) 位移曲线

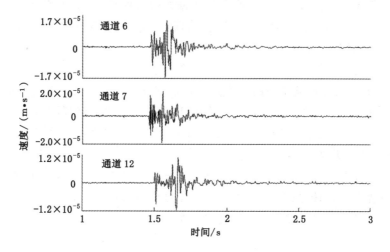

图 3-33　卸压爆破典型波形

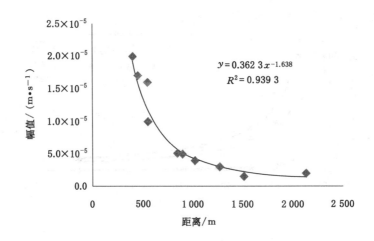

图 3-34　爆破波形幅值衰减规律

7206 工作面轨道巷与 7204 工作面运输巷之间留设了宽度 5 m 的小煤柱,其中 7204 工作面已经回采完毕,其余均为实体煤。爆破为掘进正常放炮,在 7206 工作面轨道巷迎头施工 5 个爆破孔,装药 80 卷,共计 12~15 kg,一次起爆。

震动波的传播过程极其复杂,影响波能量损失的因素较多。针对小尺度范围内的煤岩体空间,从试验的实测数据出发,结合拾震器与爆源中心位置的关系,提出震动波 3 个不同分量"穿层"传播和"顺层"传播的能量衰减差异。所谓"穿层"传播,就是单分量波从爆源到拾震器的传播途中穿过了若干次煤岩层接触面,波每经历一个接触面,就要进行一次的反射、折射与衍射过程,造成波的能量损失;所谓"顺层"传播,就是单分量波从爆源到拾震器的传播途中,不经过煤岩层接触面,即波在单个岩层中传播,相对"穿层"传播能量损失较小。

为了研究爆炸震动波 3 个单分量"穿层"传播和"顺层"传播的能量及频率衰减差异,首先必须试验采集到爆炸震动波信号 3 个分量的振幅时程曲线,揭示爆源中心震动波信号的 3 个分量特性。在 7206 工作面轨道巷掘进初期,利用最靠近爆源中心的 1 号拾震器采集爆破信号,得到近似爆源的震动波。图 3-35 所示为 7206 工作面轨道巷掘进初期 1 号传感器采集的爆炸震动波 3 个分量的能量与频率的分布曲线。

可以看出,近爆源中心震动波的水平方向和垂直方向的能量及频率分布近似相等。信号的主频分布在 0~70 Hz,能量以低频 0~40 Hz 的信号为主,该频段主要为炸药爆炸激发的震动波。信号的高频成分(40~70 Hz)主要由于爆炸导致煤岩体内部产生了大量的微裂纹,以及微裂纹扩展所致。

为了揭示爆源中心震动波 3 个分量信号在煤岩介质中的传播衰减规律,在 7206 工作面轨道巷掘进过程中,利用爆源距 1 号、3 号以及 4 号拾震器距离的变化,试验研究爆炸震动波信号远区"顺层"传播与"穿层"传播的衰减规律。

试验一:2008 年 10 月 6 日早班在 7206 工作面轨道巷迎头施工了 5 个爆破孔,装药 15 kg,10 点 31 分起爆。图 3-36 所示为爆源与拾震器的位置关系示意图;图 3-37 所示为 1 号、3 号以及 4 号拾震器采集到的 3 个分量信号的能量与频率分布曲线。

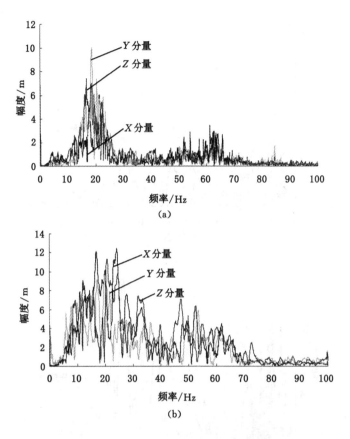

图 3-35 爆炸震动波信号三分量的能量与频率曲线

(a) 2008 年 10 月 3 日 10:42 爆破信号;(b) 2008 年 10 月 5 日 10:55 爆破信号

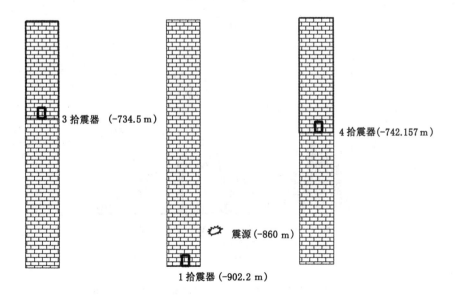

图 3-36 爆源与拾震器的位置关系示意图(10 月 6 日)

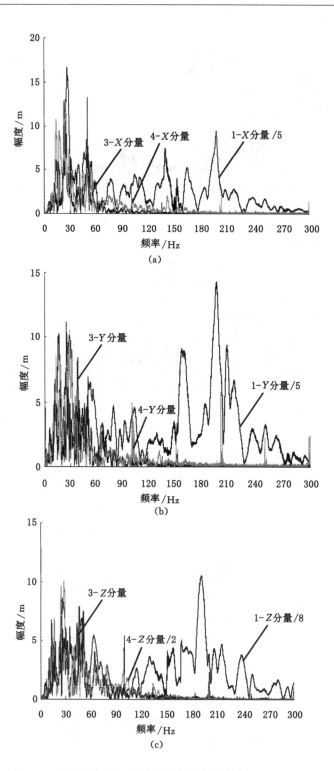

图 3-37　震动波信号 3 个分量的能量与频率曲线(10 月 6 日)

(a) X 方向；(b) Y 方向；(c) Z 方向

由图可知,随着爆源震动波 3 个分量的"顺层"与"穿层"传播,信号的高频成分急剧衰减,频谱向低频段移动。但是"顺层"与"穿层"传播的衰减速率不同,水平向传播距离增加 3.5 倍时,能量衰减了近 5 倍。而垂直向传播距离增加 3 倍时,能量则衰减了近 8 倍,且从 3 号与 4 号拾震器采集的垂直向能量来看,二者传播的水平距离接近,垂直距离只相差 7.6 m,但"穿层"传播后的残余能量却相差近 1 倍。

试验二:2008 年 10 月 16 日早班在 7206 工作面轨道巷迎头施工了 6 个爆破孔,装药 15 kg,10 点 54 分起爆。起爆后发现迎头中部约 1.5 m 深、靠两帮约 1.0 m 深的煤体被压出,煤量为 4~5 t,煤块最远弹射距离达 10 m 左右。图 3-38 所示为爆源与拾震器的位置关系示意图;图 3-39 所示为 1 号、3 号以及 4 号传感器采集到的 3 个分量信号的能量与频率分布曲线。

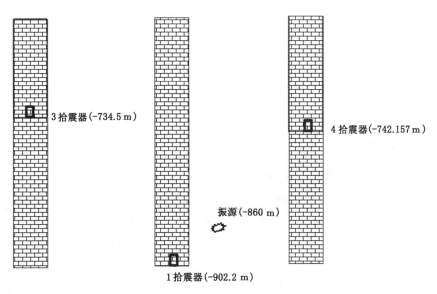

图 3-38 爆源与拾震器的位置关系示意图(10 月 16 日)

由图可知,根据 3 号与 4 号传感器采集的水平向能量来看,1 水平向传播距离增加 1.67 倍时,能量衰减了近 2 倍。但从 3 号与 4 号传感器采集的垂直向能量来看,二者传播的水平距离相差 1.67 倍,垂直距离只相差 7.6 m,但"穿层"传播后的残余能量却相差近 6 倍。

综上所述,爆炸震动波在煤岩介质中传播时,随着传播距离的增加,信号中的高频成份急剧衰减,主频分布在 0~60 Hz。从衰减指数来看,"穿层"传播的垂直向衰减指数大于"顺层"传播的水平向,但水平传播距离对于垂直向能量的衰减具有显著性影响。

五、震动波在采动煤岩体中的微震效应原位试验

在某矿 LW704 长壁工作面进行的爆破震动试验及微震监测。从地表分别向下在 LW704 工作面中部、LW705 工作面接近 LW704 轨道巷侧和 LW704 工作面运输巷煤层上方钻进 ECC139、ECC140 和 ECC141 等 3 个爆破孔,在各爆破孔处于工作面非开采扰动区(未开采时期)、部分爆破孔处于采空区垮落区(开采初期)及爆破孔完全处于采空区垮落区域(开采中后及后期)等不同阶段,分别以定量炸药充当震源进行爆破试验。3 个爆破孔中爆破震源分别标记为 S1、S2 和 S3,并通过在工作面四周布置的传感器阵列(A1~A5、B1~

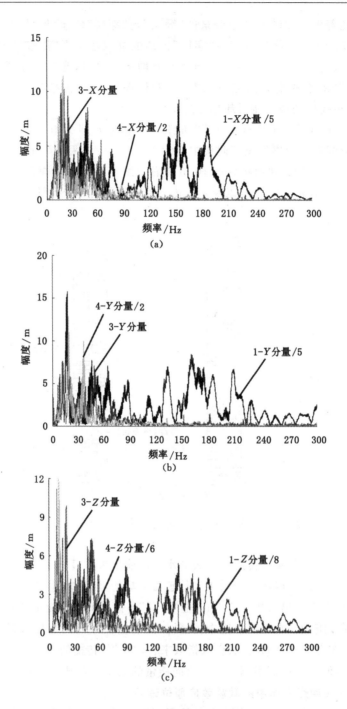

图 3-39　震动波信号 3 个分量的能量与频率曲线(10 月 16 日)

(a) X 方向;(b) Y 方向;(c) Z 方向

B5、C1~C5 和 D1~D5 共 20 个传感器)采集爆破震动及煤岩破裂微震信号。工作面开采过程中,ECC139 爆破孔共进行了 3 次爆破试验,ECC140 和 ECC141 爆破孔分别进行 4 次爆破试验。各爆破震源与传感器平面、走向及倾向剖面位置如图 3-40 所示。

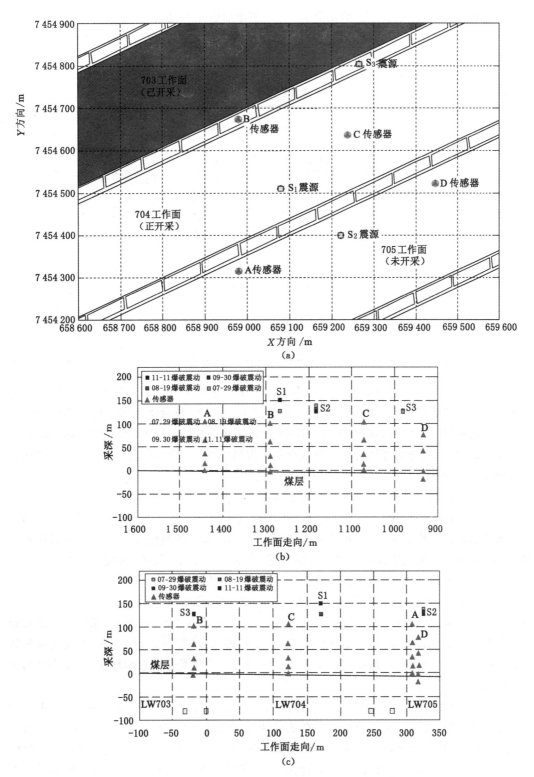

图 3-40　工作面、传感器布置及爆破震动平面示意图

（a）平面；（b）工作面走向剖面；（c）工作面倾向剖面

共进行的11次爆破震动试验贯穿LW704工作面整个开采过程,以进行工作面开采造成采空区范围扩大和上覆顶板岩层性质改变对爆破震动波传播和衰减特性的微震效应研究。各爆破震源坐标见表3-13。

表 3-13　　　　　　　　　　　　爆破震源坐标及时间

爆破震源	爆破孔	日期	X方向/m	Y方向/m	Z方向/m
S1	ECC139	07月29日15:06:08	659 080.11	7 454 509.99	125.75
	ECC139	08月19日13:21:27	659 080.11	7 454 509.99	127.25
	ECC139	11月11日11:02:21	659 080.11	7 454 509.99	150.75
S2	ECC140	07月29日16:01:06	659 220.90	7 454 400.08	137.86
	ECC140	08月19日13:32:06	659 220.90	7 454 400.08	129.86
	ECC140	09月30日13:24:55	659 220.90	7 454 400.08	132.36
	ECC140	11月11日11:22:55	659 220.90	7 454 400.08	125.86
S3	ECC141	07月29日16:19:02	659 265.04	7 454 804.99	125.46
	ECC141	08月19日13:41:43	659 265.04	7 454 804.99	127.46
	ECC141	09月30日13:37:10	659 265.04	7 454 804.99	128.46
	ECC141	11月11日11:13:37	659 265.04	7 454 804.99	125.46

① 在LW704工作面开始回采当日(7月29日),分别在ECC139,ECC140,ECC141爆破孔各进行1次爆破试验。由于工作面刚开始回采,7月29日微震监测系统只监测到3个有效煤岩微破裂震动事件,震源S1,S2和S3至A,B,C,D各传感器阵列的传播路径尚未受开采扰动影响,岩体介质可视为致密弹性介质。爆破震源、传感器及煤岩微破裂分布平面和剖面图分别见图3-41(a)、图3-42(a)、图3-43(a)。

② 工作面回采至8月19日,在各爆破孔又分别进行1次爆破试验。此时,工作面已经回采约110 m,由煤岩微破裂分布平面和剖面图可见[图3-41(b)、图3-42(b)、图3-43(b)],覆岩破裂已发展至煤层上方70 m左右,沿工作面走向,煤岩破裂位置已接近传感器阵列A和B。部分采空区及上覆岩层物理力学性质(孔隙率、完整性、硬度等)的改变对爆破震动波的吸收和阻尼作用增大,可造成震动波微震特征一定程度的变化。

③ 9月30日工作面回采约450 m时,在ECC140和ECC141爆破孔各进行1次爆破试验,爆破震源、煤岩微破裂分布见图3-41(c)、图3-42(c)、图3-43(c)。此时,采空区煤岩破裂范围已基本演化至传感器阵列A,B,C周围,并接近传感器阵列D。S2和S3爆破震动与传感器阵列A,B,C之间覆岩性质进一步改变,其塑性、非线性及粘性急剧增加,可完全视为各向异性介质。

④ 工作面开采至10月11日,拾震器阵列C所在钻孔因覆岩垮落而塌孔,C孔中5个拾震器完全失效。同时,微震监测系统在之后开采时期没有对工作面进行进一步监测,直至11月11日在ECC139,ECC140,ECC141爆破孔分别进行最后一次爆破试验,进一步评价所有拾震器阵列周围覆岩性质改变对震动波微震特征的影响。截至10月11日,煤岩微破裂分布平面、走向及倾向剖面图分别见图3-41(d)、图3-42(d)、图3-43(d)。

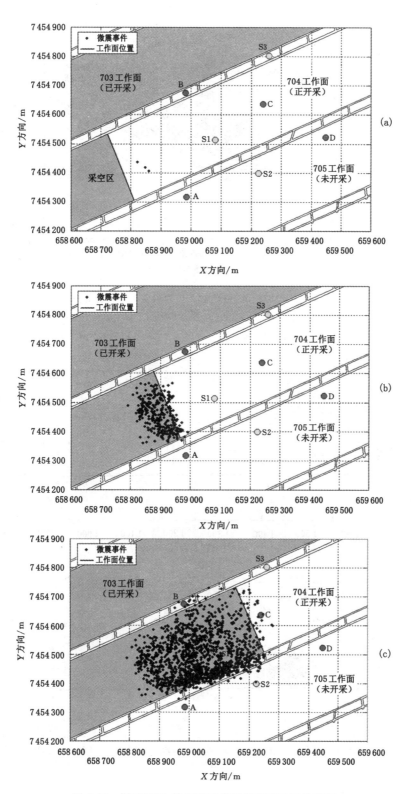

图 3-41 爆破震源、拾震器及煤岩微破裂平面分布图

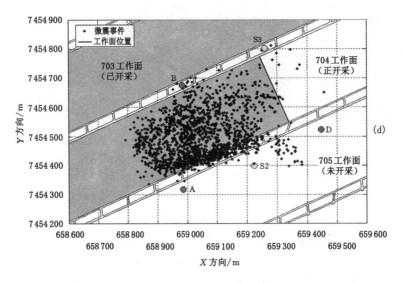

续图 3-41　爆破震源、拾震器及煤岩微破裂平面分布图

(a) 7 月 29 日煤岩破裂平面示意图;(b) 截至 8 月 19 日煤岩破裂平面示意图;
(c) 截至 9 月 30 日煤岩破裂平面示意图;(d) 截至 10 月 11 日煤岩破裂平面示意图

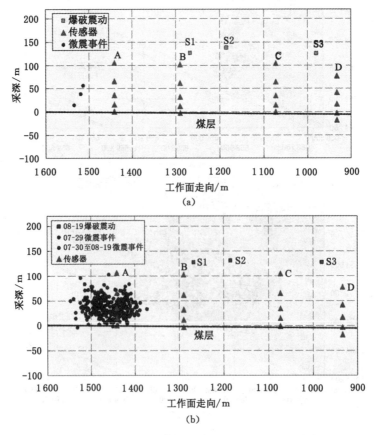

图 3-42　爆破震源、拾震器及煤岩微破裂走向剖面分布图

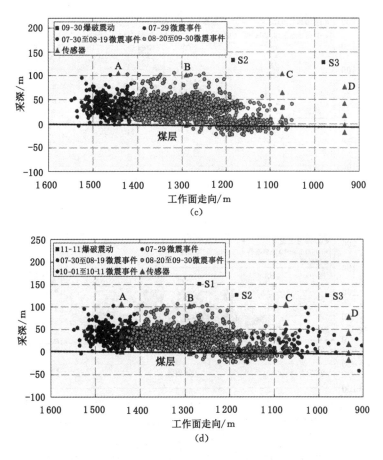

续图 3-42　爆破震源、拾震器及煤岩微破裂走向剖面分布图

（a）7 月 29 日煤岩破裂走向剖面示意图；（b）截至 8 月 19 日煤岩破裂走向剖面示意图；

（c）截至 9 月 30 日煤岩破裂走向剖面示意图；（d）截至 10 月 11 日煤岩破裂走向剖面示意图

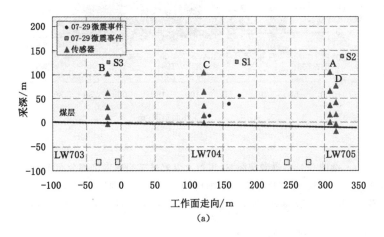

图 3-43　爆破震源、拾震器及煤岩微破裂倾向剖面分布图

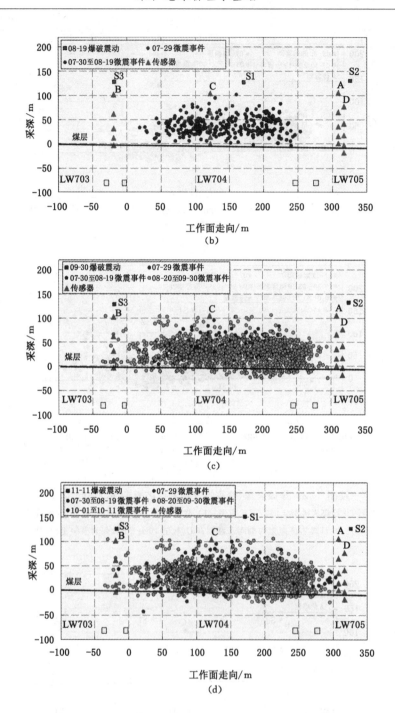

续图 3-43　爆破震源、拾震器及煤岩微破裂倾向剖面分布图

(a) 7 月 29 日煤岩破裂倾向剖面示意图；(b) 截至 8 月 19 日煤岩破裂倾向剖面示意图；

(c) 截至 9 月 30 日煤岩破裂倾向剖面示意图；(d) 截至 10 月 11 日煤岩破裂倾向剖面示意图

各爆破震动微震监测波形如图 3-44～图 3-47 所示。

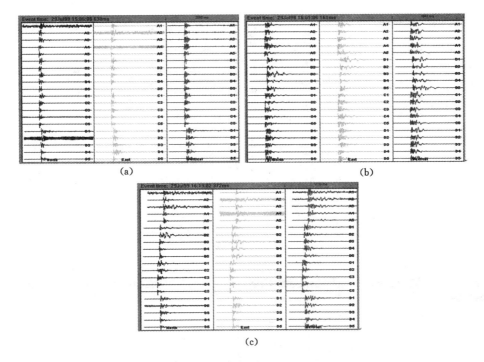

图 3-44　7 月 29 日各爆破震动微震波形

(a) S1 15:06:08;(b) S2 16:01:06;(c) S3 16:19:02

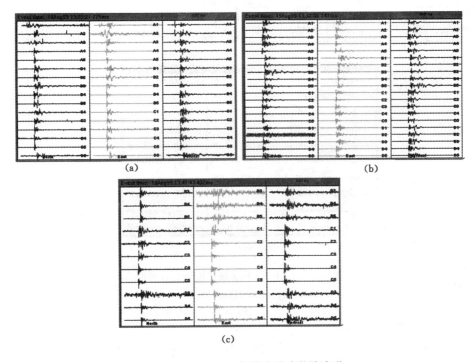

图 3-45　8 月 19 日各爆破震动微震波形

(a) S1 13:21:27;(b) S2 13:32:06;(c) S3 13:41:43

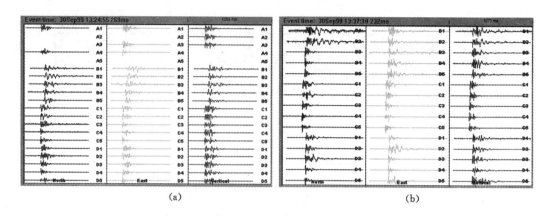

图 3-46　9 月 30 日各爆破震动微震波形
(a) S2 13:24:55;(b) S3 13:37:10

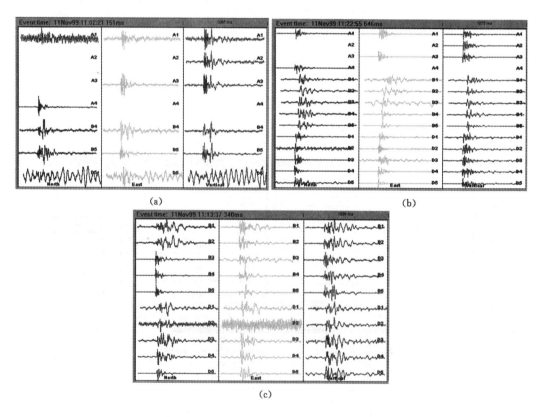

图 3-47　11 月 11 日各爆破震动微震波形
(a) S1 11:02:21;(b) S2 11:22:55;(c) S3 11:13:37

1. P 波平均波速变化规律

这里,选择 P 波平均速度为研究对象进行爆破震动波速变化规律分析。

由于各爆破震动及检波器位置都是准确可知的,且各微震波形 P 波初至也很清晰。因此,可根据最小二乘方法较准确求解不同开采时期各震动爆破的 P 波平均速度。P 波平均

速度 v_i 可表示为：

$$v_i = \frac{\sum_{j=1}^{n}\left[r_{ij} - \frac{\sum_{j=1}^{n} r_{ij}}{n}\right]^2}{\sum_{j=1}^{n}\left[\left(r_{ij} - \frac{\sum_{j=1}^{n} r_{ij}}{n}\right)(t_{ij}^{\mathrm{obs}} - T_{ij}^{\mathrm{obs}})\right]} = \frac{\sum_{j=1}^{n}(r_{ij} - \bar{r})^2}{\sum_{j=1}^{n}\left[(r_{ij} - \bar{r})(t_{ij}^{\mathrm{obs}} - T_{ij}^{\mathrm{obs}})\right]} \tag{3-29}$$

其中：r_{ij} 为爆破震源 (x_0, y_0, z_0) 至各检波台站 (x_{ij}, y_{ij}, z_{ij}) 的距离，即 $r_{ij} = \sqrt{(x_{ij} - x_0)^2 + (y_{ij} - y_0)^2 + (z_{ij} - z_0)^2}$，并设 $\bar{r} = \frac{1}{n}\sum_{j=1}^{n} r_{ij}$；$t_{ij}^{\mathrm{obs}}$ 为各检波台站的 P 波初次到时，且 $T_{ij}^{\mathrm{obs}} = \frac{1}{n}\sum_{j=1}^{n} t_{ij}^{\mathrm{obs}}$；$n$ 为监测台站个数。

同时，对于自由度为 $(n-2)$ 的 t 分布，回归直线 $r_{ij} = v_i t_{ij}^{\mathrm{obs}} + \beta$ 中 v_i 值的计算误差可表示为：$\frac{t_{a/2}S}{\sqrt{l_{xx}}}$。

其中：$l_{xx} = \sum_{i=1}^{n}(t_{ij}^{\mathrm{obs}} - T_{ij}^{\mathrm{obs}})^2$，$l_{xy} = \sum_{i=1}^{n}\left[(t_{ij}^{\mathrm{obs}} - T_{ij}^{\mathrm{obs}})(r_{ij} - \bar{r})\right]$，$l_{yy} = \sum_{I=1}^{n}(r_{ij} - \bar{r})^2$，$S^2 = \frac{l_{yy} - v_i l_{xy}}{n-2}$。

根据上述公式，爆破震源 S1～S3 在不同开采时期、随采空区覆岩破裂面积变化，P 波平均速度 v_i（选用所有可采集到震动信号的台站）及其计算误差求解结果见表 3-14 及图 3-48～图 3-50。

表 3-14 爆破震动平均速度最小二乘求解结果

爆破震源	日期	P 波速度/(km·s^{-1})
S1	07 月 29 日 15:06:08	4.06±0.17
	08 月 19 日 13:21:27	3.89±0.38
	11 月 11 日 11:02:21	2.58±1.18
S2	07 月 29 日 16:01:06	3.82±0.14
	08 月 19 日 13:32:06	3.70±0.14
	09 月 30 日 13:24:55	2.29±0.15
	11 月 11 日 11:22:55	2.27±0.13
S3	07 月 29 日 16:19:02	4.14±0.08
	08 月 19 日 13:41:43	4.07±0.19
	09 月 30 日 13:37:10	3.88±0.16
	11 月 11 日 11:13:37	1.25±0.33

由以上可见，在相同开采时期，不同位置爆破震源在未受开采扰动情况下（7 月 29 日），S1～S3 爆破震源的 P 波平均波速较为接近，表明工作面范围内煤岩体性质较为均匀；而随工作面开采进行，因各爆破震动处覆岩破裂程度的不同，导致各震源的 P 波平均波速在同

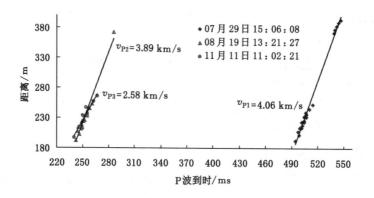

图 3-48　爆破震动 S1 随工作面开采的平均波速变化

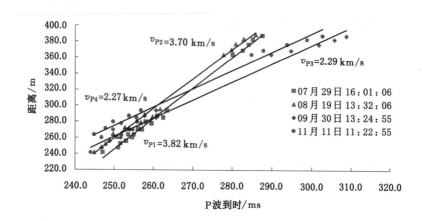

图 3-49　爆破震动 S2 随工作面开采的平均波速变化

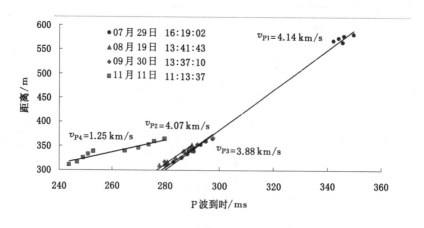

图 3-50　爆破震动 S3 随工作面开采的平均波速变化

一开采时期下存在一定差异。这里,我们更关心 S1～S3 分别在不同开采时期随采空区覆岩破裂范围变化的 P 波平均波速变化规律。

对于爆破震源 S1,在 7 月 29 日震源震动波到各检波台站的传播路径由于未受工作面开采扰动影响,岩体可视为连续、完整、致密弹性介质,震动波传播速度较快(约

4.06 km/s);工作面开采至 8 月 19 日,煤岩破裂位置已接近拾震器阵列 A1~A5 附近,震源到检波台站的传播路径受部分采动影响,造成震动波较小程度的固有衰减及散射衰减,此时 P 波平均传播波速约为 3.89 km/s,下降约 4.2%;工作面开采至 11 月 11 日,S1 震源至所有检波台站的传播路径均处于采空区及上覆破裂岩层中,且拾震器阵列 C1~C5 所在钻孔因工作面覆岩垮落而塌孔,大范围采空区覆岩性质改变及强度弱化使介质阻尼作用及震动波衰减大幅增加,只有 A1~A5、B4~B5 共六个台站可触发并记录本次震动,此时 P 波传播波速约为 2.58 km/s,波速下降大致为 36.5%。

对于爆破震源 S2,7 月 29 日和 8 月 19 日进行的两次爆破震动,其震动波到各检波台站的传播路径均可视为未受开采扰动(图 3-41),震动波平均传播速度分别约 3.82 km/s 和 3.70 km/s,考虑计算误差影响,波速基本相等;工作面开采至 9 月 30 日和 11 月 11 日,震动波至检波台站 B1~B5 与 C1~C5 传播路径受大范围采空区覆岩垮落影响,介质阻尼作用及震动波衰减较大,而震源至 A1~A5 与 D1~D5 之间开采扰动形成的煤岩破裂相对较少,震动波有较小程度衰减,此时 P 波平均传播波速分别约为 2.29 km/s、2.27 km/s,波速下降大致为 39.4%。

同样,爆破震源 S3 在 7 月 29 日进行的爆破震动,震动波到各检波台站的传播路径未受开采影响,震动波平均传播速度约为 4.14 km/s;自 8 月 19 日开始,爆破震源至检波台站 A1~A5 由于传播距离太远及台站附近逐渐增加的散射衰减,A1~A5 不能采集后 3 次爆破震动信号。8 月 19 日,S3 震源到其他 15 个检波台站的传播路径未受开采影响,其确定的震动波速约为 4.07 km/s,考虑计算误差影响,波速与 7 月 29 日基本相等;工作面开采至 9 月 30 日,采空区垮落范围已逐步接近至检波台站 C1~C5,震源至 B1~B5 与 C1~C5 之间受局部煤岩破裂影响,震动波有较小程度衰减,P 波平均传播波速约为 3.88 km/s,下降约 6.3%;11 月 11 日,震源到各可进行信号采集的检波台站(B1~B5 与 D1~D5)的传播路径受大范围采空区垮落影响,震动波速降低至 1.25 km/s,下降率高达 69.8%。

由上述分析可知,随采空区覆岩破裂范围不断扩大和传播岩体介质强度的不断弱化,各爆破震源的 P 波平均波速均有不同程度的下降,即反映了传播岩体的完整性程度、密度愈低及孔隙率越发育,震动波的传播波速越低;反之,岩体的完整性越高,震动波传播波速越大。事实上,矿井煤岩体的完整性和致密性往往又和围岩应力场成正比,可通过大量微震监测的煤岩震动(或爆破震动)的波速反演分析,间接进行矿井或工作面应力水平和冲击危险性评价。

2. 爆破震动振幅变化规律

前面理论分析可知,纯爆破震源的震动能量最初以 P 波等方向性向外几何扩散的,当震动波接触到煤岩体后,因煤岩介质的不均匀性和阻尼作用,进一步产生切向形变,并引起震动波能量的固有及散射衰减。图 3-51 所示为爆破震动 S1 典型的微震波形及其质点运动方向[图 3-44(a)中 B1 台站采集],由图可见,震动波形中波段窗口 1(P 波初至)与波段 2 的质点运动方向接近于垂直,说明从波段 2 开始爆破震源开始发生切变并派生出 S 波。

由于部分拾震器距爆破震源距离较为接近,且工作面周围覆岩破裂程度不一,为更清晰描述爆破震动波振幅变化规律,分别以每个拾震器钻孔中各自 5 个拾震器为对象进行描述。图 3-52~图 3-54 为爆破震源 S1~S3 典型最大振动速度随传播距离的回归曲线。可见,各拾震器阵列内拾震器记录的震动波振幅随传播距离增加近似呈指数衰减形式,且相同开采

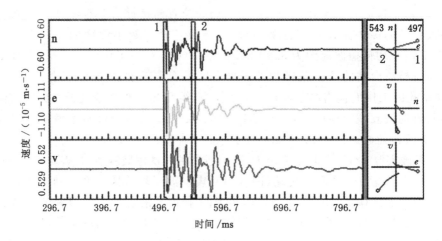

图 3-51　爆破震动 S1 典型微震波形及质点运动方向

时期、不同方位拾震器阵列回归所得的振幅衰减指数$-\dfrac{\pi f r}{vQ}$也存在一定差异,这主要因煤岩介质的非均匀性及各拾震器钻孔所在顶底板岩层受采动影响的破裂程度各不相同造成的。

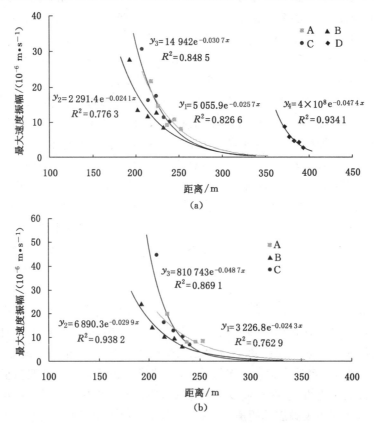

图 3-52　震源 S1 传播至各检波台站最大振幅变化曲线
(a) 07 月 29 日 15:06:08;(b) 08 月 19 日 13:21:47

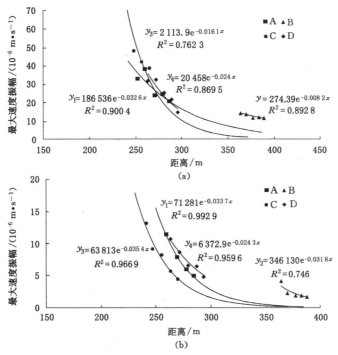

图 3-53 震源 S2 传播至各检波台站最大振幅变化曲线

(a) 08 月 19 日 13:32:06;(b) 09 月 30 日 13:24:55

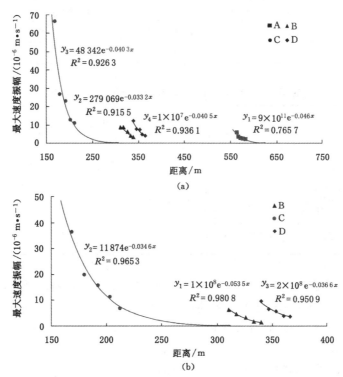

图 3-54 震源 S3 传播至各检波台站最大振幅变化曲线

(a) 07 月 29 日 16:19:02;(b) 09 月 30 日 13:37:10

考虑到矿井实际煤岩体的各向异性特征,将相同拾震器阵列中5个拾震器记录的峰值振幅取平均值,分别研究不同爆破震源的峰值振幅平均值在采空区覆岩破裂范围变化及围岩强度弱化下的变化规律。爆破震动 S1～S3 随工作面开采、在不同拾震器钻孔中峰值振幅平均值大小及变化率见表 3-15～表 3-17。

表 3-15　　　　　　爆破震动 S1 在不同拾震器钻孔中峰值振幅平均值变化

S1 振幅/(10^{-6} m · s^{-1})					
	07-29 15:06:08		08-19 13:21:27		11-11 11:02:21
	最大振幅	变化率	最大振幅	变化率	最大振幅	变化率
A	12.80	0.00%	11.30	−11.72%	1.00	−92.19%
B	14.90	0.00%	13.00	−12.75%	1.80	−87.92%
C	17.10	0.00%	18.20	6.43		
D	5.30	0.00%				

表 3-16　　　　　　爆破震动 S2 在不同拾震器钻孔中峰值振幅平均值变化

S2 振幅/(10^{-6} m · s^{-1})							
	07-29 16:01:06		08-19 13:32:06		09-30 13:24:55		11-11 11:22:55
	最大振幅	变化率	最大振幅	变化率	最大振幅	变化率	最大振幅	变化率
A	32.90	0.00%	28.81	−12.43	7.66	−76.72%	3.71	−88.72%
B	20.20	0.00%	13.46	−33.37%	2.52	−87.52%	1.97	−90.25%
C	36.81	0.00%	46.54	26.43%	8.45	−77.04%		
D	30.24	0.00%	26.11	−13.66%	7.93	−73.78%	7.01	−76.82%

表 3-17　　　　　　爆破震动 S3 在不同拾震器钻孔中峰值振幅平均值变化

S3 振幅/(10^{-6} m · s^{-1})							
	07-29 16:19:02		08-19 13:41:43		09-30 13:37:10		11-11 11:13:37
	最大振幅	变化率	最大振幅	变化率	最大振幅	变化率	最大振幅	变化率
A	3.61	0.00%						
B	6.25	0.00%	5.24	−16.16%	3.51	−43.84%	3.57	−42.88%
C	27.99	0.00%	19.56	−30.12%	18.10	−35.33%		
D	7.30	0.00%	6.74	−7.67%	5.89	−19.32%	3.03	−58.49%

可见,对于相同爆破震动,因工作面采动影响,同一拾震器阵列记录的振动幅值平均值明显小于该震动波在相同路径下完整岩体传播中的幅值大小,并基本随采空区覆岩垮落及破裂范围扩大而逐渐降低;而且各爆破震动幅值平均值降低大小不一,最小降幅为 58.49%,最大高达 92.19%。

图 3-55 描述了 S3 震动波最大幅值平均值的变化情况。

震动波能量正比于振动幅值的平方,故上述各爆破震源释放能量随距离增大同样近似呈指数衰减形式。因此,当岩体震动甚至是较大震级强微震出现在采空区上覆顶板岩层中,传播

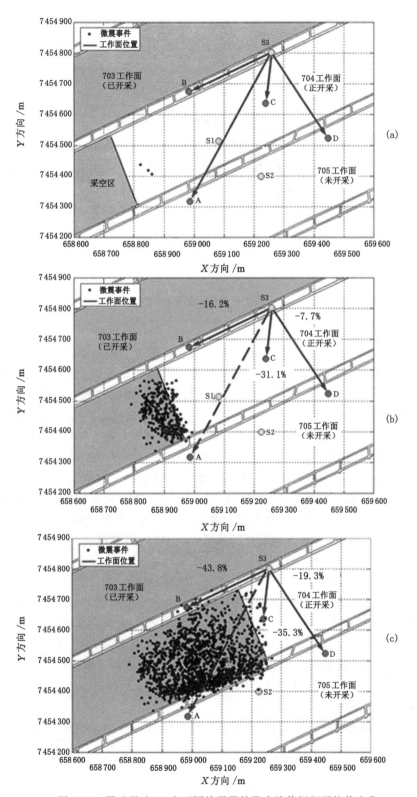

图 3-55　爆破震动 S3 在不同拾震器钻孔中峰值振幅平均值变化

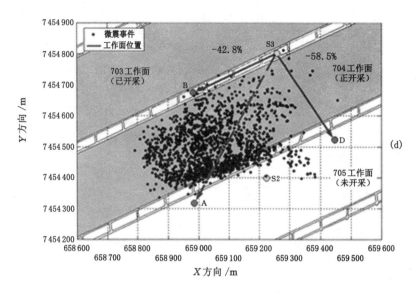

续图 3-55　爆破震动 S3 在不同拾震器钻孔中峰值振幅平均值变化
(a) 07-29 16:19:02;(b) 08-19 13:41:43;(c) 09-30 13:37:10;(d) 11-11 11:13:37

至到工作面采掘空间的震动波能量,会因采空区覆岩特征的改变和围岩强度的弱化使得震动波能量进一步大幅衰减(可理解为振幅及能量衰减指数的增大)。根据上述爆破震动振幅平均值变化结果,采空区覆岩的破裂、垮落使得传播至各监测空间的能量少则降低至相同距离完整岩体中传播衰减结果的 0.16 倍,甚至会降低至相应完整岩体衰减值的 0.006 倍,即有 2 个数量级以上能量的进一步衰减。该爆破震动波振幅变化规律研究有助于我们理解部分矿井采空区上覆岩层运动产生的强微震并没有给采掘工作面或巷道产生破坏性冲击的现象。

从爆破震动瞬间产生动载荷大小的角度,根据上述震动波平均波速和峰值振幅平均值变化规律,及瞬间动载表达式 $p_d^n = \rho v_P (\mathrm{PPV})_n$ 或 $p_d^s = \rho v_S (\mathrm{PPV})_s$ 可知,采空区覆岩特性的改变及强度的弱化,使得爆破震动波的传播速度 v_P 或 v_S,速度峰值振幅 $(\mathrm{PPV})_n$ 或 $(\mathrm{PPV})_s$,及传播岩体介质的密度 ρ 均产生不同程度的降低,从而造成爆破震动产生的瞬间动载扰动大小 p_d^n 或 p_d^s 比完整岩体中大幅降低。

3. 震动波频率变化规律

矿山震动岩或爆破震动的频率变化特征是其主要微震特征参数中最为复杂的。对于特定煤矿现场或实验室条件下,从震源特征角度考虑,煤岩震动主频往往随震动震级强度(或释放能量)的增加而降低;同时,对于相同或类似能量大小的强微震而言,强微震频率增加往往又意味着其震源快速破裂和震动能量的迅速释放,可能会具有更大的冲击破坏效果。事实上,震动频率除受震源特征决定之外,其高频部分在矿井实际煤岩介质中传播时同样会受介质阻尼影响而发生变化。

图 3-56 所示为爆破震动 S2 典型的微震波形及频谱特征图。图中频率主要分布在 0~250 Hz 区间,其中主频 100 Hz 左右。下面以 S2 为例,同样以每个拾震器钻孔为研究单位,且考虑到后续波形因散射、衍射产生的干扰叠加,取钻孔中各拾震器监测震动波的 P 波初至平均频率为研究对象并进行其变化规律分析。

图 3-57 即为随采空区覆岩破裂范围演化,爆破震动 S2 的 P 波初至平均频率的变化趋

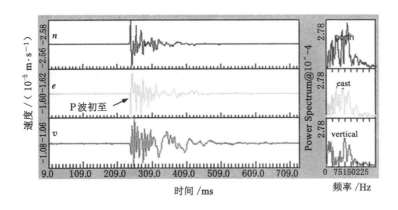

图 3-56 爆破震动 S2 典型微震波形及频谱分布图

势。可见,随采空区破裂范围增大,A~D 各拾震器钻孔采集 P 波初至频率均有逐渐降低的趋势,且以 B 钻孔中拾震器记录的震动频率值降幅最大,随工作面开采,震源 S2 至各拾震器钻孔的传播路径中,以 B 孔附近受采空区覆岩破裂影响最大。当受大范围采空区破裂影响时,B 孔中监测 P 波初至平均频率降幅高达 60％以上,而其他钻孔拾震器监测的频率值降幅主要在 20％~30％。

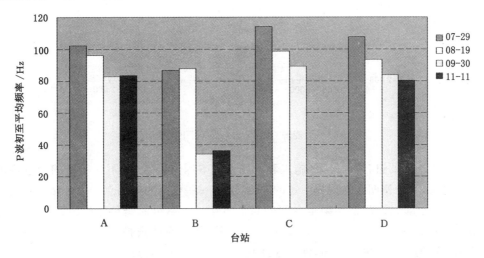

图 3-57 爆破震动 S2 的 P 波初至平均频率变化图

第五节 煤岩动力灾害的微震监测技术

一、微震监测台网优化原则

煤矿微震定位的准确度依赖的因素包括:微震台网布置、台站 P 波到时读入的准确性、背景噪声的特点和仪器的采样频率、求解震源算法、速度模型和区域异常(例如采空区)所导致的传播路径的变化。其中,速度模型和区域异常等因素可通过联合震中测定技术来消除,而 P 波到时读入准确性和震源到台站几何特征等随机因素则无法根本消除,只能通过优化台网布置和降低随机因素大小等手段降低求解震源的非线性方程组的条件数,提高台网的容差能力以及高求解系统的鲁棒性。

如图 3-58 所示,在相同输入误差下,台网布设优的区域抗误差能力强,求解的震源位置分布就越集中。当煤矿中出现定位误差较大时,多是由于台网布设不合理造成的。而又由于开采区域是不断移动的,因此台网布设还应根据现场实际情况进行调整,以获得准确的震源能量和震源位置求解结果。

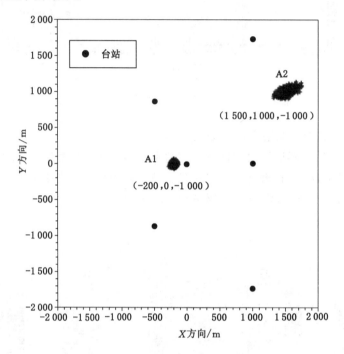

图 3-58　两震源在相同输入误差下的求解分布

由于煤矿中受巷道布置、开采、施工和现场条件等因素限制,并不是所有的地点都可以安装微震探头,所以初期必须根据一定的原则,选入一些可行的监测点作为台站位置的候选点,再进行优化组合选择,最终确定台网的布设方案。为尽可能避免随机因素中 P 波波速和 P 波到时读入误差的影响,减少震源定位的误差,候选点的选择还要考虑所处的环境因素和开采活动的影响。由此可知,确定选择候选点的一般原则为:

(1) 危险区域周边应尽量在空间上被候选点均匀包围,候选点数不能少于 5 个,并避免近似形成一条直线或一个平面,并具有足够和适当的空间密度;

(2) 一部分候选点应尽可能接近待测区域,避免较大断层及破碎带的影响。但是受巷道布置的客观条件影响,常见情况如图 3-59 所示,接近监测区域的传感器只能安装在 A 和 B 两条直线巷道中,与原则(1)相悖。为尽量提高定位精度,一方面增加在 A 和 B 中备选探头的数目,但距超前支护段的距离不应小于 50 m;另一方面结合客观条件考虑在监测区域其他方位的地面上选择合适的候选点。

(3) 候选点应远离大型电器和机械设备的干扰,如胶带机头,转载机等,尽量利用现有巷道内的躲避硐室,远离行人和矿车影响。为减少波的衰减,探头尽量安装在底板为岩石的巷道内。

既要照顾当前开采区域,又要考虑未来一定时期内的开采活动。

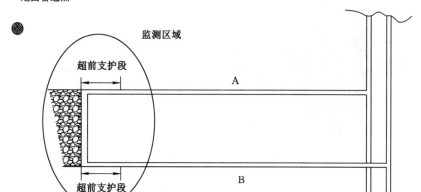

图 3-59　候选点选择的不利条件

二、震源定位及震动能量计算

1. 波形的选取

波在岩石介质中的传播方程描述了岩体在力的作用下,将产生两种变形,以两种不同的波,即纵波和横波,波速为 v_P 和 v_S 向外传播。岩石的体积形变产生纵波(P 波),在它的传播区域里岩石发生膨胀和压缩。岩石的切变产生横波(S 波)。纵波和横波的速度比值为

$$v_P/v_S = \sqrt{\frac{2(1-\mu_d)}{1-2\mu_d)}} \tag{3-30}$$

由于泊松比 $0 \leqslant \mu \leqslant 0.5$,因此纵波比横波传播的快。在地震中,人们正是首先察觉和记录到纵波,其次才是横波。地震定位中,经常会使用 S 波进行标记,因为波的传播距离逐渐增大后,P 波与 S 波在波形上的时间间隔随之增加,如图 3-60(a)所示,传播距离足够远后,P 波与 S 波在图形中可以容易区分开来,并进行初次到时的标记。而对于矿区范围来说,由于尺度较小,波形在传播过程中,S 波的初次到时迭加于 P 波尾波中,很难区分,如图 3-60(b)所示。对震源定位要求有较高的准确性,应选择比较容易辨认的纵波(P 波)进行定位。与其他波相比,P 波首次到达时间的确定误差较小,定位精度较高。

不同的煤岩介质震动波传播的速度和衰减规律有较大的差异,见表 3-18。

表 3-18　　　　　　　　　　　纵波和横波在不同岩体中传播的速度

岩石种类	$v_P/(\text{m} \cdot \text{s}^{-1})$	$v_S/(\text{m} \cdot \text{s}^{-1})$
砂岩	2 500~5 000	1 400~3 000
页岩	2 200~4 600	1 100~2 600
煤	1 400~2 600	700~1 400
石灰岩	5 200~6 000	2 800~3 500
泥、沙	200~1 000	50~400

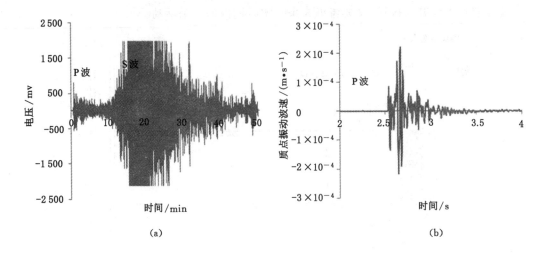

图 3-60　地震和微震震动波波形
(a)地震信号;(b)微震信号

2. 微震定位原理

矿山震动中,最重要、最基础的一条就是对震源及冲击矿压的中心位置进行定位,且震源是进一步分析震动特征的出发点。通过对震源的确定,进一步分析震动集中的区域,震动趋势预测,确定震动与开采方向的因果关系,选择最优防治措施等。

对震源定位要求有较高的准确性,能够定位到巷道,甚至是巷道哪一部分及哪一层顶板岩层。

(1)纵波首次进入时间法——P法

这是矿井微震监测台网中最常用的方法之一,其优点是:

① 首次出现的 P 波容易确认;

② 与其他波相比,P 波初次进入时间的确定误差较小;

③ 可以用计算机程序自动确定初次进入时间。

震动波初次出现在观测站为 $r_i(x_i,y_i,z_i)$ 处的时间 t_i($i=1,2,\cdots,n$ 观测站号)可用下式描述:

$$t_i = t_0 + t(r_i,r_0) \tag{3-31}$$

式中:t_0 为震源出现震动的时间;r_0 为震源的位置矢量,$r_0(x_0,y_0,z_0)$。

考虑波传播的各个路径,从震源 r_0 传播到地震观测站 r_i 的最短时间 $t(r_i,r_0)$ 可由下式描述:

$$t(r_i,r_0) = \int_{r_0}^{r_i} \frac{1}{v(x,y,z)}\mathrm{d}t \tag{3-32}$$

式中:$v(x,y,z)$ 为震动波传播的速度。

由于采用任意传播速度 $v(x,y,z)$ 来确定传播时间是非常困难的,实际应用中可进行简化,主要考虑:

$$v(x,y,z) = 常数(对于均质、各向同性介质)$$

$$v(x,y,z) \neq 常数(对于非均质、各向异性介质)$$

对于均质、各向同性介质,式(3-32)可以写成:

$$\sqrt{(x_i - x_0)^2 + (y_i - y_0)^2 + (z_i - z_0)^2} = v(t_i - t_0) \tag{3-33}$$

式中:x_i, y_i, z_i 为第 i 个观测站的坐标;x_0, y_0, z_0 为震源的坐标;v 为震动波的传播速度;t_i 为震动波到达第 i 个观测站的时间;t_0 为震源发生震动的时间。

上述方程中,包括 4 个未知数(x_0, y_0, z_0, t_0)。要求解这个方程,就需要至少 4 个观测站的数据;如果波的传播速度未知,则需要增加一个观测站的数据;如果是平面问题,则可以减少一个观测站的数据。

P 法的定位效果可通过作图法和分析法来确定,主要采用双曲线和圆的切线法进行平面定位,如图 3-61 和图 3-62 所示。

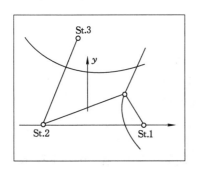

图 3-61 双曲线确定震源位置图

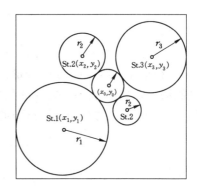

图 3-62 圆的切线法确定震源位置

求解式(3-33)是非常困难的,一般用计算机来完成该项任务,主要采用逼近法,让其误差函数之和为最小,即:

$$F(\bar{x}) = \sum_{i=1}^{n} \mid r_i(\bar{x}) \mid^p \tag{3-34}$$

式中:n 为方程数量;r_i 为第 i 个方程的误差。

对于均质、各向同性、空间 P 法,该误差为

$$r_i = t_i - f_i(\bar{x}) \tag{3-35}$$

其中

$$f_i = t_0 + \frac{\sqrt{(x_i - x_0)^2 + (y_i - y_0)^2 + (z_i - z_0)^2}}{v} \tag{3-36}$$

式中:p 为参数 $1 < p \leqslant 2$;$\bar{x}$ 为未知矢量(x_0, y_0, z_0, t_0)。

(2) 纵横波首次进入时间差法——P-S 法

该方法主要是根据不同类型的震动波在岩体中传播速度的不同,而确定其中心位置。常用的主要是好识别的 P 波和 S 波,其震源到观测站的距离可由下式表示:

$$d = \frac{v_P v_S}{v_P - v_S} \Delta t_{s-p} \tag{3-37}$$

式中:v_P 为纵波的传播速度;v_S 为横波的传播速度;Δt_{s-p} 为纵横波的时间差。

可采用圆的切线作图法来确定震源的位置。对于各观测站来说,其圆的半径为 d_i,这样就可以确定震源的位置,如图 3-63 所示。

对于均质,各向同性的岩体来说,式(3-36)可以表示为:

$$\sqrt{(x_i - x_0)^2 + (y_i - y_0)^2 + (z_i - z_0)^2} = k\tau_i$$

其中

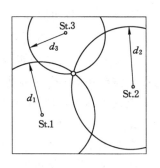

$$k = \frac{v_P v_S}{v_P - v_S} \tag{3-38}$$

$$\tau = t_S - t_P \tag{3-39}$$

图 3-63 圆的切线法
确定震源位置

要求解上述方程,则必需至少有 3～4 个观测站的数据。如果波的传播参数未知,则要求的观测站数目将会增加。

（3）方位角法

为了快速确定震源的位置,特别是震源处在监测台网之外的情况,可以采用方位角法。方位角法可以是某一个观测站方位角方向的变化或一系列观测站方位角方向的变化。

在第一种情况下,观测站是三分量或至少是平面两个方向。对于单分量的一系列观测站,该观测的震动分量为垂直方向,并且尽量接近震动中心。

对于第一种情况,方位角——震源的方向由下式确定:

$$\alpha = \arctan \frac{A_{EW}}{A_{NS}} \tag{3-40}$$

式中:α 为方位角（从北向开始量起）;A_{EW},A_{NS} 为微震监测波形中,第一个在 EW 和 NS 方向出现的实际振幅。

图 3-64 所示为用这种方法确定方位角的示意图。

采用方位角法进行空间定位时,对于每个观测站来说,每个方位角为:

$$\frac{x - x_i}{A_{EW_i}} = \frac{y - y_i}{A_{WS_i}} = \frac{z - z_i}{A_{z_i}} \tag{3-41}$$

在理想状态下,震源应当处在上述 3 个方位上。

对于采用多个单分量观测站来确定方位角的方法,主要原理是根据图 3-65 所示的方式,确定平面波头从第一个观测站到下一个观测站的传播速度,从而确定其方位角。

$$v = \frac{r_i \cos(\alpha_i - A)}{t_i - t'} = \frac{1}{S} \tag{3-42}$$

式中:t_i 为震动波出现在 i 个观测站的时刻;t' 为波出现在观测系统第一个点的时刻;S 为延迟度。

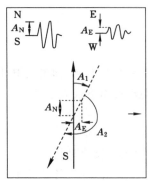

图 3-64 方位角法确定震源位置示意图

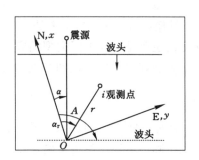

图 3-65 延迟法确定方位角

则方位角 α 的值为：

$$\alpha = \arctan \frac{S_y}{S_x} = \arctan \frac{\Delta t_{31} \Delta x_{21} - \Delta t_{21} \Delta x_{31}}{\Delta t_{21} \Delta y_{31} - \Delta t_{31} \Delta y_{21}} \qquad (3-43)$$

其中

$$\Delta t_{ij} = t_i - t_j$$
$$\Delta x_{ij} = x_i - x_j$$
$$\Delta y_{ij} = y_i - y_j$$

（4）相对定位法

相对定位法就是采用人工炸药爆炸的方法，对已定位的震动中心位置进行修正。这种方法可以详细确定震动中心的坐标，甚至是非常复杂的地质条件下，也可以达到精确定位的目的。其实质是在已知震动中心坐标（炸药爆炸点）的情况下，比较在其附近发生的实际震动波传播的时间，以便对其定位和对震源位置进行修正。

这种方法主要是采用逼近的方法，修正震动中心位移矢量及时间 t_0，建立逼近的优化方程组，即：

$$\begin{cases} x_0 = x_0^* + \delta x_0 \\ y_0 = y_0^* + \delta y_0 \\ z_0 = z_0^* + \delta z_0 \end{cases} \qquad (3-44)$$

或

$$\bar{u} = \bar{u}^* + \delta \bar{u} \qquad (3-45)$$

式中 $\bar{u}^*(x_0^*, y_0^*, z_0^*, t_0^*)$ 为第一次逼近值。

这种方式在震动中心与激发中心很近时，能够迅速、准确定位。

（5）其他定位方法

除了上述定位方法，震动中心的定位方法还有：

① 以震动概率为基础，确定震动中心；

② 各种定位的综合，例如 P 法和 S-P 法的组合，S-P 法和方位角法的组合；

③ 震动中心的同时定位，即同时确定多次震动的震动中心，虽然方程组增加了，但未知数没有增加。

应当注意，上述定位只是在均质和各向同性介质条件下，即震动波 P 波和 S 波的传播速度不变的情况下适用。而对于实际岩体，其定位将是非常复杂的。

在使用计算机对定位方程进行解算时，有时其解是不正确的。在这种情况下应当：

（1）详细研究微震台的数据；

（2）从不同的观测站开始进行定位；

（3）尽量多地利用更多拾震器的数据；

（4）采用几种定位方法，如 P 法、S 法、S-P 法和方位角法；

（5）考虑震源泉实际出现的位置；

（6）采用其他的控制定位法；

（7）重建微震网络。

3. 微震能量的计算

震动能量是岩体破坏的结果。在评价矿山危险和预测冲击矿压危险时，震动能量是非常重要的物理参数之一,而它可以通过合适的方法来计算。应当注意的是,目前所测量的震动能量与整个岩体破坏所释放的能量相比是很小的一部分,占 $0.001 \sim 0.01$ 倍。从理论上来讲,震动的强度就是其振幅的大小。

(1)古登堡-里希特法

该方法的基础是波在某一弹性介质中传播的理论,其振动能量 E 可用下式表示:

$$E = 2\pi^3 \rho \upsilon_K r^2 e^{2\gamma_r r} \sum_{i,k=1}^{n} (A_{ik} f_{ik})^2 \tau_{ik} \tag{3-46}$$

式中:υ_K 为震动波的传播速度;A,f 分别为波的振幅和频率;τ 为一组波的持续时间;k 为波的类型,P 波或 S 波;ρ 为介质密度;γ 为震动波的阻尼系数;r 为震源的距离。

震动波振幅的阻尼系数对于矿山震动而言,P 波:$\gamma_P = 2.5 \times 10^{-5}$ m^{-1};S 波:$\gamma_S = 2.0 \times 10^{-5}$ m^{-1}。

(2)能量密度法

该方法是以测量点的地震能量密度为基础的。地震能量密度 E 可以通过测量某个封闭球面积内的能量密度 ε 来计算:

$$\varepsilon = \frac{\partial E}{\partial F} = \int_0^\tau \boldsymbol{V} \boldsymbol{n} \, dt \tag{3-47}$$

式中:$\boldsymbol{V}$ 为约定矢量;$\boldsymbol{n}$ 为单位面积 df 上的单位矢量。

在半正弦振动下,震动的持续时间及其范围明显地大,则上式可写成:

$$\varepsilon(r) = 2\pi^2 \rho \sum \gamma_k (A_k f_k)^2 \tau_k \tag{3-48}$$

计算震动能量密度 $\varepsilon(r)$ 在传播到半径为 $R = 500$ m 的值,并考虑振幅的阻尼系数 γ 和波的传播函数 n,则:

$$\varepsilon(R) = \varepsilon(r) F(r) \tag{3-49}$$

其中

$$F(r) = (2r)^{2n} e^{\gamma(2r-1)} \tag{3-50}$$

计算震动能量,它等于能量密度 $\varepsilon(R)$ 与半径 $R = 500$ m 球表面积之积,即:

$$E = 10^6 \pi \varepsilon(r) F(r) \tag{3-51}$$

(3)震动持续时间法

该种方法是基于震动能量值与其持续时间之间存在的相互关系,可用下式表示:

$$\lg E = B \lg t + C \lg r + D \lg H + F \tag{3-52}$$

式中:E 为震动能量,J;r 为震动的距离,m;H 为震源的深度,m;t 为震动的持续时间,s;B,C,D,F 分别为系数。

该方法最重要的参数是震动的持续时间,通过微震波形来确定时间 $t = (T_2 - T_1)$,其中 T_1 为微震波形图中震动波出现的时间,而 T_2 为震动波信号消失的时间。

C 和 D 的值通常很小(可以忽略),这时式(3-52)可简化为:

$$\lg E = B \lg t + F \tag{3-53}$$

式中:B,F 为条件影响系数。这样,仪器参数的变化使系数发生变化。这种方法是最简单、最适用的方法之一,而且只有一个参数,震动的持续时间为 t,可能会有一些误差,特别是高能量震动的情况。

（4）地震图积分法

微震监测仪采用数字形式记录震动时,可以很精确地计算震动能量,而且不需要将其简化为正弦形式。数字积分技术可以计算实际震动波形,其公式如下:

$$E = K_1 \int_{t_1}^{t_2} \mid v(t) \mid^3 \mathrm{d}t \tag{3-54}$$

式中:E 为震动能量;K_1 为系数,取 $K_1 = 4\pi\rho v_i r^2 \mathrm{e}^r$;$v(t)$ 为振动速度;t 为时间,其中 t_1,t_2 分别为某类波的时间。

利用式(3-54)计算震动能量时,要求已知测量仪器各通道的振幅、频率特征以便计算 K_1 的必要参数。

（5）离散法

这种方法主要是以计算振动速度平方的 Snoke 积分因子为基础,即:

$$E = K_2 I_i(f) \tag{3-55}$$

式中:R 为震源到拾震器之间的距离;E 为震动能量;I 为 Snoke 积分因子。

$$I_i = 2 \int_0^\infty \mid v_i(\omega) \mid^2 \mathrm{d}f$$

式中:i 为波的类型(纵波或横波);$v_i(\omega)$ 为某频率时地层的振动速度,对于远波场 $\omega = 2\pi f$;f 为震动频率。

（6）里氏震级法

$$\lg E = a + bM_L \tag{3-56}$$

式中:M_L 为里氏震级。

三、微震震动能量与震级对应关系分析

描述震源尺度大小及事件应力及能量释放的主要震源参数有震动能量、地震矩、震级、应力降等。其中,地震矩是根据剪切震源模型参数所定义的震动强度的一种度量,是对震动事件总体强度的最适当描述,但其计算模型与矿山开采诱发的大量拉张等小震动事件的模型不符;同时,在其实际处理过程中需要较大的程序量,尤其是实时处理或定位时,用其确定震源强度有一定难度。与其相比,震动能量能更好描述震动对人造结构(如巷道、地面建筑等)的破坏的潜在影响。因此,震动能量作为震动事件强度的最常用度量,在矿区微震监测中被普遍应用。考虑到震级与震动能量间的联系,常常被应用于开采诱发震动事件的研究中。同时,描述震动发生前后破裂面应力释放大小的应力降,在一些矿山震动活动性中也得到一定应用。

以鲍店煤矿为例,该矿 SOS 微震监测系统便采用了最常用的震动能量对所监测微震事件的震动强度进行描述,兖矿集团微震台网监测则采用震级作为衡量震动强度的主要指标,而震动能量与震级之间存在 的线性关系。为了更好地对两种不同监测尺度的监测系统进行对比分析,以该矿微震活动监测为例,根据选择两套系统共同监测到的 80 多次微震事件,对 $\lg E = a + bM_L$ 线性关系中的常数 a、b 进行了拟合计算。

设置信概率 $(1-\alpha)$ 为 95%,其最小二乘法拟合曲线见图 3-66。根据拟合结果,可得 $a = 1.77 \pm 0.15$,$b = 1.53 \pm 0.15$。相关系数为 $r = 0.88$,$\lg E$、M_L 显著线性相关,a、b 拟合结果可信。该数值可作为鲍店煤矿 SOS 微震监测系统震动能量与震级转换的关系式:

$$\lg E = 1.77 + 1.53 M_L \tag{3-57}$$

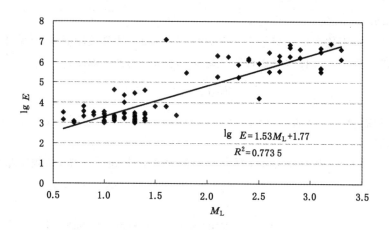

图 3-66　震级与震动能量拟合曲线

大量监测数据表明波兰上西里西亚煤田微震震级能量满足如下关系：

$$\lg E = 1.8 + 1.9 M_L \tag{3-58}$$

在没有精确进行震级能量对比观测的矿区，可借鉴以上公式对微震震级和能量进行评估。

四、微震监测冲击危险预警模型

在采矿中，应考虑矿震对采掘工作面的影响。在震动能量较大的情况下，可能会产生冲击矿压，动力将煤岩抛向巷道。为了解释这些现象，人们建立了冲击矿压与微震的扩展模型和滑移模型。

1. 扩展模型

如图 3-67 所示，该模型能够描述岩石变形破坏过程的特征如下：裂隙闭和、弹性变形、裂缝扩展（出现微裂隙，开始扩涨）、裂隙加速扩展。

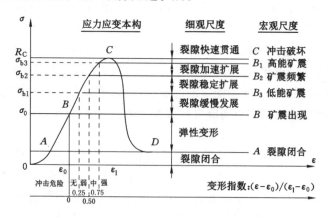

图 3-67　脆性岩石破坏的扩展模型

该模型中裂缝稳定扩展，产生非弹性变形，岩体结构形成非连续的微裂隙，岩体体积增大，称之为扩涨。其释放的能量与岩体体积的扩张紧密相关。

在开始破坏阶段，产生低能量的震动（$10^2 \sim 10^4$ J），破坏进一步发展，就可能出现高能量的震动（$10^5 \sim 10^7$ J），从而引发冲击矿压。从该模型可以解释震动能量及震动能量的变化，震源的位置及最终可能发生冲击矿压的区域。

2. 滑移模型

滑移模型与顶板滑移、断层滑移紧密相关,见图 3-68。在刚度为 的弹簧受力 F 时,岩层在裂隙表面滑移,其最大牵引力为:

$$T = fQ \tag{3-59}$$

式中:f 为摩擦系数。

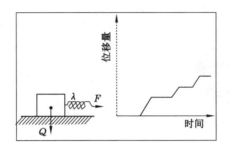

图 3-68 微震产生的滑移模型

当摩擦力与牵引力平衡时开始滑移,释放弹性能。应当注意的是,当 F 一定时,滑移可能重复多次出现。实际情况也是如此,即震动沿某条线发生。在矿山生产实践中,这种现象经常出现在工作面接近断层附近或邻近层工作面的停采线附近。工作面前应力重新分布,特别是拉应力将会使摩擦力减小,容易引起滑移。对于小范围岩层的滑移,其释放能量为 $10^1 \sim 10^3$ J;而对于较大的滑移,则释放能量可以达到 $10^8 \sim 10^9$ J,在这种情况下,虽然震源不在采掘工作面附近,但也会引发冲击矿压灾害。

3. 冲击危险的微震多参量选取

微震冲击危险的多参量构建以冲击矿压前兆存在的力学基础为指导,综合考虑煤岩试样破裂的声发射及矿山开采围岩破裂的微震多参量前兆信息,具体遵循一个中心,监测四种变化,采用五类指标,简称"一中心、四变化、五指标"。具体如下(图 3-69):以冲击矿压存在前兆的根源——煤岩材料的非均质性为中心;监测内因——煤岩变形的局部化,如综合考虑微震时、空、强三要素的微震活动性多维信息指标;监测外因——周围环境介质信息变化,如描述煤岩体内地球物理场变化的震动波速度层析成像指标;监测损伤与能量释放的周期变化,如描述变形能积聚、损伤消耗与释放过程的冲击变形能指标,以及捕捉微破裂事件的时空强演化从无序到有序的非线性混沌、分形特征的维数、b 值指标等;监测震源机制变化,如波形信息指标——矩张量、频谱等。

以"一中心,四变化,五指标"为指导思想,结合当前成熟的微震监测手段,综合考虑多尺度条件下的声发射及微震多参量前兆信息,建立如图 3-70 所示的微震多参量时空监测预警指标体系。

(1)时序因子 W_1

微震频次越大,即微震时序越密集,则微震活动性越强,冲击危险性越大;反之,微震活动性越弱,冲击危险性越小。为反映微破裂事件的时序密集特征,可通过计算相邻微震事件发生的时间间隔来量化反映微震序列的时序集中程度,定义时序集中度指标如下:

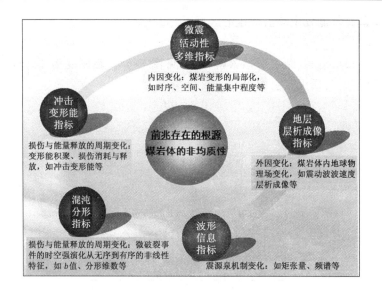

图 3-69　冲击矿压的微震多参量时空监测预警指标体系构建思路

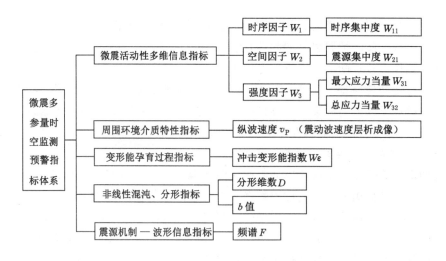

图 3-70　冲击矿压的微震多参量时空监测预警指标体系

$$Q_{11} = \frac{\mathrm{Var}(T)}{\overline{\Delta T}} \tag{3-60}$$

式中：$\overline{\Delta T}$ 和 $\mathrm{Var}(T)$ 分别是相邻微震事件发生时间间隔的平均值和方差。Q_{11}，表示微破裂事件过程是周期性发生；$0 < Q_{11} < 1$，是准周期性发生；$Q_{11} = 1$，是随机平稳的泊松过程；$1 < Q_{11} < \infty$，表示为丛集过程。实际应用时，微震频次和时序集中度指标在一定程度上是等价的，一般可以相互替代使用。

为说明该指标识别断层冲击前兆的可行性，图 3-71 所示为实验室标准岩样破坏过程中的声发射时序集中度指标演化曲线。可以看出，不管是完整试样，还是断面试样，时序集中度指标值大部分时间都小于 1，说明试样在加载过程中的微破裂产生呈准周期性；对于完整试样，时序集中度指标值在试样从弹性阶段向塑性阶段过渡时（塑性区边界位置）明显大于

1,指示该时刻微破裂的产生呈丛集特征,预示着试样进入塑性变形阶段,进一步表明宏观破裂即将发生;对于断面试样,时序集中度指标值在起初的断面滑移阶段、压密结束阶段和进入塑性变形阶段三次出现大于1,说明断面试样在单轴压缩过程中多次出现微破裂丛集现象。

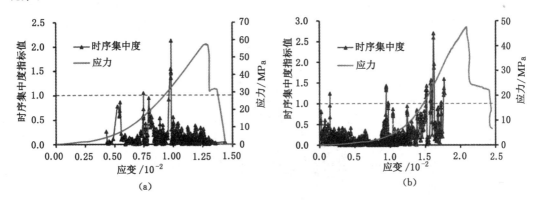

图 3-71　时序集中度指标

(a) 完整试样;(b) 断面试样

综上所述,时序集中度指标可有效识别断面滑移和宏观大破裂的前兆信息,因此可作为断层冲击矿压的监测预警指标。

(2) 空间因子 W_2

实验室尺度下的声发射现象揭示,断面试样整个加载过程中的声发射事件在空间上沿断面集中分布,而完整试样在加载过程中的声发射事件在空间上由两端向中间扩展,即断面试样加载过程中的声发射事件分布集中,完整试样分布离散,以此作为断层活化滑移的前兆。推广到矿山开采尺度,在一定的研究范围内,当微震密集分布(成丛、成条带分布)时,微震活动性强,冲击危险性大,如果正常分散分布,则安全,微震活动性低。为了量化震源事件集中分布这一前兆信息,定义如下震源集中程度指标。

令 $\sum$ 为震源坐标参量 x, y, z 的协方差矩阵,$\boldsymbol{X} = [x, y, z]^{\mathrm{T}}$,各参量组成的期望矩阵为 $\boldsymbol{u} = [u_1, u_2, u_3]^{\mathrm{T}}$。考虑到 $[X - u]^{\mathrm{T}} \sum^{-1} (X - u) = d^2$($d$ 为常数)。设 $u = 0$,因此:

$$d^2 = \boldsymbol{X}^{\mathrm{T}} \sum{}^{-1} X = \frac{Y_1^2}{\lambda_1} + \frac{Y_2^2}{\lambda_2} + \frac{Y_3^2}{\lambda_3} \tag{3-61}$$

式中:λ_1、λ_2、λ_3 为协方差矩阵 的特征根,$\sum$、Y_1、Y_2、Y_3 为特征根对应的主成分。由此可知,式(3-61)是一个椭球方程。

设参量 x, y, z 遵从三元正态分布,则其概率密度函数为:

$$f(x, y, z) = \frac{1}{(2\pi)^{3/2} \mid \sum \mid^{1/2}} \exp\left(-\frac{1}{2} \boldsymbol{X}^{\mathrm{T}} \sum{}^{-1} X\right) \tag{3-62}$$

式中:$\mid \sum \mid$ 为协方差矩阵 $\sum$ 的行列式。显然,式(3-61)为三元正态分布的等概率密度椭球曲面,即椭球体积越大,说明椭球表面处样本出现的概率越小,分布的离散程度越高;反之,椭球表面处样本出现的概率越大,集中程度越高。

因此,在三维空间中可采用等概率密度椭球的体积($4\pi \sqrt{\lambda_1 \cdot \lambda_2 \cdot \lambda_3}/3$)来反映微震事件分布的震源集中程度,通过消除常量及量纲影响,得出震源集中程度指标为:

$$Q_{21} = \sqrt[3]{\sqrt{\lambda_1 \cdot \lambda_2 \cdot \lambda_3}} \tag{3-63}$$

如图 3-72 所示,将该指标应用于声发射尺度,图中断面试样加载下的震源集中度指标值趋于平稳,并明显低于完整试样加载下的集中度指标值,这与观测到的震源事件分布现象相符,同时还能很好地量化描述震源分布的集中程度。

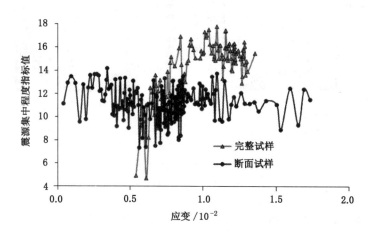

图 3-72　震源集中度指标

（3）强度因子 W_3

实验室声发射尺度监测结果显示,受加载的煤岩样在出现宏观破裂之前,声发射频次和能量急剧增大。因此,除频次和震源集中程度以外,微震能量的大小也是一个重要指标。由岩石力学理论可知,一个微震事件被定义为在一定体积内的突然非弹性变形,该变形引起可检测的地震波。Benioff 和 Kracke 等研究发现,每次地震所释放能量的平方根与这次地震发生前岩体内的应变成正比,且应变释放比能量释放更适合描述地震活动性。进一步考虑到应力和应变在弹性范围内成正比,于是微震所释放能量的平方根就是冲击矿压发生前岩体内应力状态的一个测度。采用单位面积、单位时间内应力当量总和作为总应力当量指标,即:

$$Q_{12} = \frac{\sum \sqrt{E_i}}{ST} \tag{3-64}$$

式中:E_i 为统计区域内第 i 个微震事件的能量,J;S 为面积,m²;T 为统计时间,d。

在所讨论的时空范围内,如有两组微震事件,其频次相同,总能量也相同,但其最大能量仍可能不同。此时,可认为最大能量大的微震事件组活动性强。因此,强度因子还应包含最大应力当量指标:

$$Q_{31} = \sqrt{E_{\max}} \tag{3-65}$$

式中:$E_{\max}$ 为统计时段(区域)内微震事件的最大能量。

（4）冲击变形能指数

如前节所述,不管是声发射尺度还是微震尺度,也不管是完整试样还是断面试样,声发射及微震事件的产生主要位于非弹性变形的 BC 阶段(图 3-67),且该阶段的声发射及微震现象往往揭示出宏观大破裂、冲击矿压的前兆异常信息。因此,若能准确获知该阶段的应变参量(ε_0,ε 和 ε_1,其中 $\varepsilon_0 < \varepsilon < \varepsilon_1$),如图 3-67 所示,则可以采用如下冲击危险系数 W_ε 对冲击发生之前的危险状态等级(无、弱、中、强)进行预警:

$$W_\varepsilon = \frac{\varepsilon - \varepsilon_0}{\varepsilon_1 - \varepsilon_0} \tag{3-66}$$

式中:W_ε 数值范围为 0~1,当 $W_\varepsilon = 1$ 时,表示宏观破裂已经发生。

现在关键的问题是如何确定式中的应变参量(ε_0,ε 和 ε_1),现有的应变测量手段也许能对某一时刻某一特定点的应变值 ε 进行测定,但是对于应变临界值(ε_0,ε_1)的测定存在很大难度。结合微震监测手段时,上述问题将成为可能,其依据是每次地震所释放能量的平方根与这次地震发生前岩体内的应变成正比,同时,应变临界值 ε_0 对应的 B 点正好对应于矿井开采过程中的微震包络线,即微震产生的起始点。因此,可以采用微震目录对上式进行实用转换:

$$W_\varepsilon = \frac{\varepsilon_{Et} - \varepsilon_{E0}}{\varepsilon_{E1} - \varepsilon_{E0}}, \varepsilon_{Et} = \sum_{i=1}^{N} \sqrt{E_i} \tag{3-67}$$

式中:N 为上一次特征微震(宏观破裂)之后的微震事件总数;E_i 为上一次宏观破裂之后第 i 次微震所释放的能量;ε_{E1} 为当前应变值;ε_{E0} 为应变临界值;ε_{E0} 为应变初始值。

对于特征微震(宏观破裂)已发生的历史 W_ε 曲线,以发生过的特征微震作为当前宏观破裂的结束点,同时以宏观破裂结束点对应的 ε_{Et} 值作为 ε_{E1} 值,即此时 $W_\varepsilon = 1$,表示宏观破裂已经发生;对于下一次特征微震还未开始,即向前预测时,则根据对已发生的微震进行样本训练获得 ε_{E1} 值,所述样本训练一般采取 75% 的预测能效进行仿真训练。ε_{E0} 默认设置为 0。

由于指标 W_ε 的计算是采用应变参量来描述冲击矿压的危险等级,其中应变由微震的能量换算获得;因此,称指标 W_ε 为冲击变形能指数,ε_{E^*} 为冲击变形能值。

式(3-67)描述的是煤岩样单向加载的变形破裂过程。在现场没有人为干扰,如大直径、注水、爆破、预裂等卸压措施实施的条件下,式(3-56)反映当前的冲击危险状态是没有问题的。然而,上式监测预警的目的之一就是指导现场采取卸压措施,一旦卸压措施的效果起作用,仍采用式(3-67)计算冲击变形能 ε_{Et} 就不合理了,正如循环加载实验下的应变值变化规律表明,卸载时应变值也急剧下降。此时,如何识别当前危险性是否解除,即当前卸压解危效果如何,成为另一需要解决的问题。本书规定,当满足式(3-68)时,当前冲击危险性解除,冲击变形能指数下调一个危险等级。

$$\begin{cases} \sum E_{i-2} > \sum E_{i-1} > \sum E_i \\ E_{max} > E_b \end{cases} \tag{3-68}$$

式中:$\sum E_{i-2} > \sum E_{i-1} > \sum E_i$ 表示统计区域内微震每日释放总能量连续 3 d(可以根据现场实际情况进行调整,可以多于 3 d 或少于 3 d)下降;E_{max} 为统计区域内微震连续 3 d 内释放能量的最大值;E_b 为统计区域内微震释放能量的背景值,其数值通常采用 Lepeltier 介绍的统计方法计算所有小于宏观破裂事件的微震数据的平均值获得。

传统的微震活动分布图是在微震发生的位置采用不同符号表示不同能量级别来描述。

该类图像形象直观,便于主观定性分析,所以一直被学者们采用,但无法适用于定量分析比较。因此,定义空间上的冲击变形能指数为单位面积、单位时间内的应变能量总和,同时为了使结果更为精细化,对最终结果进行对数处理,即:

$$\varepsilon_E = \lg\left[\frac{\sum \sqrt{E_i}}{ST}\right] \tag{3-69}$$

式中:E_i 为落入统计区域内第 i 个微震的能量,J;S 为统计区域面积,m^2;T 为统计时间,d。

值得指出的是,式(3-69)与总应力当量指标式(3-60)的物理意义一致,因此在空间描述上冲击变形能指数与总应力当量指标本质上等价。

（5）波形频谱参数

根据 Brune、Madariaga 等震源模型,震动波信号频谱与震源机制物理参数之间的关系如下,地震矩 M_0:

$$M_0 = \frac{4\pi\rho_0 v_0^3 R\Omega_0}{F_c R_c S_c} \tag{3-70}$$

式中:ρ_0 为震源介质密度;v_0 为震源处 P 波或 S 波速度;R 为震源和接收点间的距离;Ω_0 为 P 波或 S 波的远震位移谱的低频幅值;F_c 为 P 波或 S 波的辐射系数;S_c 为 P 波或 S 波振幅的自由表面放大系数;S_c 为 P 波或 S 波的场地校正。

震源尺度半径:

$$r_0 = \frac{K_c\beta_0}{2\pi f_c} \tag{3-71}$$

式中:K_c 为震源模型常数;β_0 为震源区 S 波波速;f_c 为 P 波或 S 波的拐角频率。

Brune 应力降估算公式:

$$\Delta\sigma = \frac{7}{16}\frac{M_0}{r_0^3} = \frac{7}{16}\left(\frac{2\pi f_c}{K_c\beta_0}\right)M_0 \tag{3-72}$$

由式(3-71)可知,震源破裂尺寸与微震频谱中的角频率成反比,即微震信号频率越低,震源破裂尺寸越大;由式(3-72)可知,在应力降一定的情况下,地震矩越大,角频率越小。因此,通过微震频谱中的角频率不仅可以直接测量每次微震释放的应力大小,还能反映震源的破裂尺寸。

图 3-73 所示为实验室标准岩样破坏过程中的声发射信号频谱特征演化时序曲线。图中圆圈表示不同应变阶段对应的声发射定位事件信号的峰值频率,低频百分数曲线表示在声发射探头监测频段范围(100~400 kHz)内,峰频小于 200 kHz 的撞击事件所占有的百分比。可以看出,对于完整试样,加载初期的压密阶段和弹性阶段主要以低频信号为主,随着加载试样进入到塑性阶段,低频百分数曲线开始下降,即高频成份逐渐增加,直到应力峰值来临之前,低频百分数曲线出现明显的突增异常,故低频成分的明显增多可作为宏观破裂的一个前兆;对于断面试样,加载初期的特征同样以低频为主,随后高频信号逐渐增加,直到应力峰值来临之前,低频成分出现明显增多的前兆异常,不同的是断面黏滑震荡期间低频成分也出现增多异常,说明该阶段主要以断面剪切滑移为主,信号呈现出低频特性。

（6）分形维数 D

震动波在地层传播过程中,往往携带有反映地层特性和震源特征的重要信息,如断层、裂隙带、地质声学特性、震源机制特征等,这些信息主要体现在震动波强度的衰减、频率结构

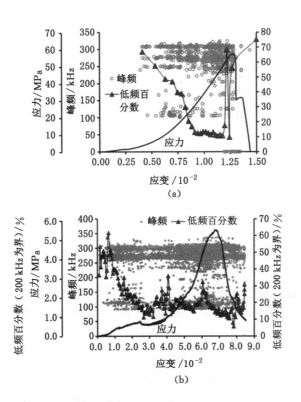

图 3-73 声发射频谱前兆信息识别

(a) 完整试样；(b) 断面试样

特征和信号局部奇异性上,对震动波信号的分析具有重要意义。

1973 年,Mandelbrot 提出了分形的思想,为非线性研究提供了一种创新性的理论分析工具。分形维数是分形对象的复杂度和不规则度的定量描述。粗略地说,维数表示集合占有空间的大小,n 维空间至少有 n 个独立的变量,因此点、线、面、体的维数分别为 $0,1,2,3$。为了定量描述客观事物的不规则度,维数从整数扩大到分数,突破了一般拓扑集维数为整数的界限。分形维数的计算方法繁多,其中应用最多的有 Hausdorff 维数、关联维数、相似维数、盒维数、信息维数、谱维数等。

若 $N(\Delta)$ 是覆盖一个点集所用边长为 Δ 的方形盒子的最小数目,如图 3-74 所示,则点集的盒维数定义为:

$$D_q = -\lim_{\Delta \to 0} \frac{\lg N(\Delta)}{\lg \Delta} \tag{3-73}$$

在盒维数中,只考虑了所需 Δ 盒子的个数,而对每个盒子所覆盖的点数多少没加区别,于是定义信息维数:

$$D_i = -\lim_{\Delta \to 0} \frac{\sum_{i=1}^{n} p_i \lg(1/p_i)}{\lg \Delta} \tag{3-74}$$

式中:p_i 为一个点落在第 i 个盒子中的概率,当 $p_i = 1/N$ 时,$D_1 = D_0$。

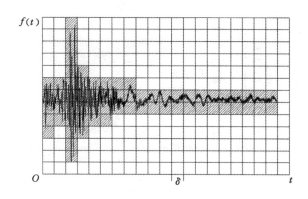

图 3-74　盒维数的计算

图 3-75 给出了点集盒维数分别为 $D_1 = 0.89$ 和 $D_2 = 0.85$ 时震动波信号的波形、频谱及其维数计算图。从图中可以看出，$D_1 = 0.89$ 时的震动波信号 1 曲线明显要比 $D_2 = 0.85$ 时的信号 2 曲线复杂，且信号 1 的频率主要集中在 80～160 Hz 的高频，信号 2 的频率则集中于 20～80 Hz 的低频。分析可知，分形维数 D 越大，震动波信号相邻点之间相关性越弱，意味着信号频谱结构中高频成分越多；而分形维数 D 越小，则信号相邻点之间的相关性强，信号高频成分也少。这表明，分形维数值的大小反映了震动波信号的频率结构特征。此外，分析发现，人眼看起来十分不同的信号 1 和自身与信号 2 合并产生的信号曲线的分形维数数值相等，数值为 0.89，即满足 $D_{12} = \max\{D_1, D_2\}$。因此，单一的点集分形盒维数不足以描述震动波信号的本质。

究其本质原因，对于震动波波形而言，它是包含纵向幅值和横向时间效应的双尺度信号，采用方形盒子计算维数相当于只用了其中的一个尺度，从物理意义上无法反映各自的标度特性。因此采用矩形盒子对震动波信号的覆盖要比单一片面的方形盒子更具有合理性。这种矩形盒子的横向尺度 Δx 由信号的采样率决定，而纵向尺度 Δy 与信号的振幅有关。设属于平面 F^2 的震动波信号曲线为 l，将 $F \times F$ 划分为尽可能小的矩形盒子 $k\Delta x \cdot k\Delta y (k = 1, 2, 3, \cdots$，表示盒子的放大倍数)。设与所有 l 相交的盒子数量为 $N_{k\Delta x}$（或 $N_{k\Delta y}$），则矩形盒子覆盖情况下的曲线盒维数定义为（娄建武等，2005）：

$$D_{\Delta x \times \Delta y} = -\lim_{\substack{\Delta x \to 0 \\ \Delta y \to 0}} \frac{\lg N_{k\Delta_i}}{\lg k\Delta_i} \quad (i = x \text{ 或 } i = y) \tag{3-75}$$

图 3-76 计算显示，信号 1、2 及其合成信号的曲线盒维数数值分别为 $D_1 = 1.71$，$D_2 = 1.52$ 和 $D_{12} = 1.68$，其中 $D_2 < D_{12} < D_1$，说明这种考虑双尺度效应的曲线分形盒维数可以更精细地描述震动波信号的局部分形特征，从而有效弥补了点集盒维数存在的不足。

综上所述，分形维数 D 值的大小反映了震动波信号曲线的整体强弱、复杂程度、频率结构特征和局部奇异性等重要信息，对于冲击前兆信息的识别具有一定的借鉴作用。

（7）G-R 幂率关系 b 值

通常地震矩 M_0 与震级 M 的关系为：

$$\lg M_0 = c_1 M + c_2$$
$$M_0 = c_1 r^3 \tag{3-76}$$

式中：c_1，c_2 为常数，理论上取 $c_1 = 3/2$；$r = A^{1/2}$ 为线性维，A 为断层的破裂尺寸面积。

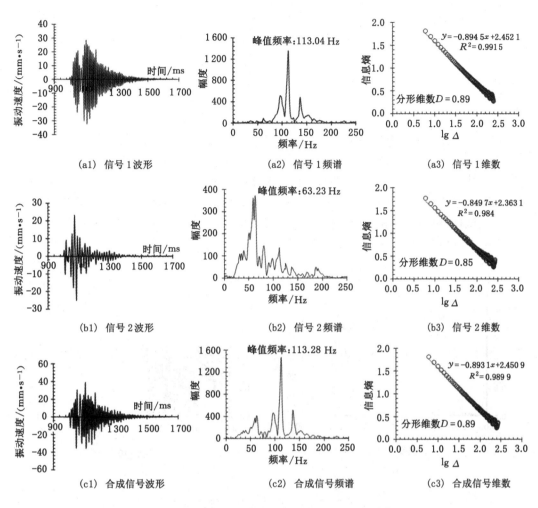

图 3-75 典型的微震波形及其频谱和分形维数计算图

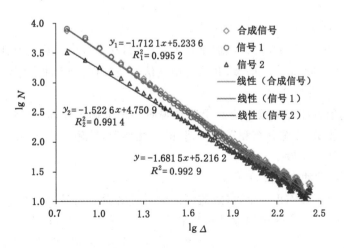

图 3-76 微震信号的曲线盒维数

于是 G-R 幂率关系式 $\lg N(\geqslant M)=a-bM$ 可另外表述为：

$$\lg N = -2b\lg r + c_2$$
$$N = c_2 r^{-2b} \tag{3-77}$$

式中：$c_2 = \dfrac{2}{3}bc_2 + a - \dfrac{2}{3}b\lg c_1$。

因此，地震活动性分形维数为参数 b 值的 2 倍。

将 b 值指标应用于声发射实验尺度，如图 3-77 所示。需要说明的是，断面实验在后期的加载过程中由于断面滑移显著引起声发射定位事件缺失，因此图 3-77(b)中 b 值曲线的后续数据缺失。由图 3-77 可知，断面试样加载下的 b 值主要分布在 0.6~0.7，整体上明显小于完整试样加载下的 b 值(0.8~0.9)，说明断面试样加载下的微破裂强度及其活动性要高于完整试样；断面试样和完整试样在进入塑性阶段时，b 值均出现明显的下降；完整试样在临近应力峰值时同时还出现明显的低值异常。

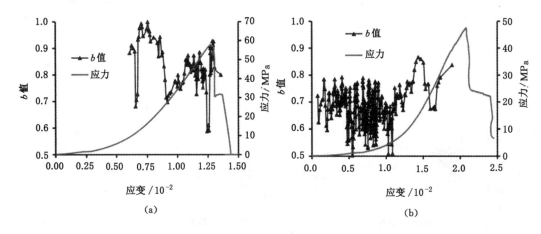

图 3-77 声发射实验中的 b 值变化

(a) 完整试样；(b) 断面试样

4. 微震监测冲击危险的判别准则

与地震不同，矿震活动与煤矿采掘生产关系密切，在发生强矿震与冲击矿压之前，开采附近煤岩体内已经因回采发生破裂，并产生微震信号，它们是分析冲击危险与研究冲击矿压机理的重要信息源。

微震法监测预警冲击矿压危险的实质是观测某个采掘工作面周围(即分区)微震参量(微震频次、微震能量、震源分布和震动波速)的变化情况，并确定该区域的冲击矿压的危险性的大小及危险性变化程度。

(1) 监测预警的冲击危险分区

煤矿采掘生产区域不止一个，微震监测系统记录的微震信号是多个采掘工作面共同影响的结果。由于各个生产区域的地质和开采技术条件不尽相同，即使是同一工作面，在回采过程中地质构造、上覆岩层结构也会发生改变。为区分在不同影响条件下产生的微震，就要对煤矿中不同发生微震的区域进行划分，以利于建立独立因素与产生微震信号特征的关系，如褶曲、断层等地质因素。

分区的范围一般选取研究分析区域 500 m 的范围。对于掘进工作面,一般选择以掘进工作面为中心,以 500 m 为半径的区域进行分析研究;对于回采工作面,则选取以上下顺槽、开切眼及停采线为界外延 500 m 范围的矩形区域。分区确定后即可统计一段时间段内的各参量变化规律,研究在不同开采技术与地质条件下微震参量的变化规律,从而应用于冲击危险的监测预警。

(2) 冲击危险界定及评价条件

① 冲击危险界定。对掘进巷道:出现能量超过 10^4 J 的微震,即为危险性矿震,说明该区域巷道在掘进过程中具有冲击危险。

对采煤工作面:出现能量超过 10^5 J 的矿震,即为危险性矿震,说明在工作面该区域回采过程中开始具有冲击危险。

② 冲击危险应对措施。当采掘工作面具有冲击危险性,应采取以下对策:若为危险性矿震,应及时与震源点附近区域取得联系,询问并记录现场矿压显现、动力现象及震动破坏情况;加强微震法监测与冲击危险性分析,并与其他监测方法结合综合应用于冲击危险预警;根据冲击危险级别确定相应的防治措施。

③ 冲击危险评价条件。为了达到微震法确定观测区域内冲击矿压危险的目的,应将微震能量、微震频次与震源分布相关指标与下列因素联系起来:采掘工作面是否生产,若停产,微震活动将显著降低;开采技术条件,包括残留煤柱、停采线、相向回采或掘进、工作面见方;开采地质条件,例如断层、褶曲、坚硬顶板;在具有近似开采条件的其他采掘面中的冲击矿压危险状况。尤其是掘进期间的冲击危险状况,一般掘进期间有冲击显现的地方,回采期间同样会发生。

(3) 冲击危险的微震趋势判别法

通过大量的监测实践,根据微震活动的变化、震源方位和活动趋势可以评价冲击矿压危险,对冲击矿压灾害进行预警。微震参量的每一次变化都是某个区域中应力变形状态变化的征兆,可以说明冲击矿压危险的上升或下降。

微震活动一直比较平静,持续保持在较低的能量水平(工作面小于 10^4 J,掘进面小于 10^3 J),处于能量稳定释放状态,此时采掘区域无冲击危险性。

强微震发生前,微震次数和微震能量迅速增加,维持在较高水平,持续两三天后会出现大的震动,之后微震次数和微震能量明显降低;

微震参量变化的原因应通过分析采掘工程条件和参数来识别。

① 对掘进面。当采矿技术与地质条件恶化(例如遇到残留煤柱、断层、褶曲等)时,那么震动次数增加,并出现超过 10^4 J 的微震是冲击危险大幅度增加的征兆。当采矿地质条件改善,震动频次降低说明冲击矿压危险下降。

② 对回采工作面。当采矿技术与地质条件恶化(例如遇到残留煤柱、断层、褶曲、见方等)时,那么微震能量降低是冲击危险大幅度增加的征兆。

对回采工作面,岩体中能量的释放总是处于一种波动状态,对应积聚和能量释放的频繁转换中,而在具有冲击危险的情况时,这种波动状态开始加剧。震源总能量变化趋势首先经历一个震动活跃期(活跃期内出现能量超过 10^5 J 微震),之后出现较明显的下降阶段(正常生产条件下),开始具有冲击危险性,而在下降阶段再回升或下降阶段中出现比较长时间的沉寂现象后,或震动频次维持在较高水平时,此时具有强冲击危险性(图 3-78)。

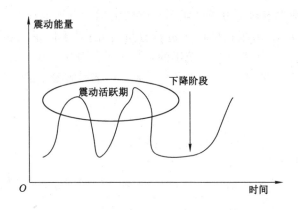

图 3-78　冲击危险前的微震活动规律

如果微震强度参数的变化是在固定的时间内震动次数增加、推进量和工艺循环的增加：在微震能量同时增加的情况下，这是冲击矿压危险上升的征兆；在微震能量同时减少的情况下，这是冲击矿压危险下降的征兆。

如果微震强度参数的变化是在固定的时间内震动次数减少、推进量和工艺循环的减少：当至少在几个生产循环（采煤工作面或巷道最少推进 20 m）中维持这种情况，这是冲击矿压危险下降的征兆；当震动的微震能量增加，这是冲击矿压危险上升的征兆。

震动相对与观测巷道的位置变化：在震源向采煤工作面或巷道迎头接近时，冲击矿压危险上升；当震源向离生产区域较近的断层、遗留煤柱、停采线等区域积聚时，这是冲击危险上升的征兆；在震源向采空区方向远离采煤工作面或巷道迎头时，冲击矿压危险下降；震动频次升高后，若总是集中在一个较小的区域内释放能量，说明岩体的某个小区域内岩体活动加剧，是强微震来临的又一个前兆。当出现震动集中程度指标值与震动次数曲线在纵向上明显偏离的时段，且与之前的曲线偏离程度相比，震动次数越多，指标值越小，集中程度越高，发生强微震的可能性就越大。

（4）冲击危险的微震能量分级法

在某个矿井的某个区域内，在一定的时间内，已进行了一定的微震观测。在这种情况下，就可以根据观测到的微震能量水平，对冲击矿压危险进行预测预报。冲击矿压危险程度分为 4 级，根据不同的危险程度，可采用相应的防治措施，见表 3-19。

表 3-19　　　　　　　　　　　　冲击矿压危险状态分级及相应对策表

危险等级	危险状态	危险指数	防治对策
A	无危险	<0.25	所有的采掘工作可正常进行
B	弱危险	0.25~0.5	采掘过程中，加强冲击矿压危险的监测预报
C	中等危险	0.5~0.75	进行采掘工作的同时，采取强度弱化减冲治理措施，消除冲击危险
D	强危险	>0.75	停止采掘作业，人员撤离危险地点。采取强度弱化减冲治理措施。采取措施后，通过监测检验，冲击危险消除后，方可进行下一步作业

微震监测预警法确定采掘面冲击矿压危险状况，主要是根据微震能量等级。

① 震动能量的最大值 E_{max} 和大多数的震动能量值。

② 一定推进距释放的微震能量总和($\sum E$)。

同时,如果确定的冲击矿压的危险程度高,当上述参数降低后,冲击矿压危险性不能马上解除,必须经过一个昼夜,或一个循环周转后,逐级解除,一个昼夜最多只能降低一个等级,见表 3-20 所示。

表 3-20 冲击矿压危险的微震监测预警指标

危险状态	工作面	掘进巷道
A 无危险	一般:$10^2 \sim 10^3$ J,$E_{max} < 5 \times 10^3$ J	一般:$10^2 \sim 10^3$ J,$E_{max} < 5 \times 10^3$ J
	$\sum E < 10^5$ J/ 每 5 m 推进度	$\sum E < 5 \times 10^3$ J/ 每 5 m 推进度
B 弱危险	一般:$10^2 \sim 10^5$ J,$E_{max} < 1 \times 10^5$ J	一般:$10^2 \sim 10^4$ J,$E_{max} < 5 \times 10^4$ J
	$\sum E < 10^6$ J/ 每 5 m 推进度	$\sum E < 5 \times 10^4$ J/ 每 5 m 推进度
C 中等危险	一般:$10^2 \sim 10^6$ J,$E_{max} < 1 \times 10^6$ J	一般:$10^2 \sim 10^5$ J,$E_{max} < 5 \times 10^5$ J
	$\sum E < 10^7$ J/ 每 5 m 推进度	$\sum E < 5 \times 10^5$ J/ 每 5 m 推进度
D 强危险	一般:$10^2 \sim 10^8$ J,$E_{max} > 1 \times 10^6$ J	一般:$10^2 \sim 10^5$ J,$E_{max} > 5 \times 10^5$ J
	$\sum E > 10^7$ J/ 每 5 m 推进度	$\sum E > 5 \times 10^5$ J/ 每 5m 推进度

（5）冲击危险的微震能量趋势预测法

如果将冲击矿压的危险性采用危险指数来表示,则可采用微震能量趋势预测法预测冲击矿压危险程度。

$$\mu_{sj} = \max\{\mu_{ei}(e_i)\} \tag{3-78}$$

其中:

$$\mu_{ei}(e_i) = \begin{cases} 0 & e_i < a_i \\ \dfrac{e_i - a_i}{b_i - a_i} & a_i \leqslant e_i \leqslant b_i \\ 1 & e_i \geqslant b_i \end{cases} \tag{3-79}$$

$$e_i = \log E_i \tag{3-80}$$

式中:i 表示索引号;e_1 表示主要震动能量;e_2 表示偶尔发生的最大震动能量;E_i 为震动能量;a_i,b_i 分别为系数,对于不同的井巷,其值是不同的,见表 3-21。

表 3-21 不同采掘工作面的系数值

震动能量 \ 类别	系数	垮落面	巷道
e_1	a_i	2	0
	b_i	6	4
e_2	a_i	4	2
	b_i	7	6

第六节　典型案例

一、冲击矿压监测

1. 工作面概况

河南义马跃进煤矿 25110 工作面采深 1 000 m 左右,为 25 采区东翼第一个综放工作面,平均采高 11 m,主采 2 号煤层。该煤层平均厚度 11.5 m,平均倾角 12°,煤层上方依次为 18 m 泥岩直接顶、1.5 m 厚 1—2 煤、4 m 泥岩和 190 m 巨厚砂砾岩基本顶;下方依次为 4 m 泥岩直接底和 26 m 砂岩基本底(图 3-79)。井下四邻关系(图 3-80)为:东为 23 采区下山保护煤柱,南为 25 区下部未采煤层,东南部接近 F16 逆冲断层,西为 25 采区下山保护煤柱,北为大采空的 25 采区。其中,25110 上巷(轨道平巷)布置于 25090 工作面采空区下方煤层中,下巷(运输平巷)接近 F16 逆冲断层,并与 F16 断层的最小平面距离约 66 m,工作面中部被 3 条小断层切割。

时代	层厚/m	岩性柱状	岩石名称	岩性描述	备注
J_3	190		砂岩、砾岩	块状、灰白色,具含水性	基本顶
J_{1-2}	4		砂质泥岩	深灰色,含植物化石	1-2煤层直接顶
	0~2.5 / 1.5		1-2煤层	黑色、块状,夹矸为碳质泥岩	1-2煤层
	18		泥岩	暗灰色、块状,易破碎,局部裂隙、节理发育	2-1煤层直接顶
	8.4~13.2 / 11.5		2-1煤层	黑色,块状易碎,有较厚矸层,夹矸为碳质、砂质泥岩	2-1煤层
	4		泥岩	深灰色,含植物化石	直接底
	26		砂岩	灰、浅灰色,成分以石英、长石为主	基本底

图 3-79　工作面煤层顶底板柱状

2. 冲击变形能分析结果

河南义马跃进煤矿 25110 工作面开采深受 F16 逆冲断层的威胁,属于典型断层冲击矿压影响的采煤工作面。该矿自 2009 年 5 月 15 日安装 ESG 微震监测系统以来,完整监测到了 25110 工作面掘进及回采期间人为开采活动引起的围岩破裂事件。如图 3-81 所示,由图可知,掘进初期,微震事件及其冲击变形能分布比较离散,且微震能量比较小,一般小于 10^5 J;随着掘进工作面逐渐临近工作面中部小断层区域时,微震事件开始沿断层

图 3-80 微震监测系统台网布置及微震事件分布

集中分布,说明该区域小断层在采掘扰动作用下容易活化,进而引起断层冲击矿压;掘进后期,当掘进面临近 F16 断层时,具体离 F16 断层的平面距离为 137 m 左右以后一直到开切眼施工,微震频次和能量急剧增加,其中最大能量达 5×10^5 J,同时震源分布逐渐向 F16 大断层位置转移,说明 F16 断层附近存在较大构造应力,在人为掘进扰动作用下开始活化并释放大量能量,另外还间接说明掘进活动对 F16 断层的扰动作用范围为 137 m,这为后续回采期间重点监测和防治区域的确定提供了依据,具体危险区域为图 3-81(b)所示冲击变形能云图。

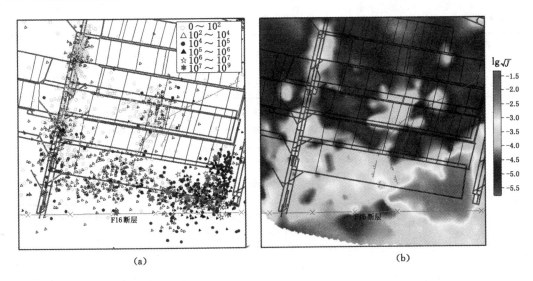

图 3-81 25110 工作面掘进期间微震及其冲击变形能分布图(2009-05-15 至 2010-7-17)
(a) 微震事件;(b) 冲击变形能

如图 3-82 所示,25110 工作面回采初期,冲击变形能分布也明显偏向于下巷及 F16 断层附近,这与掘进期间微震监测揭示出的冲击危险区域完全一致,该区域现场严重的冲击显现(如"2010-8-11"冲击事件和"2010-03-01"冲击事件)也证实了这一点。

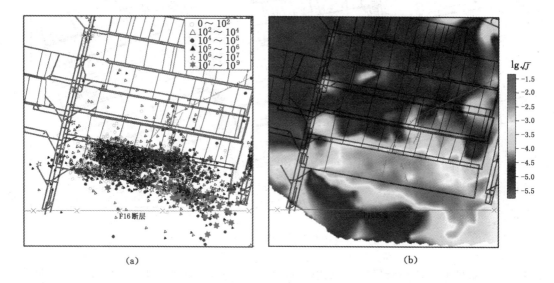

图 3-82 25110 工作面回采期间微震及其冲击变形能分布图(2010-07-18 至 2012-09-14)

(a) 微震事件;(b) 冲击变形能

具体选取该工作面回采过二次"见方"及断层危险区期间(2011-05-01 至 2011-10-01)的微震监测数据,全矿总共监测到矿震 1184 个,如图 3-2 所示。期间 25110 工作面共发生有记录的冲击矿压 4 次,当中包括一次透水事件,见表 3-22。

表 3-22 现场冲击矿压显现记录

发生时间	能量/J	位置	现场描述
2011-05-26 (13:00:21)	2.42×10^7	25110 下巷	511.4 m 处门式抬棚倾倒,下巷 550 m 换棚处煤壁片帮严重
2011-08-13 (06:31:09)	2.32×10^7	25110 工作面	工作面从 5#～68# 支架大面积顶板淋水(第 60# 支架最先开始出现淋水),整个工作面支架普遍较低,煤壁片帮严重,其中 63#～105# 支架最低,工作面底鼓明显
2011-08-26 (00:18:21)	1.47×10^7	25110 下巷	波及范围 350～480 m,破坏煤壁 8 m
2011-08-29 (03:23:27)	1.77×10^7	25110 下巷	F2509 断层附近煤尘大,声音大,巷道有明显变化,380～400 m 处巷道 O 形棚收缩 200 mm 左右

如图 3-80 所示,全矿矿震活动存在 5 个明显分区:25110 工作面开采活动区域(12#、13#、15# 台站附近)、23 采区下山活动区域(10# 与 11# 台站之间)、23070 工作面两巷掘进活动区域(9# 与 10# 台站之间)、井底车场活动区域(3# 台站附近)以及西翼大巷掘进活动区域(5#、6# 台站附近)。最终根据分区原则筛选出 25110 工作面开采活动引起的矿震事件作为该监测预警实例的分析数据。

如图 3-83 所示,工作面中部双线部分为该段时间内的回采区域,实心五角星为冲击矿震震源位置,圆环为 2011 年 5 月 26 日的冲击显现位置。可以看出,工作面前方超前支承压力区、中部小断层区域及 F16 断层煤柱区域,这些区域受采动及断层影响,为高应力集中区和断层活化区,具有冲击矿压危险。

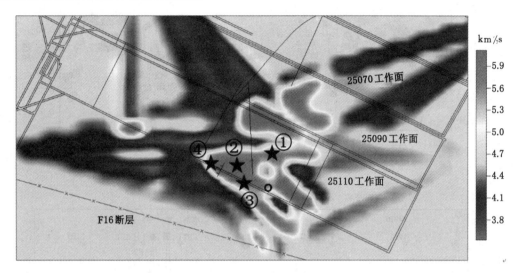

图 3-83　冲击矿压发生区域

如图 3-84 所示,现场强矿震及冲击矿压与冲击变形能预警指标对应较好,预测效能较高。

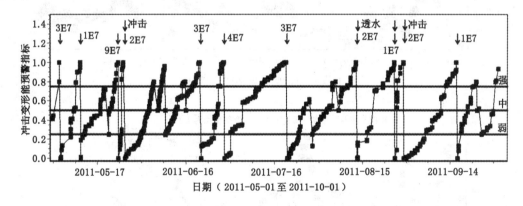

图 3-84　冲击变形能指数时序预警

3. 微震多参量分析结果

采用 5 天时间窗,1 天滑移步长,获得如图 3-85 所示的 b 值、时序集中度、震源空间集中度和总应力当量指标的时序演化曲线。由图可知,强矿震及冲击矿压发生之前,b 值和震源空间集中度指标存在低值异常,时序集中度和总应力当量指标存在高值异常。

此外,以 2011 年 12 月 3 日(12:50:59)发生于 25110 工作面下巷 F2504 断层附近的冲击矿压为例(图 3-86):该次冲击显现位置为工作面前方 28～48 m,破坏地点处原始巷高3.5 m,底鼓处 2.8～3.3 m,瞬间变形量为 0.2 m;震源位于 F2504 断层线中央。

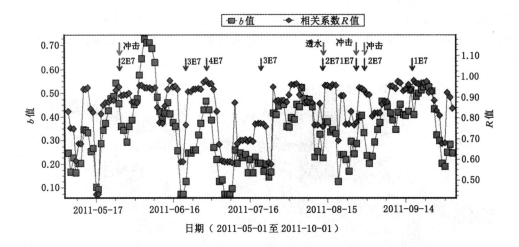

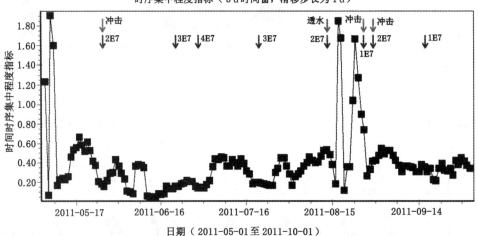

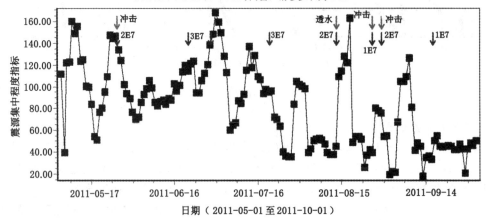

图 3-85　微震多参量监测预警

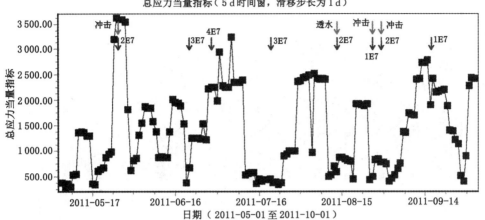

续图 3-85 微震多参量监测预警

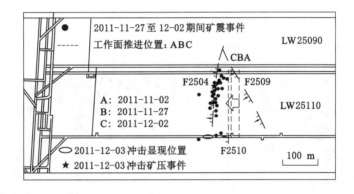

图 3-86 2011 年 12 月 3 日冲击

4. 频谱分析结果

如图 3-87 所示,发生冲击(12 月 3 日)之前,微震能量释放毫无前兆规律,而 11 月 26 日至 28 日的微震主频变宽(40～120 Hz),低频成份也明显增加,尤其是在 28 日至 29 日期间,出现明显的低频异常。因此,在微震能量释放毫无前兆规律可循的情况下,分析其波形频谱特征不失为寻找冲击前兆信息的另一途径。

如图 3-88 所示,对于波形信号简单、频率成分单一(频率带宽窄)、低频成分增加的微震事件,其分形盒维数数值小;在发生冲击(12 月 3 日)之前,分形维数数值同样出现明显的低值异常。

二、突水监测

2011 年 8 月 13 日,义马跃进煤矿 25110 工作面出现透水,由于其程度严重,导致当天工作面停产。现场记录为:60#支架处顶板淋水现象严重(此处最先开始出现淋水),整个工作面支架普遍较低,煤壁片帮严重,其中 63#～105#支架最低,工作面底鼓较平时明显,下巷拆棚处煤壁滑落较多。分析:2011 年 8 月 13 日共监测到微震事件 4 个,其中最

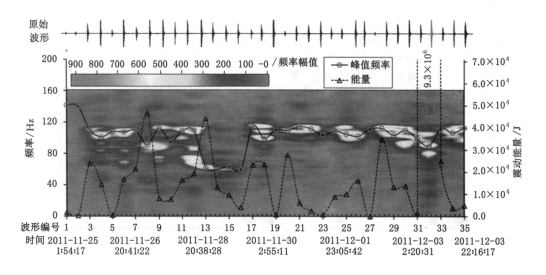

图 3-87　微震频谱预警

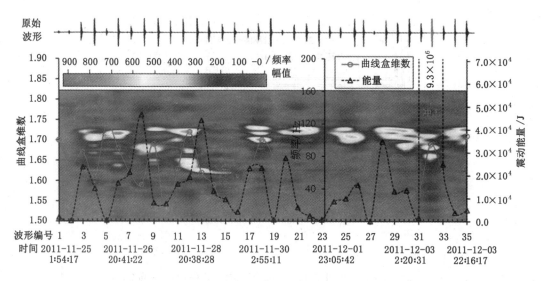

图 3-88　微震分形维数预警

早的一次记录为 6:31:09 发生的一次 7 次方事件,当天 25110 工作面处于周期来压期间,且工作面已进入 A5 富水区(图 3-89 所示),加之断层切割对顶板的弱化作用,致使顶板裂隙加大,顶板富水流入工作面,从 60# 支架顶板开始淋水,随之涌入工作面下巷。最终分析结论为顶板在断层和采动双重影响下发生断裂,导致工作面开采空间与 A5 富水区贯通。

对于此次突水事件,图 3-85 所示的微震多参量指标给出了有效的前兆异常揭示。同时,为了重点监测该危险区域的冲击危险,在往常微震监测、电磁辐射监测的基础上,另外增设了钻孔应力监测、门式支架压力监测和顶板离层监测,如图 3-90 所示(图中数值表示设备安装位置离停采线的距离)。图 3-91 所示为透水事件前后各监测手段的结果,由图可知:

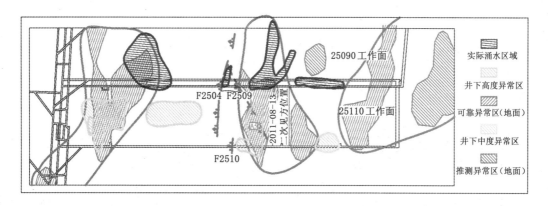

图 3-89　25110 工作面顶板富水情况

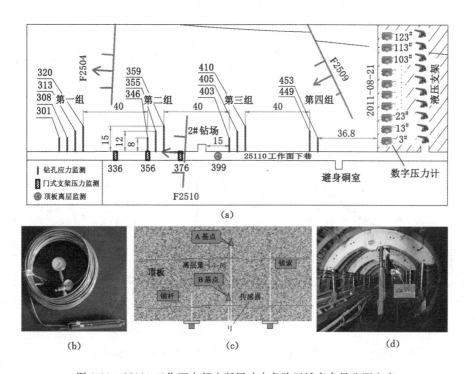

图 3-90　25110 工作面中部小断层冲击危险区域多参量监测方案

① 钻孔应力监测结果显示[图 3-91(a)]，离停采线 359 m、453 m 两处的钻孔应力持续上涨，分别对应于图 3-90(a)中的 F2510 断层影响区域和超前支承压力影响区域；此外，分析断层影响区域(359 m 位置处)的钻孔应力数据曲线发现，高应力突变之前，均存在应力值的降低，如 2011 年 7 月 23 日、2011 年 8 月 12 日和 2011 年 8 月 18 日，尤其是 8 月 12 日当天的应力增量幅值达到 4 MPa，预示着强矿压显现的来临。

② 现场矿压显现表明，透水期间整个工作面支架普遍较低，煤壁片帮严重，其中 63#～105# 支架最低，选取 73# 和 103# 支架压力数据分析发现[图 3-91(b)]，透水发生之前，支架压力持续上升，并在 2011 年 8 月 12 日前后达到最大，预示着老顶断裂，工作面周期来压。

③ 门式支架压力监测结果显示[图 3-91(c)～图 3-91(e)]，2011 年 8 月 13 日工作面顶

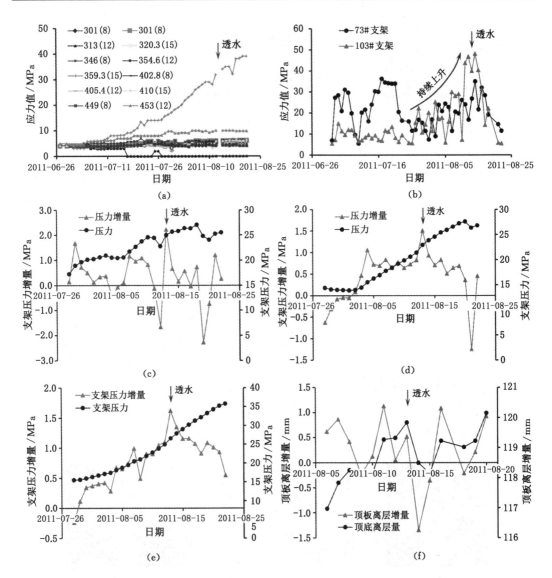

图 3-91 义马跃进煤矿 25110 工作面突水事件多参量监测结果

(a) 钻孔应力监测曲线;(b) 支架压力监测曲线;(c) 离停采线 336 m 处门式支架压力曲线;

(d) 离停采线 356 m 处门式支架压力曲线;(e) 离停采线 376 m 处门式支架压力曲线;

(f) 离停采线 399 m 处顶板离层监测数据

板透水及大能量微震事件发生当天,离停采线 376 m、356 m 及 336 m 位置处的门式支架压力增量出现突变,且达到峰值点,表明 2011 年 8 月 13 日当天顶板已发生断裂或断层活化形成动载作用于门式支架。

④ 顶板离层监测结果表明[图 3-91(f)],断层附近的顶板离层量从 2011 年 8 月 10 日开始增加,直至 2011 年 8 月 13 日达到最大,并且当天工作面顶板出现严重透水,该处附近出现一次 7 次方大能量事件;此外,顶板离层量达到最大之前,其增量于 2011 年 8 月 11 日当天出现突变,并达到峰值点,说明此时顶板在断层作用下出现断裂或离层下降。

综上所述,钻孔应力、支架压力、顶板离层监测等均能对此次突水事件的发生做出不同程度的响应,也间接反映出微震监测突水前兆的可行性。

三、煤与瓦斯突出监测

矿山动力灾害的研究表明,煤与瓦斯突出现象是矿山开采过程中造成的地质环境的改变如微破裂的产生、扩展等岩石破裂过程失稳,煤与瓦斯突出发生前必定会出现煤岩体内部微裂隙发育过程中的微震活动性。根据目前矿山微震监测技术的发展,监测煤与瓦斯突出过程中的微震波形,对其特征进行分析,建立煤与瓦斯突出前兆特征信息理论。

煤与瓦斯突出发生时,短时期内出现了多个矿震信号,每次震动的能量几千焦耳,持续时间达到几十秒到几分钟,清楚地反映了煤与瓦斯突出的整个过程,如图 3-92 所示。

图 3-92 典型煤与瓦斯突出微震波形

海孜煤矿地质条件复杂,井田内断层发育,岩浆侵入活动较为强烈,发生瓦斯动力现象次数较多,2009 年 4 月 25 日发生煤与瓦斯突出事故,突出煤量 600 多立方米,瓦斯 3 万多立方米。海孜煤矿Ⅱ102 采区有厚度高达 120 m 的巨厚火成岩。Ⅱ1024 开采后,采空面积进一步加大,采空区上方的巨厚火成岩以及上覆岩层作用在煤柱和工作面周围的煤岩体上。当采空区上方的岩层(火成岩)破断活动以及采掘的扰动时,产生矿震。根据海孜煤矿微震监测系统记录,在发生煤与瓦斯突出的过程中出现多次震动,震动能量最大达 8.55×10^3 J,震源平面位置如图 3-93 所示。

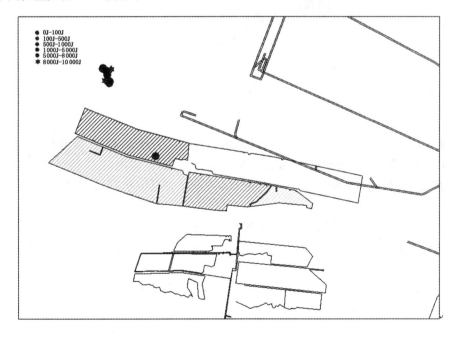

图 3-93 煤与瓦斯突出事件震源平面位置

通过分析微震监测系统所监测到的波形文件,分析发生煤与瓦斯突出过程中其中一个震动事件的能量频谱,如图 3-94(a)所示,其速度振幅在$(0.5\sim2.0)\times10^{-5}$ m/s 范围内,信号总持续时间在 10 s 左右,从频谱上看,整个突出事件过程中信号的频带分布介于 $30\sim50$ Hz,主频在 45 Hz 左右,幅度达到 2.5×10^{-3} V 以上,如图 3-94(b)所示。

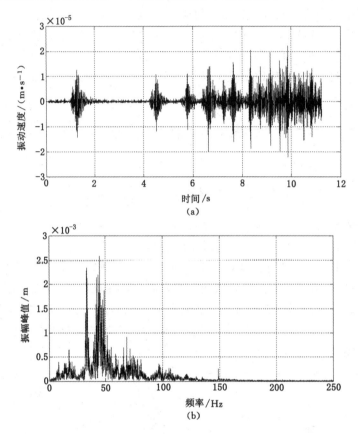

图 3-94　煤与瓦斯突出事件波形和频谱特征

(a) 煤与瓦斯突出事件微震信号波形图;(b) 煤与瓦斯突出事件微震信号频谱特征图

从煤与瓦斯突出的波形中可以发现,波形可以分为三个部分:预震、次震和主震。主震中的波形放大图与冲击波形图相似,速度振幅在 $0.5\sim1.5$ Hz 范围内,主震持续时间达到 $500\sim700$ ms,其信号频带分布主要分布在 $30\sim50$ Hz,主频在 45 Hz 左右,幅度为 4.2×10^{-4} V,如图 3-95 所示。

分析次震波形图及频谱特征,其速度振幅主要介于 $0.4\sim1.0$ Hz 范围内,持续时间达到 $400\sim600$ ms,信号频带分布在 $30\sim50$ Hz,主频达到 45 Hz,与预震波形信号相比,持续时间短,但信号频带分布范围相同,如图 3-96 所示。

煤与瓦斯突出的主震与冲击事件相比是最大的不同,根据主震波形和频谱特征容易看出主震持续时间长,可达到 $6\,000\sim7\,000$ ms,主震中由许多小的震动事件组成,而各小震动事件发生时间间隔短,当小震动事件相互作用时可致使主震达到最大振幅速度。本次煤与瓦斯突出事件的主震频谱分布区域与预震和次震相同,为 $30\sim50$ Hz,主频为 45 Hz,而最大幅度达到 2.5×10^{-3} V,如图 3-97 所示。

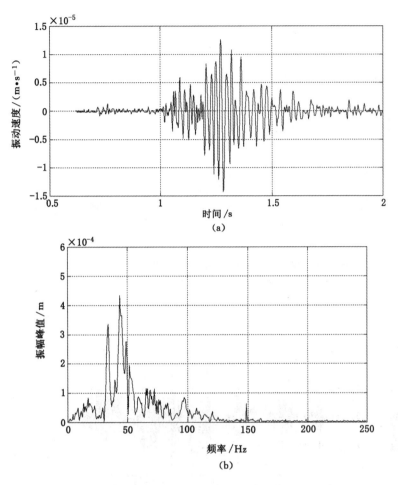

图 3-95 煤与瓦斯突出事件预震波形和频谱特征(通道 10)

(a) 煤与瓦斯突出事件预震波形;(b) 煤与瓦斯突出事件预震频谱特征

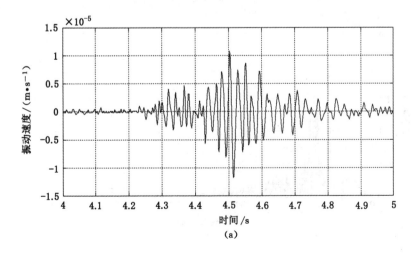

图 3-96 煤与瓦斯突出事件次震波形和频谱特征(通道 10)

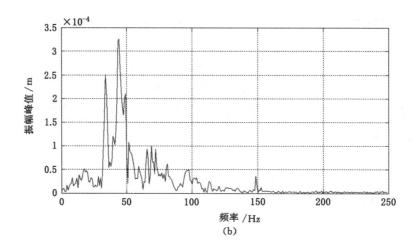

(b)

续图 3-96　煤与瓦斯突出事件次震波形和频谱特征（通道 10）

（a）煤与瓦斯突出事件次震波形；（b）煤与瓦斯突出事件次震频谱特征

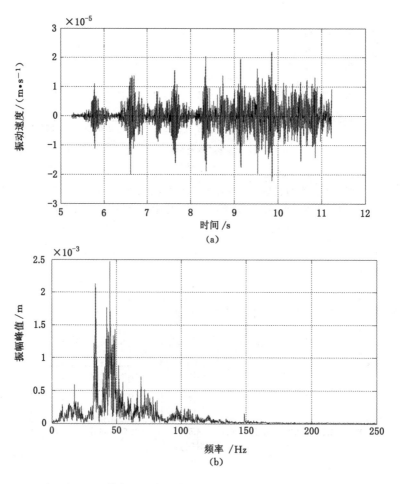

图 3-97　煤与瓦斯突出事件主震波形和频谱特征（通道 10）

（a）煤与瓦斯突出事件主震波形；（b）煤与瓦斯突出事件主震频谱特征

煤与瓦斯突出发生过程中，伴随着大量的瓦斯的涌出和煤（岩）体的抛出，当瓦斯涌出量达到峰值时与现场微震监测到的峰值基本一致。在整个突出过程中，包括预震、次震和主震之间的信号频带分布相同，可以通过微震监测系统并进行分析可以评估瓦斯涌出量及持续时间。

四、工作面顶板见方效应监测

采空区顶板活动高度受到工作面长度影响，即覆岩运动高度主要受采空区短边（多为工作面长）控制。若工作面长度较小，工作面开采时，当推进距离达到工作面长时顶板活动高度达到极大值，顶板活动强度达到极大值，之后顶板活动性基本不随工作面推进而增加。当下一个面开采时，增加了采空区倾向宽度，顶板活动范围继续向上层位发展，顶板活动性增强，且当工作面推进到两面长度之和附近时活动性达到最大值。因此，当顶板岩层活动范围未发展到地表以前，随着工作面增加，顶板活动强度也逐渐增强。冲击矿压专家形象的称之为"见方"效应。

在回风巷一侧，存在两个相邻的采空区，如图 3-98 所示。在本工作面推进至第一个见方区域，发生了一次 6 次方能量的震动。在第二个见方区域，4 次方和 5 次方能级矿震均有所增加。在第三个见方区域，震源逐渐偏向回风巷，4 次方能量显著增多，说明煤岩体活动开始加剧，能量释放强烈，之后又出现多次 5 次方能量震动，最终在 8 月 29 日发生强矿震，并引发冲击。由图可知，三次见方区域均具有密集的高能量矿震出现。

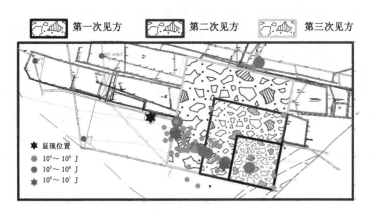

图 3-98　强矿震与见方的关系

知识巩固及拓展习题

1. 基本概念

微震法　P 波、S 波

2. 矿山震动包括哪些动力现象？

3. 矿山震动对环境及地表建筑物有哪些影响？

4. 简述震动波在岩体中的传播衰减规律。

5. 矿震震源定位方法及原理。

6. 震动能量与震级的对应关系。

7. 微震法监测冲击危险的主要指标及方法。

8. 微震监测技术方法还可以应用于哪些方面？

第四章 岩石破裂的声发射监测

第一节 声发射监测的物理基础

在岩石力学中,一个十分重要的问题就是岩石的破坏机理。岩石的最终宏观断裂与其内部微结构及其微缺陷紧密相关,这是一个复杂的过程。若要想弄清岩石的破坏机理,就必须从微观的角度进行研究,从而揭示岩石断裂的性质。若将这些信息反馈到工程实际中,就能更好地去指导生产实践。

岩石在荷载作用下发生宏观破坏,与裂纹的产生、扩展及贯通过程有关。裂纹形成与扩展时,储存的能量部分以弹性波的形式突然释放出来,产生声发射现象。因此,声发射反映了一种微观破坏的活动性,它直接与岩石内部缺陷与裂纹的演化有关。

声发射技术是研究岩石力学性质的一种声学方法。岩石的每一个声发射信号都包含着反映岩石内部缺陷与破裂性质的丰富信息,对这些信息加以处理分析和研究,可以推断岩石内部的状态变化,反演岩石的破坏机制与破坏阶段。

岩石声发射现象的研究从 20 世纪 30 年代开始。该现象首先由欧伯特在锌矿和铅矿测量地震波传播时发现,其后在美国的密歇根铜矿进行研究,随后声发射的研究在美国、日本、南非、波兰、德国、俄罗斯、捷克等国家展开。声发射法就是以脉冲形式记录弱的、低能量的震动现象,其主要特性是振动频率从几十赫兹到至少 2 000 Hz,甚至更高;能量低于 10^2 J,下限不定;震动范围从几米到大约 200 m。

采矿声发射监测方法,也称地音监测,研究的目的是确定岩体中的应力状态以及预测采掘工作面围岩体突然、猛烈的破坏,如冲击矿压、煤和瓦斯突出、垮落等,具体如下:

(1)评价采掘工作面的冲击矿压危险状态;

(2)连续监测冲击矿压危险状态的变化;

(3)冲击矿压防治措施效果的评价。

对于冲击矿压危险性的评价来说,主要是根据记录到的岩体声发射的参数与局部应力场的变化来进行。岩石破坏的不稳定阶段是岩石中裂缝快速扩展的结果,而声发射现象则是微扩张超过界限的表征,而该现象的进一步发展则表明岩石的最终断裂。根据矿山压力理论,最终断裂将引发高能量的震动,对巷道的稳定形成威胁,也可能引发冲击矿压。

第二节 岩石声发射的特点

声发射信号的形成是力学现象,可由多种因素引发,最常见的是岩石的变形和破断,也可能由岩石相位错动,摩擦滑动及其他引发。

对于较低能量信号,声发射源是断裂,就像金属研究中的结果一样。根据塑性变形的断裂理论,弹性波的发射仅在断裂速度的变化,即在断裂的加速或延缓时发生。

对于较高能量的声发射信号,则是岩石的脆性破断,颗粒间的滑移,以及塑性滑移和塑性变形的边缘区域发生。再大一些的能量信号,则是岩石的宏观破断或不同部分的岩石位移产生的。

声发射在松软岩石和坚硬岩石变形时发生,但由于能量源及弹性波传播的阻尼,在松散岩石中很难记录到低频声发射信号。

一、岩石声发射信号的波形与频谱

图 4-1 所示为煤层中记录到的声发射信号的加速度图,煤层上方为砂岩顶板,信号来自煤层,中心距测点 60 m,频率宽度不超过 1 100 Hz。图 4-2 所示为某矿煤样变形破裂的声发射信号波形图。

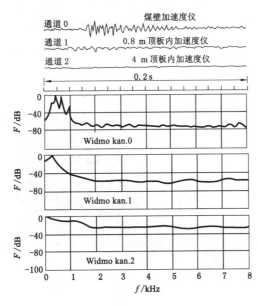

图 4-1　声发射信号的加速度

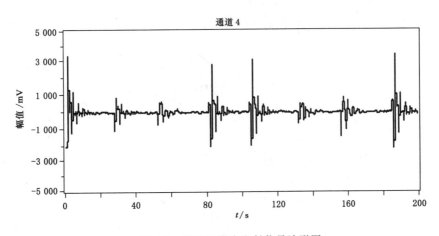

图 4-2　某矿原煤声发射信号波形图

二、载荷的增长对岩石声发射的影响

研究表明,所有类型的岩石,随着载荷的增加,声发射的频度随之增长直至破坏或到其极限强度。脆性岩石受压时,声发射的增长与岩石开始错位有关。这种现象出现在 $0.4 \sim 0.9$ 极限强度。图 4-3 所示为砂岩试块单轴受压下声发射频度与信号总数的变化。

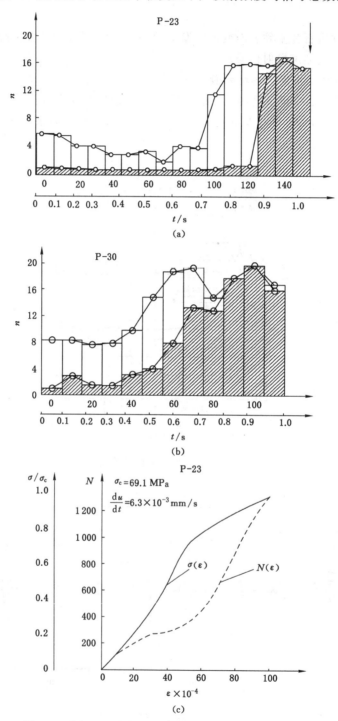

图 4-3　砂岩试块单轴受压下声发射频度与信号总数的变化

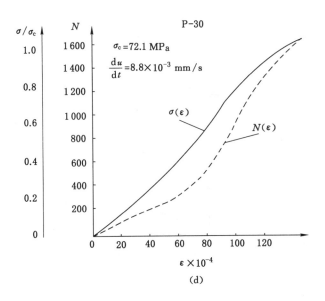

续图 4-3　砂岩试块单轴受压下声发射频度与信号总数的变化

考岩石的变形中各阶段声发射特点如下：

（1）压缩，压密岩石中的裂缝和空隙。在该阶段，声发射频度有稍微上升，有时不明显。

（2）线性变形，弹性或亚弹性变形，部分不可恢复的变形。在该阶段声发射波的频度很低。

（3）扩张或微扩张，与非弹性体积变形有关。在该阶段，声发射频度大量上升。

（4）加速扩张或宏扩张，岩的体积迅速增大伴随微裂缝产生及断裂，在该阶段为较高水平的声发射频度。当岩石变形趋向某个区段时，声发射频度可能在达到强度前下降。

（5）岩石破坏阶段，超过强度极限后，随变形的增长，压力下降。而声发射在该阶段研究不多。声发射频率 200 Hz～1 MHz，认为该阶段声发射下降是因宏观裂缝的增长与发展有关。

因此，Mogi 总结了岩石结构与声发射信号之间的关系如下：

Ⅰ类——超过岩石强度极限后发生主震动（断裂）而且很强烈，预先没有信号而出现断裂（再次），这种岩石为均质，很小的空隙率，应力分布均质。

Ⅱ类——主震动（断裂）比Ⅰ类弱，但预先有震动信号。这类岩石为非均质，而空隙压力分布非均匀。

Ⅲ类——缺少明显的主震动。震动增加后减小，变形释放能量（一些塑性岩石与裂隙发育岩石）。

图 4-4 所示为岩石非均质程度下变形与声发射特征。因此，声发射与非弹性变形有关，甚至在微扩张前出现。

G. M. Boyce，W. M. McCabe 和 R. M. Koerner 以声发射发射频率为 0.1～100 kHz 的研究为基础，在单向压力，加载速度为 77 kPa/s 条件下，提出了 4 种岩石的声发射特征。

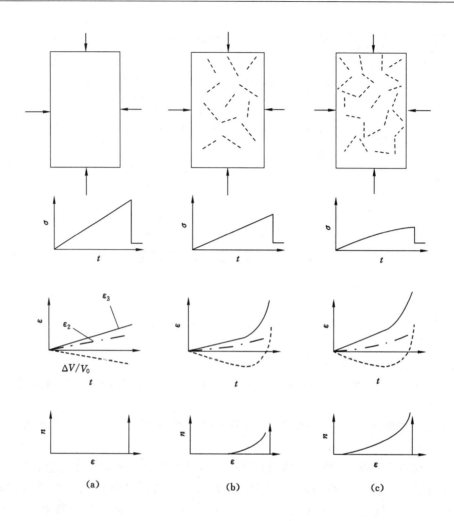

图 4-4 非均质岩石的变形与声发射特征

Ⅰ类——有空隙和裂隙的实质区（A 点），也有稳定破断区（C 点），该区预报了非稳定破断区和地音频度的迅速增长（D 点开始）。

Ⅱ类——缺少稳定破断区，立即出现非稳定破断（C/D）。

Ⅲ类——岩石中不出现空洞和裂隙的压实区。

Ⅳ类——出现线性变形区的特点（$A/B-C/D$）和预报破坏的破断区。

第Ⅰ、第Ⅱ类为岩石中存在微裂缝及空隙，而第Ⅲ、Ⅳ类为坚硬岩石。

三、稳定载荷下声发射频度的变化

随着岩石非弹性体积变形的增长，声发射频度随之增长。在稳定载荷下，岩石蠕变变形时，声发射频度也增长。

研究表明，声发射的脉冲数量与岩石非弹性变形或者声发射频度与变形速度存在如下关系：

$$n = \frac{\mathrm{d}N}{\mathrm{d}t} = b\left(\frac{\mathrm{d}\varepsilon}{\mathrm{d}t}\right)^p \tag{4-1}$$

式中：b，p分别为常数；p值稍大于1。

岩石蠕变时，声发射频度的变化与蠕变变形相类似。而对于岩石的稳定性来说，重要的是确定第三阶段的蠕变：

第一阶段蠕变，较高的声发射频度；

第二阶段蠕变，声发射频度的增加有所下降；

第三阶段蠕变，声发射频度再次增加，如图4-5所示。

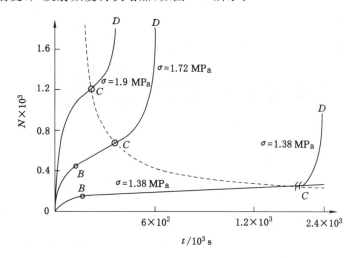

图 4-5　冻土试块蠕变时声发射信号的变化

四、循环载荷下声发射变化

岩石在循环载荷下，声发射出现记忆效应。在一定的压力差水平下，声发射水平与加载历史有关，即声发射源具有不可逆转的特点。在岩石循环加载时，较大的声发射现象仅在超过了上次循环加载的最大压力后才出现，称为 Kaiser 效应或记忆效应，如图4-6所示。

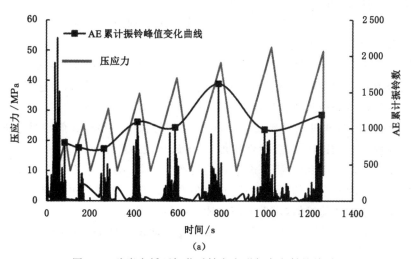

(a)

图 4-6　砂岩在循环加载时轴向变形与声发射的关系

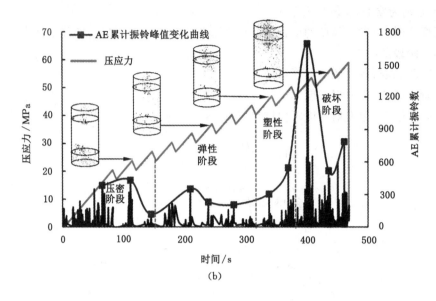

续图 4-6　砂岩在循环加载时轴向变形与声发射的关系

五、温度对声发射的影响

岩石在高温（＜660 ℃）下的声发射与低温下的类似。研究表明,声发射频度的最大值与岩石温度的最大梯度相关。存在某个温度限（对于花岗岩约为 70 ℃）,大于该限,声发射明显上升。但不取决于加热速度,加热速度仅对脉冲数量有影响,且成正比。

在岩石循环加热时（70～500 ℃至 600 ℃）,对上次循环的最高温度有记忆。对于沉积岩来说,该记忆受时间影响,过了一定时间后该记忆会消失,如图 4-7 所示（见 P131）。

第三节　组合煤岩体变形破裂的声发射效应试验

一、试样变形破裂的声发射效应规律

图 4-8 所示分别为组合试样在载荷作用下变形破坏的应力与时间 t 关系曲线、声发射计数率的分布。研究结果表明:

（1）试样受载变形破裂过程的峰前阶段,声发射信号基本上随着载荷的增大而增强。第一次载荷最值点（26 s 左右）声发射信号强度均出现一次明显增加,并达到最大值。第二次载荷最值点（71 s 左右）及第三次（128 s 左右）声发射信号亦如此。

（2）组合试样在发生冲击性破坏以前,声发射信号强度增幅与载荷增幅呈正相关关系,而在冲击破坏前,声发射信号强度突然增加,冲击破坏之后产生突降。

（3）组合试样应力开始卸载后,声发射信号产生突降,随着应力的进一步降低,声发射信号总体强度不再随着应力的降低而减弱,而是稳定在某一水平。再次进行加载时,载荷必须大于或等于之前的载荷极值,声发射信号才会明显显现。

由图 4-8 可知,声发射信号强度在组合试样发生冲击破坏前,首先增加至极值,冲击破坏后,信号产生突降。

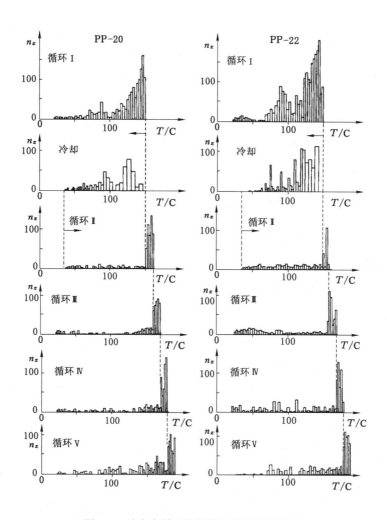

图 4-7 砂岩在循环加热情况下声发射规律

Ⅰ——加热到 $T_{Ⅰmax} \approx 150\ ℃$,冷却到 35 ℃;Ⅱ——加热到 $T_{Ⅱmax} \approx 160\ ℃$;

Ⅲ——1 d 后加热到 $T_{Ⅲmax} \approx 170\ ℃$,Ⅳ——7 d 后加热到 $T_{Ⅳmax} \approx 180\ ℃$;Ⅴ——30 d 后加热到 $T_{Ⅴmax} \approx 190\ ℃$

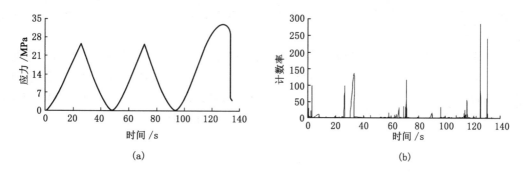

图 4-8 组合试样变形破裂声发射规律

(a) 应力—时间曲线;(b) 声发射计数率分布

二、声发射信号的二阶段特性

煤岩体单元一旦破裂,它在受载变形过程中积累的可释放弹性能便向周围介质辐射出去,形成声发射。因此,从理论上可以假定煤岩体单元的破裂与声发射计数率具有一一对应关系,即每个单元的损伤破坏都会对声电信号的产生有一定影响。

考虑到煤岩体单元的强度性质不仅具有统计性,而且具有随机性。因此,其对声电信号的贡献大小可随机数来表达,即 $RND(\varepsilon)$,其值由计算机赋予,或者是 0 或者是 1。因此,煤岩体在加载过程中随应变 变化的声发射计数率为:

$$\varphi(\varepsilon) = RND(\varepsilon) \cdot \frac{m}{\varepsilon_0} \left(\frac{m}{\varepsilon_0}\right)^{m-1} \exp\left[-\left(\frac{\varepsilon}{\varepsilon_0}\right)^m\right] \qquad (4-2)$$

由此可知,对于一个确定的煤岩试样,不论其加载方式如何,声发射信号的应变序列是确定的。此序列只与煤岩体本身的性质有关,与外部加载体的性质无关,称此声发射信号的应变序列为声发射计数率的本构序列。

因为在实验室测试的煤岩试样的声电信号都是随时间的序列,那么声发射信号的计数率可以表示成煤岩试样变形破裂事件数对时间 t 的导数:

$$n_t = \frac{dN}{dt} = \frac{dN}{d\varepsilon} \cdot \frac{d\varepsilon}{dt} = n_\varepsilon \frac{d\varepsilon}{dt} \qquad (4-3)$$

式中:N 为煤岩变形破裂声发射信号的累计计数率;n_ε 为声发射信号累计计数率的应变序列;n_t 为声发射信号累计计数率的时间序列。

由于利用平均场处理单元的破裂,因此,可以认为煤岩试样的应变正比于其位移,式(4-3)可以改写成下式:

$$n_t = n_u \cdot \dot{u} \qquad (4-4)$$

式中:u_u 为声发射信号累计计数率的变形序列;$\dot{u}$ 为煤岩试样的位移速率。

从式(4-2)和式(4-4)可以看出:煤岩体在变形破裂过程中产生的声发射信号时间序列仅由煤岩体本身性质 n_u 和加载系统的位移速率 $\dot{u}$ 决定。

对于煤岩组合试样而言,声发射信号的计数率主要包含顶板和煤层两个部分变形破裂所致。当载荷达到煤样的极限强度时,顶板试样开始卸载。对于顶板试样而言,由于其抗压强度较高,并不会发生冲击破坏。煤样的变形破坏将导致顶板试样的回弹。在变形回弹期间,声发射信号的计数率将减小。同时在煤样变形破坏前,由于顶板试样开始卸载回弹,释放大量的弹性应变能,加速煤体的变形破坏,故此时声发射信号计数率将达到最大值,这也就是煤岩冲击破坏的声发射前兆信息。

因此,在煤岩组合试样变形破裂期间,声电信号计数率分为两个阶段。第一阶段声发射信号记录顶板和煤层组合试样变形破裂所产生的信号;第二阶段声发射信号主要记录的是煤样峰后变形破裂产生的信号。由于顶板试样在回弹期间,基本没有声发射信号产生,因此,煤岩组合试样变形破裂产生的声发射信号可以分成如下两个阶段:

$$n_t = n_{u1} \cdot \dot{u}_1 + n_{u2} \cdot \dot{u}_2 \qquad (4-5)$$

$$n_t = n_{u2} \cdot \dot{u}_2 \qquad (4-6)$$

式中:n_{u1},n_{u2} 分别为与煤岩体本身性质有关,特别是顶板和煤样的脆性以及单轴抗压强度密切相关的参数。

因此,声发射信号的强度与煤岩组合试样的冲击倾向性、顶板的强度及厚度、煤样的强度呈正相关关系。图 4-9 和图 4-10 所示分别为组合试样变形破裂直至冲击失稳阶段测试的声发射信号计数率的时间序列。

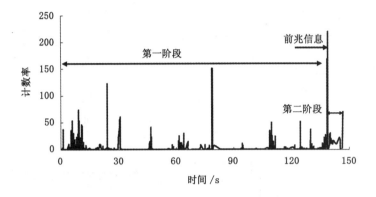

图 4-9　声发射计数率时间序列曲线（冲击能指数 $K_E = 2.5$）

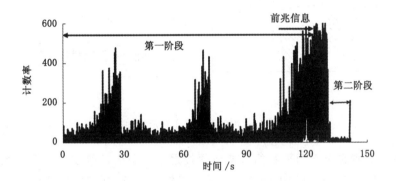

图 4-10　声发射计数率时间序列曲线（冲击能指数 $K_E = 5.8$）

由图 4-9 和图 4-10 可知，煤岩组合试样在反复加卸载直至冲击破坏过程中测试的声发射计数率具有明显的二阶段特征。第一阶段声发射信号的计数率随着加载应力的增加而增加，且信号较强。在煤岩组合试样冲击破坏的前夕，声发射信号的计数率达到最大值；第二阶段声发射信号主要记录煤体在峰后阶段变形破裂所致，数值较低，且较为平稳。另外，声发射信号的强度与煤岩组合试样的冲击倾向性呈正相关关系，即试样的冲击倾向性越强，声电信号的计数率越高。

第四节　冲击矿压动力危险的声发射预警

一、声发射的观测方法

岩石声发射的特征与微震类似，故声发射观测与测量的原则也与微震监测相似。声发射测量主要由声发射探头、声发射信号的传输、数据的记录与处理等组成。

对于矿山动力现象——冲击矿压的监测与预报，声发射法主要有两种形式：一种是固定式的连续监测；另一种是便携式的流动监测。

1. 固定式连续声发射监测探头的布置

这种监测方式类似于微震监测,有固定的监测站,可以连续监测煤岩体内声发射现象的连续变化,预测冲击矿压危险性及危险程度的变化,如图 4-11 所示。

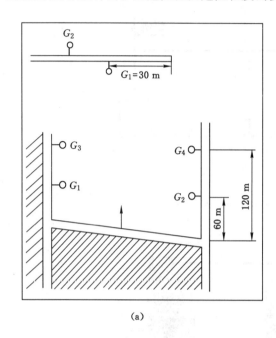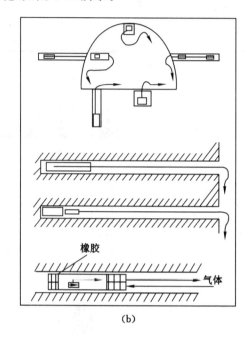

(a)   (b)

图 4-11　声发射探头布置示意图

声发射探头布置在上下两平巷的煤壁或顶板之中。探头一般安设在深为 1.5 m 以上的钻孔中,以便避开巷道周边的破碎带。在采煤工作面进行监测时,近的探头距工作面 40 m,远的探头距工作面 110 m。如果探头的去噪效果较好的话,探头可以布置在距工作面 20 m 处。在掘进巷道进行监测时,探头应布置在距掘进面 30～100 m。一般来说,探头的布置应避开断层、煤层尖灭、老巷等阻尼大的地点。

站式连续监测主要记录声发射频度(脉冲数量)、一定时间内脉冲能量的总和、采矿地质条件及采矿活动等。主要用来评价局部冲击的危险状态及随时间的变化。

声发射频度为单位时间内的脉冲总数。而能量则采用距震中 50 m 的振幅平方来计算:

$$\omega = 50k^2r \tag{4-7}$$

式中　r——震中到探头的距离(或探头到工作面);

　　　k——测量的振幅。

2. 流动声发射监测探头的布置

采用激发声发射法对冲击矿压的危险性进行监测时,其探头一般布置在深 1.5 m 的钻孔中,距探头钻孔 5 m 处打一个深 3 m 的钻孔,其中装上激发所用的标准重量炸药(1 kg)。如图 4-12 所示,记录炸药爆炸前后一段时间内,产生的微裂隙形成的弹性波脉冲。每次测量进行 32 个循环,每循环记录 2 min。其中,起爆前 20 min,10 个循环。这样爆炸后 44 min,22 个循环。

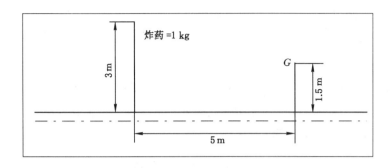

图 4-12　激发声发射法探头等布置示意图

二、冲击危险性预测的基本原理

研究表明,岩石的声发射与岩石在载荷作用下的破坏过程紧密相关。简单地说,在单轴增载荷的作用下,岩石试块的声发射强度与非弹性(破坏)体积变形(扩张)紧密相关。认为假设某个时刻声发射的能量大小 $w(t)$ 与扩张速度,即破坏速度 $\varepsilon'(t)$ 的关系为:

$$\varepsilon'(t) = Cw(t) \tag{4-8}$$

两边积分可以得到:

$$\varepsilon(t) = \varepsilon_0 + C\int w(t)\mathrm{d}t = \varepsilon_0 + C_\mathrm{a}w(t) \tag{4-9}$$

式中:$\varepsilon(t)$ 为从加载开始到时间 t 的总破坏变形;$w(t)$ 为与岩石微破坏有关的地音事件总能量;C,C_a 分别为常数。

在一定的条件下,如果试块破坏时,存在某个破坏变形的标准值,记为 ε_c。上式两边由该值相除,并记 $C_0 = \varepsilon_0/\varepsilon_\mathrm{c}$,$C_1 = C_\mathrm{a}/\varepsilon_\mathrm{c}$,则:

$$0 < Z(t) = C_0 + C_1w(t) \leqslant 1 \tag{4-10}$$

式中:$Z(t)$ 为 t 时刻岩体破坏的危险状态值,$Z(t) = \varepsilon(t)/\varepsilon_\mathrm{c}$,确定了 t 时刻岩石在载荷影响下,实际破坏的危险程度。

式(4-10)表明了声发射与岩石破坏过程和岩石破坏危险之间的关系。

对于井下采掘作业来说,考虑一个固定点或者是采掘面推进过程中的某个运动点意义不大,因为采掘工作面是向未破坏的煤体推进的。因此,采掘工作面前方的破坏程度和危险性有两个过程:随着时间的增长,破坏程度(完全破坏或接近于破坏)和危险性增加;采掘工作面推进到没有破坏的区域。

从理论上讲,煤岩破坏的速度可以由工作面开采速度来限制,但实际很难做到。通常在煤岩破坏速度与采掘工作面推进速度之间有一个平衡状态。该平衡状态的特点是接近于一个稳定的危险程度和每吨煤或者每平方米出露顶板的声发射值接近于一个稳定值。对于该状态来讲,声发射的较小变化通常是一个概率事件,证明煤岩体破裂的危险性有小的变化。声发射的较大变化且持续较长的时间说明了平衡状态的变化和危险性的变化—危险性增加或降低。上述观点就是连续声发射监测法的基础。

设 E 为过去 1 h 内声发射的能量或事件数;$\overline{E}$ 为一段时间内这些值的平均值,d 为能量或事件数的偏差值。偏差值定义为:

$$-1 \leqslant d = \frac{E - \overline{E}}{E} \tag{4-11}$$

假设存在一个函数 F_0,它与单位时间内因煤岩体危险程度平均值的变化 ΔZ 而变化的平均偏差值 $d(t)$ 有关。函数 F_0 是未知的,但可以由近似值 F_1 来代替。则对于连续时间段来说:

$$\bar{Z}(t) = \bar{Z}_0 + \int_0^t F_0(\bar{d}(t))\mathrm{d}t = \bar{Z}_0 + \int F_1(\bar{d}(t))\mathrm{d}t \qquad (4\text{-}12)$$

这里,变量上面的横线表示其平均值,Z_0 为初始岩体破坏危险状态值。

对于以 h 为单位时间的,则可以写为:

$$\bar{Z}(t) = \bar{Z}_0 + \sum F_1(\bar{d}(t)) \qquad (4\text{-}13)$$

这样,采用连续监测的声发射法,可以通过岩体破坏危险状态值,来确定采掘工作面的冲击矿压危险程度。

1. 冲击矿压危险性评价指标的确定

煤岩体中声发射的强度及事件数增加,说明煤岩体内应力的增加及冲击矿压危险性的增加。对于采掘工作面,为评价冲击矿压的危险性,以如下 8 个指标为基础来确定声发射强度和事件数的偏差:采煤班的班平均事件数 $\bar{N}_{wt}$;非采煤班的班平均事件数 $\bar{N}_{st}$;采煤时间的小时平均事件数 $\bar{N}_{wh}$;非采煤时间的小时平均事件数 $\bar{N}_{sh}$;采煤班的班平均声发射强度 $\bar{E}_{wt}$;非采煤班的班平均声发射强度 E_{st};采煤时间的小时平均声发射强度 $\bar{E}_{wh}$;非采煤时间的小时平均声发射强度 $\bar{E}_{sh}$。

对于给定的单位时间,可以确定上述每个指标的偏差值。如对于采煤班的班平均事件数 $\bar{N}_{wt}$,其偏差值为:

$$d = \frac{N - \bar{N}_{wt}}{\bar{N}_{wt}} \times 100\% \qquad (4\text{-}14)$$

其余类推。式中,N 为观测班的事件数。

2. 冲击矿压危险状态的分类

采用声发射法对冲击矿压的危险性进行评价时,可将冲击矿压的危险程度分为 4 级,即:

Ⅰ级,无冲击危险。所有的采矿作业按作业规程进行。

Ⅱ级,弱冲击危险。此时:所有的采矿作业可按作业规程规定的进行;加强冲击矿压危险状态的观测及采矿作业的监督管理。

Ⅲ级,中等冲击危险. 在这种危险状态下,下一步的采矿作业应当与冲击矿压的防治措施一起进行。对观测结果和控制情况测量记录在案,观测的危险程度不再增长。

Ⅳ级,强冲击危险。此时:应停止采矿作业,不必要的人员撤离危险区域;

如果采取措施后,冲击矿压危险程度有了降低,则采矿作业可继续进行;如果危险状态不变,必须继续采取防治措施;如果冲击矿压危险程度继续升高,则所有的采矿作业必须停止,暂停或关闭采掘面及巷道。通过专家分析、研究出处理意见,经上级批准,方可实施防治措施及进行采矿作业。

3. 冲击危险状态的预测准则

(1) 班危险性状态的评价

根据班地音事件数及地音强度的偏差(采煤班或非采煤班的地音事件数及地音强度的

偏差),对冲击矿压危险状态进行评价.通过归一化处理,采掘工作面的危险性程度可表示为:

$$\mu_{d0} = \begin{cases} 0 & d < 0 \\ 0.25d & 0 \leqslant d < 400\% \\ 1 & d \geqslant 400\% \end{cases} \tag{4-15}$$

式中:μ_{d0}为以本班数据为基础确定的危险状态;d为地音事件数或地音强度的偏差值。

图 4-13 介绍了采用地音法对采掘工作面进行冲击矿压危险状态班评价的具体实施方法。

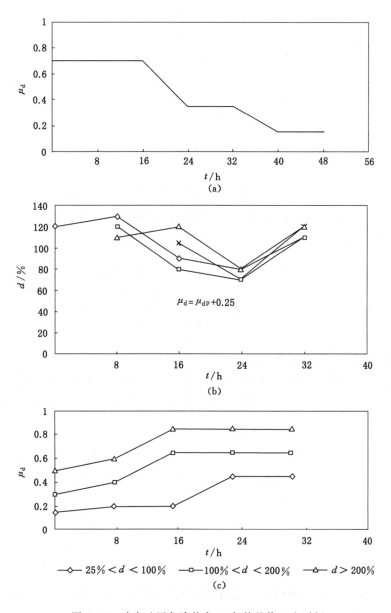

图 4-13　冲击矿压危险状态 μ_d 与偏差值 d 和时间

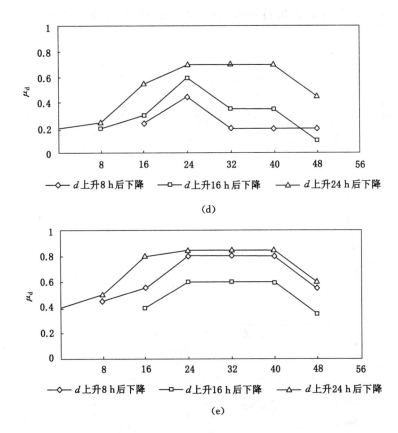

续图 4-13　冲击矿压危险状态 μ_d 与偏差值 d 和时间

(a) $d<25\%$ 时 μ_d 随时间的变化；(b) d 变化时 μ_d 的取值；(c) μ_d 随 d 的增加而上升；

(d) 在 $100\%<d<200\%$ 时 μ_d 随时间的变化；

(e) 在 $d>200\%$ 时 μ_d 随时间的变化

(2) 小时冲击矿压危险性状态的评价

根据小时地音事件数及地音强度的偏差(采煤小时或非采煤小时地音事件数及地音强度的偏差)，可评价冲击矿压的危险状态。通过归一化处理，采掘工作面的危险程度可表示为：

$$\mu_\mathrm{d} = \begin{cases} \max\{\mu_\mathrm{d0}(d)-0.15(4-t),0\} & (t<4\ \mathrm{h}) \\ \mu_\mathrm{d0}(d) & (t\geqslant 4\ \mathrm{h}) \end{cases} \tag{4-16}$$

$$\mu_\mathrm{d0} = \begin{cases} 0 & (d<0) \\ 0.25d & (0\leqslant d<400\%) \\ 1 & (d\geqslant 400\%) \end{cases} \tag{4-17}$$

式中：μ_d 为以本班及前几个班数据为基础确定的该班实际危险状态；d 为小时地音事件数及地音强度的偏差值；t 为偏差持续的小时数；其余符号意义同前。

对于目前在煤矿采用的三八工作制度来说，如果下一个小时的偏差值 d 是下降的，则冲击矿压的危险状态由下式来计算：

$$\mu_{d1} = \begin{cases} \mu_{dp} + 0.125\left(1 - \sqrt{1 - \dfrac{d}{\sqrt{8}}}\right) & (\text{当 } d \leqslant \sqrt{8}) \\ \mu_{dp} + 125\sqrt{\dfrac{d}{\sqrt{8}}} & (\text{当 } d > \sqrt{8}) \end{cases} \tag{4-18}$$

$$\mu_{dp} = \min\{\mu_{d1}, 1\} \tag{4-19}$$

以小时地音事件数及地音强度的偏差为基础，通过上述关系式确定危险状态时，其冲击矿压危险程度应不低于该班开始时的危险程度。根据小时地音事件数及地音强度的偏差对采掘工作面冲击矿压危险状态进行评价的具体实施方法，见表 4-1。

表 4-1　　　　　根据小时地音事件数及地音强度的偏差评价冲击危险

持续时间/h	μ_d			
	$d < 100\%$	$d = 100\% \sim 200\%$	$d = 200\% \sim 300\%$	$d > 300\%$
1	0	0~0.05	0.05~0.30	>0.30
2	0	0~0.20	0.20~0.45	>0.45
3	<0.10	0.10~0.35	0.35~0.60	>0.60
4	<0.25	0.25~0.50	0.5~0.75	>0.75
5	<0.25	0.25~0.50	0.5~0.75	>0.75
6	<0.25	0.25~0.50	0.5~0.75	>0.75
7	<0.25	0.25~0.50	0.5~0.75	>0.75
8	<0.25	0.25~0.50	0.5~0.75	>0.75

第五节　实例分析

一、矿井煤岩动力灾害监测预警应用实例

1. 卡托维兹矿

波兰卡托维兹（Katowice）矿是一个高冲击矿压危险的矿井。其中所有的巷道、工作面都采取了冲击矿压危险性评价的地音法。图 4-14 所示为一个月时间内采用地音法对 535b 垮落法工作面、535a 充填法工作面、535c 工作面的开切眼及 535a 的斜巷冲击矿压危险性评价的结果。实践表明，这些工作面的冲击矿压危险性评价比较准确。

2. 华亭煤矿

华亭煤矿主要生产工作面为 250102 采煤工作面、250103 回风顺槽（巷道）掘进工作面和 250103 运输顺槽（巷道）掘进工作面，根据华亭煤矿现场实际情况，主要监测区域及井下探测器在采煤工作面和掘进工作面的布置如图 4-15 所示。

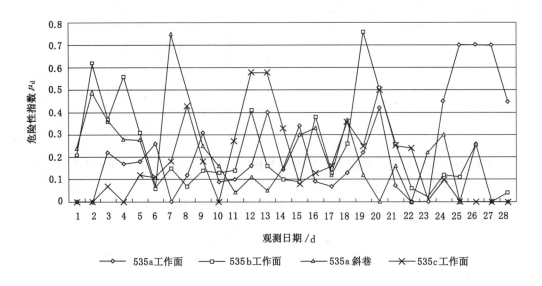

图 4-14　波兰卡托维兹(Katowice)矿四个工作面的冲击矿压危险状态

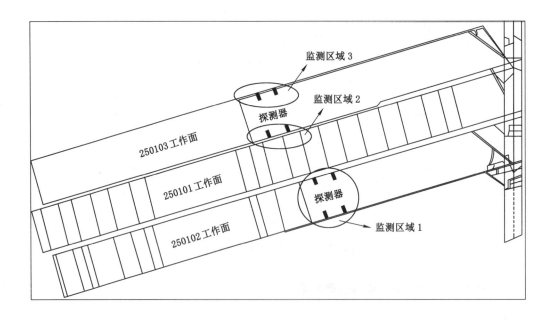

图 4-15　地音监测区域及探测器布置图

　　ARES-5/E 地音监测系统在华亭煤矿安装运行将近一年,取得了丰富的监测数据。统计系统自安装运行以来的监测数据,通过对比系统的日工作班评价结果与矿压显现情况,可知系统对监测区域的危险状态做到了准确评价。

　　表 4-2 所列为系统运行期间对监测区域的危险状态做出准确评价的实例。

表 4-2　　　　　　　　　　**250102 工作面运输顺槽矿压事件**

(a) 事件一

通道	1	2	3	4	1	2	3	4	1	2	3	4	
工作班	活动危险级				能量危险级				危险级				矿压显现情况
2008-08-30 15:00	a	a	a	a	a	a	b	b	a	a	b	b	
2008-08-30 23:00	a	a	a	c	a	a	c	c	a	a	c	c	2008 年 8 月 31 日 10
2008-08-31 07:00	a	a	a	c	a	a	b	c	a	a	a	c	时 54 分，能量为 8.0×10^4 J，震源位置在回采线后 3.2 m，距运输(巷道) 28 m。煤爆声造成棚顶下沉压在转载机封顶板上
2008-08-31 15:00	a	a	a	c	a	b	b	d	a	b	b	d	
2008-08-31 23:00	a	a	a	c	a	b	b	d	a	b	b	d	

(b) 事件二

通道	1	2	3	4	1	2	3	4	1	2	3	4	
工作班	活动危险级				能量危险级				危险级				矿压显现情况
2008-10-04 07:00	a	d	d	d	a	d	d	d	a	d	d	d	
2008-10-04 15:00	a	d	d	d	a	d	d	d	a	d	d	d	2008 年 10 月 5 日 6 时 30 分，煤爆声造成上沿帮 7 个胶带上托辊靠死，能量为：9.8×10^3 J，能源在运输巷道向出 80 m 处
2008-10-04 23:00	a	d	d	c	a	d	d	d	a	d	d	d	
2008-10-05 07:00	a	d	d	c	a	d	d	d	a	d	d	d	
2008-10-05 15:00	a	d	d	b	b	d	c	c	b	d	d	c	

通过整理分析系统运行以来的数据，得出以下结论：

（1）地音频次和能量值的变化趋势能够反映工作面的危险程度。当其值稳定在一个数值周围时，工作面处于安全状态。当数值突然升高或者降低时，工作面处于危险状态。

（2）地音频次和能量绝对值的高低并不反映工作面的危险程度。当地音事件的能量很高时，并不代表工作面的危险程度高。当地音能量和频次具有很好的相关性时，则工作面处于安全状态，否则预示着冲击危险程度升高。

（3）当地音事件频次和能量的其中一个指标有较大变化时，也预示着工作面危险性的增大。

（4）在采掘活动都很正常的情况下，出现地音事件的沉寂，即能量和频次都处于一个较低水平，也预示着危险性的提高。

（5）地音系统接收到的信号一般为高频信号，高频信号容易衰减，所以系统的每个探头都有一定的有效范围。通常情况下，地音事件同一信号被所有探头接收到的可能性很小，但是如果一段时间内有较多的通道数（>3 个）同步变化，各通道能量和次数都表现出很强的一致性,则说明此时煤岩体内部活动剧烈且范围较大。这种情况持续一段时间,通过微震监测若没有较大能量的释放,则预示着工作面的危险性将会非常高。

3. 激发声发射法监测预警实例

激发声发射监测方法的基础是在岩体受压状态下,局部较小应力的变化(如少量炸药的爆炸)将引起岩体微裂隙的产生,而应力越高,形成的裂缝就越大,持续时间就越长,也可以说岩体中能量的聚积和释放程度就越高,冲击矿压发生的危险程度就越高。炸药爆炸产生的微裂隙,其中的部分可以通过声发射仪器测到,并以脉冲的形式记录下来。这样,就可以比较起爆前后声发射活动的规律,确定应力分布状态,从而确定冲击矿压危险状态,如图4-16所示。

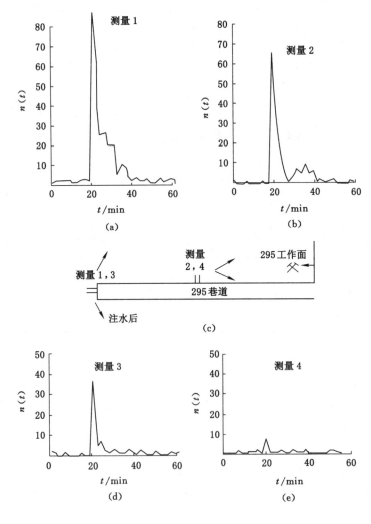

图 4-16　激发声发射的分布特点

1,2——煤层注水以前;3,4——煤层注水以后

研究表明,炸药爆炸后岩体中释放的声发射的振幅及持续时间(从爆炸开始测量的声发射值,回到爆炸前的声发射水平)与岩体中的应力状态成正比。

一般情况下,炸药爆炸后声发射脉冲的分布可近似按下式表示:

$$n(t) = n_0 + Ae^{-bt} + e_1^t \qquad (4\text{-}20)$$

$$w(t) = n(t)w_1 + e_2^t \qquad (4\text{-}21)$$

式中:n_0,A,b,w_1 分别为通过测量确定的参数;$w(t)$ 为聚积的能量;e_1^t,e_2^t 分别为随机误差。

则冲击矿压危险程度可用下式表示:

$$0 \leqslant Z = a_0 + a_1 n_0 + a_2 A + a_3 b^{-1} + a_4 w_1 \qquad (4\text{-}22)$$

式中:a_0,$\cdots$,a_n 按测量数据的统计规律确定。则冲击矿压危险性为:

① 无冲击危险 $Z<0.5$;

② 弱冲击危险 $0.5 \leqslant Z<1.5$;

③ 中等冲击危险 $1.5 \leqslant Z<2.5$;

④ 强冲击危险 $Z \geqslant 2.5$。

图 4-17 所列为波兰 ManifestLipcowy 矿在工作面 3 个位置测试的结果。其中,位置② 为部分卸压区域的测试结果,位置① 为下方 507、510 煤层停采线处的测试结果,而位置③ 则为 507、510 煤层的煤柱区域测试的结果。从图中可以看出,① 点处的冲击矿压危险最大,③ 点的比较小,而② 的最小,这与分析的结果是一致的。

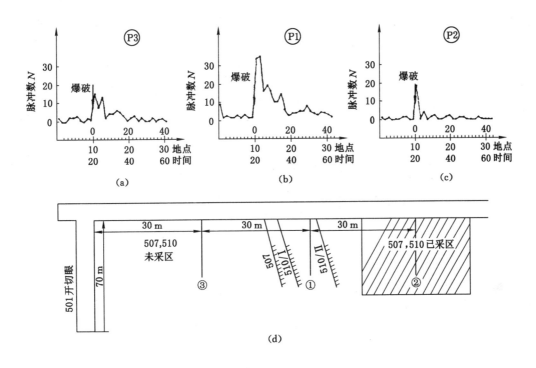

图 4-17　工作面不同位置采用激发声发射法测试的结果

二、声发射的其他应用

采用声发射原理,可以进行岩体动力破坏现象的监测,包括冲击矿压、煤和瓦斯突出;岩土工程稳定性监测,包括边坡、坝基、公路、涵洞、隧道等;混凝土结构稳定性监测,包括井架、桥梁、建筑物、桩基等;金属压力容器的监测与检测,管路破损监测与检测等。例如,对于在役压力容器声发射检测为声发射无损检测,可用于容器出厂及在役容器检修水压试验时的检测。检测范围包括石化系统的各类容器、储罐及各个行业的锅炉。检测的目的是发现使用中产生的危及压力容器安全的缺陷和受载情况下的活动性缺陷,其主要内容是发现超过一定尺寸(特别是缺陷在板厚方向的自身高度及离表面的距离)、危险性较大的平面缺陷(裂纹、未焊透、未熔合)等。

知识巩固及拓展习题

1. 基本概念

声发射　声发射法　岩石的记忆效应

2. 简述声发射法在采矿中的应用范围。

3. 论述声发射与岩石载荷及变形破裂的关系。

第五章　震动波法探测矿山压力
的物理力学与实验基础

震动波法主要用来解决开采方面的技术和地质问题。20 世纪 30 年代,震动波法首次用来研究开采层的连续性及揭露其构造的非均匀性,其后用于确定矿压参数,特别是确定巷道周围的应力应变状态。

由于测量仪器的限制,该方法直到 20 世纪 60 至 70 年代才有了较大发展,波兰主要用来提前确定工作面或巷道前方的应力应变状态以及煤层的连续性问题。例如,识别冲击矿压危险区域,评价冲击矿压解危措施效果等。在采矿工程领域中,使用该方法的国家主要有德国、英国、俄罗斯、捷克、美国、波兰、中国等。

震动波法的特点是震动波研究的非破坏性以及从较大范围的岩体内直接获得信息,与其他方法相比,获取信息成本低且技术含量高,在岩体原有或开采引发的应力变化时,观测的震动波参数信息量准确。

第一节　震动波法探测的物理力学基础

震动波法测量的基本参数是震动波的传播速度和振幅的变化,主要用于研究采矿作业引起的矿山压力现象、确定岩体的物理力学参数以及探测矿床构造特点等问题。采用震动波法评价因开采引发的采矿动力危险(冲击矿压和煤与瓦斯突出)的基本原理是冲击矿压等采矿动力危险是岩体中的应力状态决定的,并与岩体的物理力学特性有关,而岩体的物理力学参数的大小又与震动波参数有关。

上述震动波参数,特别是震动波的传播速度与岩体中的应力应变状态关系密切。岩体破坏过程伴随裂隙区域和煤岩体密度的变化,改变了震动波波长参数,因此变化区域可通过测量波速来辨别。煤岩体受压时,变形(线性变形、体积变形)和应力的增加与震动波波速的变化有很好的相关性。

总的来说,根据震动波传播速度的变化可以用于确定岩石结构破坏过程及发展的各个阶段。例如,高应力对应较大的震动波异常——采煤工作面可能发生较大震动与冲击矿压的危险。

对于矿山压力问题来说,主要是根据不同类型震动波的传播速度来确定岩体的物理力学特性。其基础是在一定的区域内,震动波的传播与岩体的结构、物理力学参数有关。对于均质、各向同性体,其关系为:

对于 P 波

$$v_P = \sqrt{\frac{\lambda + 2\mu}{\rho}} \tag{5-1}$$

对于 S 波

$$v_S = \sqrt{\frac{\mu}{\rho}} \tag{5-2}$$

式中：λ 为 lame 常数；μ 为横向弹模；ρ 为介质密度。

$$\lambda = \frac{E\mu}{(1+\mu)(1-2\mu)} \quad (0 < \mu < 0.5) \tag{5-3}$$

$$\mu = G = \frac{E}{2(1+\mu)} \tag{5-4}$$

式中：μ 为泊松比，下同。

而体积压缩模量则为：

$$k = \frac{E}{3(1-2\mu)} \tag{5-5}$$

下面是根据纵波波速 v_P 和横波波速 v_S 值确定的几个岩体的物理力学参数关系式：

线弹性模量：

$$E = \frac{\rho v_S^2 (3v_P^2 - 4v_S^2)}{2(v_P^2 - v_S^2)} \tag{5-6}$$

泊松比：

$$\mu = \frac{v_P^2 - 2v_S^2}{2(v_P^2 - v_S^2)} \tag{5-7}$$

横向弹性模量：

$$E = \rho v_S^2 \tag{5-8}$$

体积压缩模量：

$$K = \rho \left(v_P^2 - \frac{4}{3} v_S^2 \right) \tag{5-9}$$

lame 常数：

$$\lambda = \rho (v_P^2 - v_S^2) \tag{5-10}$$

矿井中存在许多地质构造与矿压问题需要解决。例如，对断层落差与煤层厚度的确定和定位等，这些问题不仅复杂，而且其解很不唯一，实际解决这些问题的物理力学基础是基于如下两种现象：① 震动波在煤层中传播的通道性；② 传播速度的异常和区域内振幅的变化。

第二节 震动波法探测的实验基础

采用 MTS815 Flex Test Gt 岩石与混凝土力学试验系统和超声波测试系统研究煤岩块在两种不同加载方案下震动波波速（纵波波速）随应力的变化规律，并建立纵波波速与应力的关系模型，揭示煤岩物理力学性质与波速大小的关系。

一、实验仪器与方法

试验均在 MTS815 Flex Test GT 岩石与混凝土材料特性试验机上进行。该机轴向荷载最大 4 600 kN，单轴引伸计纵向量程 4 mm，横向量程 －2.5～＋12.5 mm，三轴横向引伸计量程 ＋8～－2.5 mm，围压 140 MPa，渗透压力 140 MPa，渗透压差 30 MPa，温度为：室温至 200 ℃，直接拉伸荷载最大 2 300 kN，轴压、围压及渗透压力的振动频率可达 5 Hz 以上，各测试传感器的测试精度均为当前等比标定量程点的 0.5%。纵波波速测试分别采用 TDS3014、5077PR 和 3499B 超声波实时监测、记录。超声波系统与 MTS815Flex test GT 试验机同时工作,共同构成了岩石力学试验测试中的纵波实时监测和显示,如图 5-1 所示。

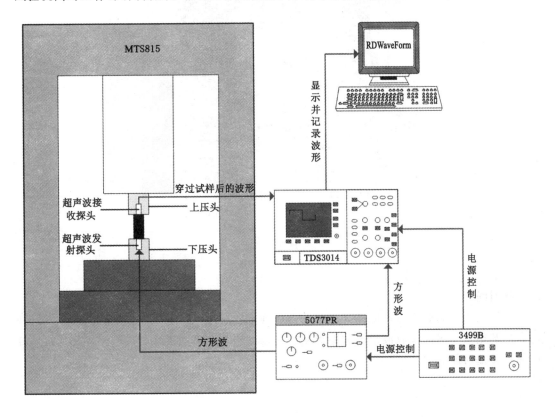

图 5-1　超声波测试系统与 MTS815 伺服机的工作流程图

如图 5-2 所示,在超声波测量中,上、下两个压头中分别安装有激发和接收探头,探头通过引线与超声测量系统相连;在受载过程中,根据设置的参数,不间断激发波形穿过试样,并记录穿过试样的信号。

试验测试针对试样强度和密度不同可选用 200,300,400 V 三个不同的脉冲电压信号,纵波的激发和接收频率均为 500 kHz。如图 5-2(b)所示,试样上、下两端部各垫加有 0.3 mm 厚纯铅箔,以减弱或消除试样端部不平整对超声波测试信号强度的影响。根据测量信号的强弱,对试样预加少量荷载,测试并调节接收传感器测得的声波信号的增益、示波器显示电压和时间的单位刻度代表的量值,设置自动采集的时间增量,并保存该设置文件。试验加载中,首先运行设置文件,并按照设置文件中预设的时间增量自动触发脉冲电压进行数据采集和保存。

对于煤岩试样加载过程中记录的波形信号,其纵波波速可通过下式计算:

$$v_{\mathrm{P}} = \frac{L(1-\varepsilon)}{t_2 - t_2} \tag{5-11}$$

式中:v_{P} 为纵波波速,m/s;t_1 为纵波开始传播的时间;t_2 为接收探头接收到纵波的时间;L 为试样未加载前高度;$t_2 - t_1$ 表示试样在加载过程中轴向应变为 ε 时,通过长度为 $L(1-\varepsilon)$

(a)　　　　　　　　(b)

图 5-2　试验加载系统图

(a) 三轴实验加载装置；(b) 单轴实验加载装置

的传播时间。

　　试样的纵波起始点可由图 5-3 所示的方法确定。通过试样的纵波传播时间为激发脉冲电压的起始点与纵波接收波形的起始点间的时差。图 5-3 中两虚线间的时差即为通过试样的纵波传播时间。

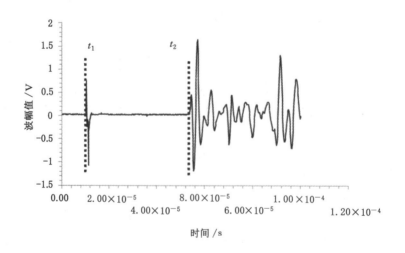

图 5-3　纵波波速测量原理图

二、试样制备

　　从三河尖(S)、古城(G)、星村(X)、鲍店(B)和忻州窑(Xz)5 个矿区选取煤岩样。试样加工遵照《煤和岩石物理力学性质测定方法》(GB/T 23561—2009)的相关规定执行。加工完成的各个实验方案下的试样尺寸及重量见图 5-4 及表 5-1 和表 5-2。

(a)　　　　　　　　　　　　　　　(b)
(c)　　　　　　　　　　　　　　　(d)

图 5-4　煤岩样照片岩样
(a) 方案 3 岩样；(b) 方案 3 煤样；(c) 方案 2 岩样；(d) 方案 2 煤样

表 5-1　　　　　　　　　　　　　　　单轴压缩实验试样尺寸

试样	直径/mm			高度/mm			质量/g
NY3	49.55	49.59	49.41	98.55	98.54	98.77	494.47
XZY3	49.79	49.69	49.77	94.43	94.56	94.47	441.36
BY3	56.05	55.99	56.07	97.52	97.09	96.9	607.57
XY3	49.25	49.44	49.34	95.3	95.37	95.31	468.64
GY3	49.26	49.36	49.31	96.24	96.24	96.25	481.31
SY3	49.41	49.39	49.43	95.19	95.19	95.21	464.8
XZM3	49.43	49.52	49.51	106.34	106.37	106.42	264.36
GM3	49.4	49.48	49.41	95.89	95.65	95.65	244.94
SM3	49.12	49.11	49.11	97.89	97.89	97.88	244.68
XM3	49.38	49.44	49.48	90.86	90.85	90.85	233.51
BM3	49.31	49.26	49.27	84.67	84.67	84.67	212.76

表 5-2　　　　　　　　　　　　单轴循环加卸载循环实验试样尺寸

试样	直径/mm			高度/mm			质量/g
BY2	56.14	56.17	56.03	98.93	99.02	99	584.64
XZY2	49.68	49.54	49.67	94.36	94.33	94.26	438.45
XY2	49.28	49.21	49.18	100.14	100.17	100.15	500.05
GY2	49.23	49.33	49.38	95.96	95.97	96.03	482.34
SY2	49.37	49.43	49.24	94.69	94.7	94.69	460.84
BM2	49.47	49.38	49.38	96.25	96.32	96.33	247.46
XM2	49.4	49.4	49.39	89.48	89.57	89.62	229.75

试样	直径/mm			高度/mm			质量/g
XZM2	49.38	49.55	49.36	108.97	108.97	108.96	265.31
GM2	49.32	49.43	49.34	96.37	96.38	96.4	246.93
SM2	49.05	49.06	49	107.35	107.4	107.34	269.08

三、试验方案

煤岩试样加载分 2 种方案来进行,测试参数包括环向应变、轴向应变、轴向应力和通过试样的纵波波速值。

(1)单轴压缩全过程试验

如图 5-5 所示,在单轴压缩全过程试验研究中,煤岩试样在塑性屈服前均采用轴向荷载控制,加载速率分别为 10 kN/min 和 30 kN/min;进入塑性屈服阶段后采用横向变形控制,横向变形速率由小到大分别为 0.02,0.04,0.08 mm/min;进入塑性大变形后,横向引伸计测量量程可控制试验得到峰值后荷载及变形。对煤岩样进行单轴压缩直至破坏,并每隔 3 s 进行纵波波速测试,测试的煤岩样试件数共 11 件。

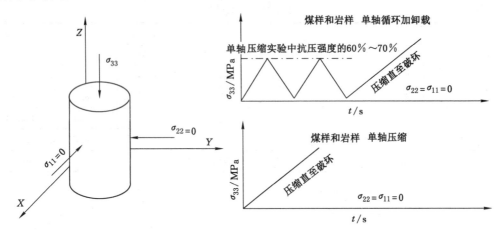

图 5-5　煤岩样的单轴循环加卸载和单轴压缩方案示意图

(岩样轴向卸载阶段最低回到 5 MPa,煤样回到 2.5 MPa)

(2)单轴循环加卸载全过程试验

① 首先对岩石试件采用两个加卸载循环,然后加载直至破坏,循环的起点为 5 MPa,循环最大载荷则由单轴压缩试验中同一矿区岩样的强度来确定。试验中,轴压加载速率 30 MPa/min,并采用超声波测试系统每隔 3 s 进行加卸载过程中的纵波波速测试。测试的岩样试件数共 5 件。

② 首先对煤样采用两个加卸载循环,然后加载直至破坏,循环的起点为 2.5 MPa,循环最大载荷则由单轴压缩试验中同一矿区煤样的强度来确定。试验中,轴压加载速率 5 MPa/min,并采用超声波测试系统每隔 3 s 进行加卸载过程中的纵波波速测试。测试的煤样试件数共 5 件。

此外还进行了循环加卸载试验,加载循环为两级。对煤岩样加载速率分别为

10 kN/min和60 kN/min,当轴向荷载达到全过程压缩试验获得的抗压强度的60％～70％时,开始执行下一个卸载循环,卸载速率与加载速率相同。

试验过程中,利用安装于试样两端加载压头内的超声波激发、接收探头,通过超声波激发、采集系统,按时间增量3s设定整个试验过程中纵波自动激发、显示,并把获得的波形信息记录于既定文件。为减小各试样两加载端部在制样中的微观凹凸起伏等缺陷对超声波波速变化测试的影响,试验时在试样两端部分别垫有0.3 mm厚纯铅箔,以便使试件与两加载压头进行耦合,从而获得更加清晰的超声波测试信号。

四、试验结果分析

如图5-6所示,应力—应变曲线共分为5个区段。第Ⅰ区段属于压密阶段,由细微裂隙受压闭合造成;第Ⅱ区段对应弹性工作阶段,应力与应变关系曲线为直线;第Ⅲ区段为弹性与塑性的过渡阶段,有部分细微裂隙产生;第Ⅳ区段为材料的塑性性状阶段,在平行于荷载轴的方向内开始强烈地形成新的细微裂隙;第Ⅴ区段为材料的破坏阶段,该区段内微观裂隙逐渐贯通形成宏观裂隙,并在最后沿宏观裂缝滑移。

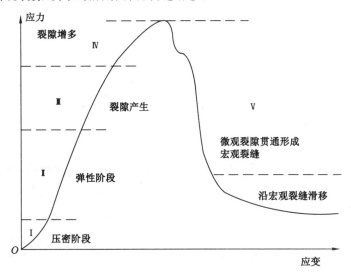

图 5-6　一般岩石全应力—应变曲线

(1) 单轴压缩全过程试验结果

通过单轴压缩实验获得了11个煤岩样从压缩到破坏的应力应变曲线及超声波测试结果。11个试样中,由于增益调整和裂隙发育程度不同,XM3和BM3试样所测超声波信号非常微弱,未能计算出有效的纵波波速值;其余9个煤岩样的应力-应变曲线、纵波波速和试样破坏情况如图5-7所示。

9个煤岩样的单轴压缩全过程超声波测试中纵波波速都随应力的增加而增加,其中岩样比煤样表现得更加明显。这些试样中,由应力引起的波速变化量最大为1 322 m/s,最小为117 m/s。由于岩样中波速变化都大于煤样,所以岩样对应力增加的敏感程度要大于煤样。而不同岩样之间也存在很大差别,最大差别量达到1 017.8 m/s,相比之下煤样之间波速变化量相差不大。因此,煤岩样内的纵波波速大小不仅与其受到的载荷大小有关,还与煤岩性质、裂隙发育有很大的关系。

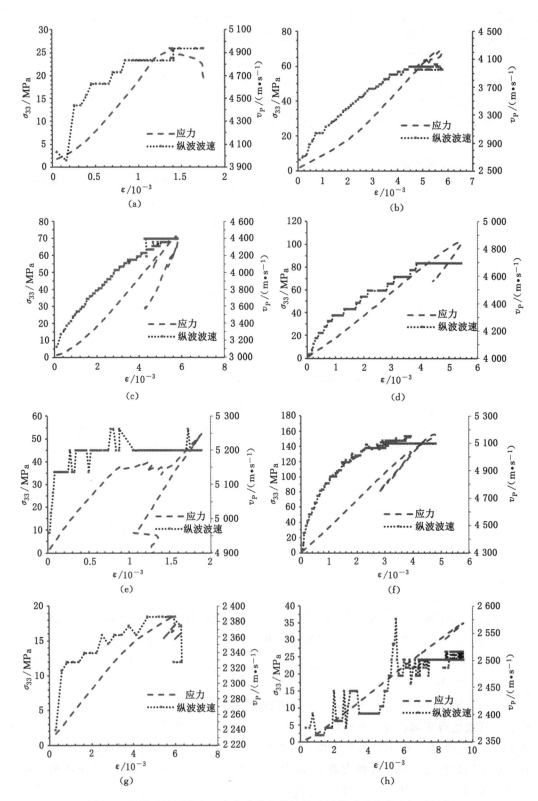

图 5-7　单轴压缩下应力—应变曲线与纵波波速的关系及试样破坏后图像

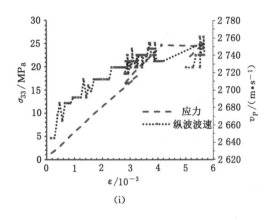

(i)　　　　　　　　　　　　　　　　　　　(j)

续图 5-7　单轴压缩下应力—应变曲线与纵波波速的关系及试样破坏后图像

（a）NY3；（b）XZY3；（c）BY3；（d）XY3；（e）GY3；（f）SY3；（g）XZM3；（h）GM3；（i）SM3；（j）破坏后图像

在控制程序运行前，虽通过施加约 0.5 MPa 的预压载荷使试件与上、下两加载压头紧密接触。不过所有试样在Ⅰ区段（压密阶段），纵波都由初始较低波速快速增加，图 5-7 显示该阶段内波速增加的幅度是最大的，应是煤岩样在载荷作用下的压实作用使细微裂隙闭合，导致受压颗粒间接触更加紧密所致。在第Ⅱ区段（弹性阶段）内随荷载增加，煤岩样变形具有线性特征，此阶段颗粒间的缝隙进一步被压实；但是与压密阶段相比，由于孔隙压力的增加，这种缝隙密度的变化相比初始阶段开始变小，波速增加的幅度也开始降低。图 5-7 中 BY3 和 XZY3 表现出较强的线性规律，XY3 和 SY3 次之，NY3，XZM3 和 SM3 则具有阶梯形式的线性规律，而 GY3 和 GM3 则表现并不明显。进入Ⅲ区段和Ⅳ区段后，尽管试样已经发生损伤，且体积变形也在增大，但该损伤主要表现为颗粒间的位错和滑移，因此波速在该阶段没有明显的增减。在第Ⅴ区段，微观裂隙大量形成并贯通形成裂缝时，纵波波速基本保持原来数值，没有太大变化，这主要是在轴向荷载作用下的颗粒间的位错和滑移使试样发生侧向膨胀，导致颗粒间产生垂直于加载方向的拉应力，沿平行于加载方向形成微观裂纹。平行于加载方向产生的微观裂纹对纵波波速的传播几乎没有太大影响，只是在产生较大横向裂隙的 XZM3 试样中出现纵波波速下降的情况。

分析结果说明：在单轴压缩条件下，煤岩试样总是在应力作用的开始阶段时，纵波波速变化有较高梯度，而随着应力的不断增加，纵波波速的上升幅度减缓，并逐渐趋于水平。在应力升高到一定阶段后，影响波速大小的因素不再随应力的增加而调整。这种现象表明应力与波速间应具有某种幂函数关系，即：

$$v_P = \phi(\boldsymbol{\sigma}_{33})^\psi \tag{5-12}$$

式中：ϕ 和 ψ 分别为拟合和选择的参数值。

试验关系模型计算的纵波波速与实测纵波波速的相关系数采用下式获得：

$$\rho_{X,Y} = \frac{E(XY) - E(X)E(Y)}{\sqrt{E(X^2) - E^2(X)}\sqrt{E(Y^2) - E^2(Y)}} \tag{5-13}$$

式中：E 为数学期望；X 和 Y 分别为计算波速和实测纵波波速。

利用试验关系模型式(5-12)对 9 个煤岩样的应力与纵波波速之间进行了拟合分析。图 5-8 中的拟合结果表明,在低轴向应力阶段,计算的纵波变化较快,随着轴向应力的不断增加,曲线慢慢平缓,这与实际监测结果吻合,说明模型能够体现弹性和塑性阶段的纵波波速变化规律。利用式(5-13)计算了试验关系模型得到的纵波波速与测量波速之间的相关系数。除 GY3 外,发现应力与波速之间都具有很强的相关性,几个试样的平均相关系数达到 0.86,说明试样中纵波波速随应力的增加而增加,并且满足幂函数形式。从相关系数可以看出,单轴压缩条件下,试验关系模型具有较高拟合度,在破坏前能够准确的描述应力与纵波波速的耦合关系。对比 9 个煤岩样拟合的参数值 ϕ 和 ψ,发现 ϕ 一般由试样开始加载时的波速大小决定,为无载荷下的波速值,与应力无关;ψ 应是由试样的固有性质决定。而波速上升越快的,其 ψ 值也越大,体现的是纵波波速对应力的敏感程度。

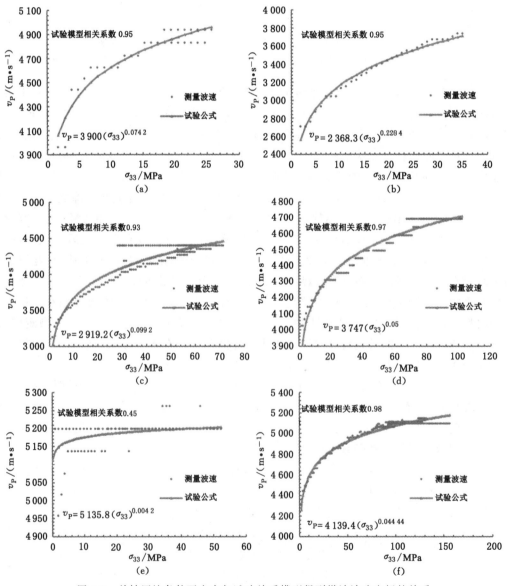

图 5-8　单轴压缩条件下应力与试验关系模型得到纵波波速之间的关系

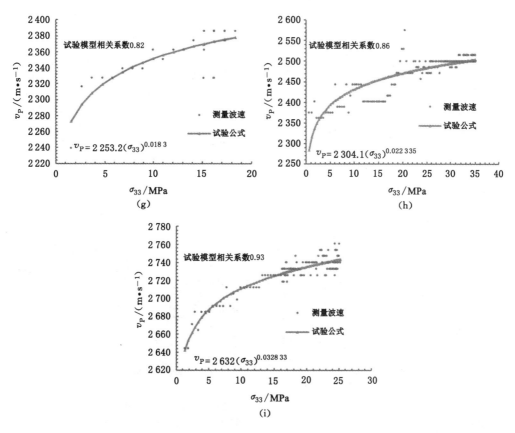

续图 5-8　单轴压缩条件下应力与试验关系模型得到纵波波速之间的关系
（a）NY3；（b）XZY3；（c）BY3；（d）XY3；（e）GY3；（f）SY3；（g）XZM3；（h）GM3；（i）SM3

（2）单轴循环加卸载全过程试验结果

单轴循环加卸载试验中，在载荷增加阶段，煤岩试样由于应力的增加，一些裂隙和孔隙随之闭合，同时煤岩试样中颗粒间的缝隙也由于应力的作用而更加紧密。在这种条件下，纵波波速会随应力的增加而增加。在煤岩试样未破坏前，载荷达到最大抗压强度的 60％～70％ 时，进行卸载循环。除 GY2 和 GM2 由于循环载荷选择较大而导致循环失败，图 5-9 显示其他煤岩样的实测纵波波速都随应力的降低而降低，并与加载阶段曲线对称。应力值较高时，波速下降较慢，而随应力的不断降低，波速下降速度越来越快。两次循环内，波速变化类似，在轴向应力回到循环的波峰和波谷阶段时，相应的纵波波速也变化到其相应的波峰与波谷位置上；并且两次循环内纵波波速的波峰与波谷值相同。这说明在循环过程中，应力造成的闭合孔隙和裂隙又重新张开，颗粒之间紧密接触状态也得到一定的缓解，而循环载荷对其张开与闭合的恢复并没有造成太大的影响。另外，虽然煤岩样在初始加载阶段时，纵波波速的变化对应力的增加比较敏感。但是，在卸载阶段煤岩样分别回到波谷 5 MPa 和 2.5 MPa 的位置时，实测波速比循环刚开始时对应应力位置上的纵波波速要明显大一些，如 BY2、XY2、SY2、SM2 四个试样。分析认为煤岩试样受自然和人工制作条件的影响，孔隙率大小和裂隙发育程度各不相同，这其中有些裂隙和孔隙在压密阶段即发生闭合，而在应力降低后无法再张开，导致之后的循环在相同应力值上的纵波波速值大于第一个加载循环刚开始时。

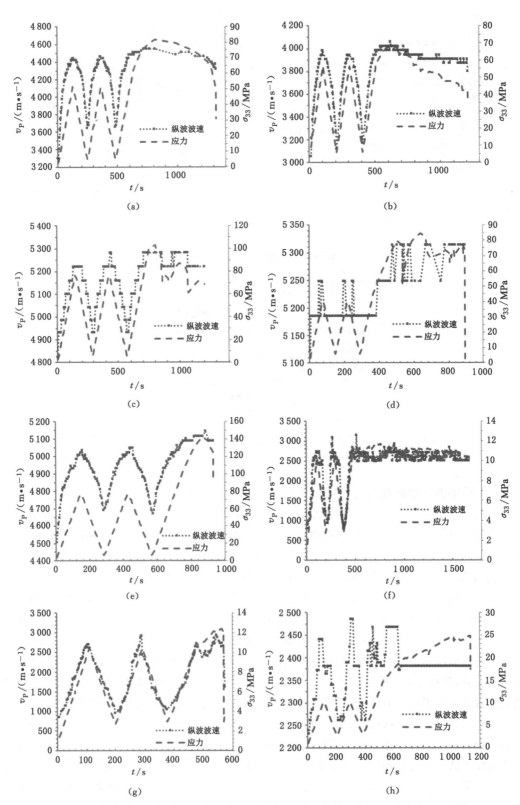

图 5-9　单轴循环加卸载下应力变化曲线与纵波波速的对应关系及试样破坏后图像

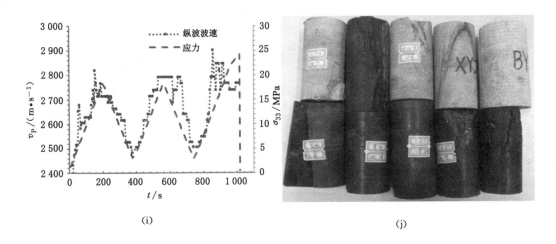

(i)　　　　　　　　　　　　　　　　　　(j)

续图 5-9　单轴循环加卸载下应力变化曲线与纵波波速的对应关系及试样破坏后图像

(a) BY2；(b) XZY2；(c) XY2；(d) GY2；(e) SY2；(f) BM2；(g) XM2；(h) XZM2；(i) SM2；(j) 破坏后图像

卸载试验表明，随着应力的降低，波速也会降低。与加载相对应，卸载也是在高应力变化时波速变化慢，而在低应力时波速变化快。

单轴循环加卸载条件下，采用式(6-2)对 9 个煤岩样的循环载荷与实测纵波波速之间进行拟合分析。图 5-10 把时间作为横轴，从而清楚地表达出载荷循环的这种特征。

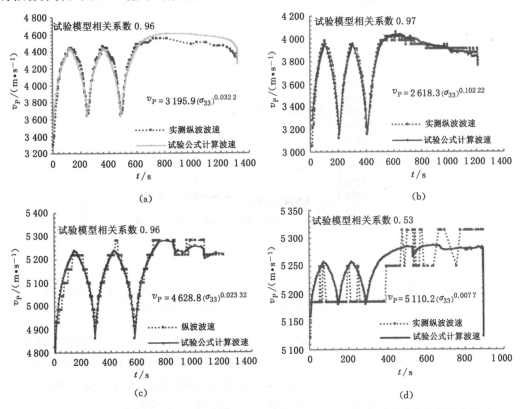

图 5-10　单轴循环加卸载下由试验关系模型得到的纵波波速与实测波速的相关性曲线

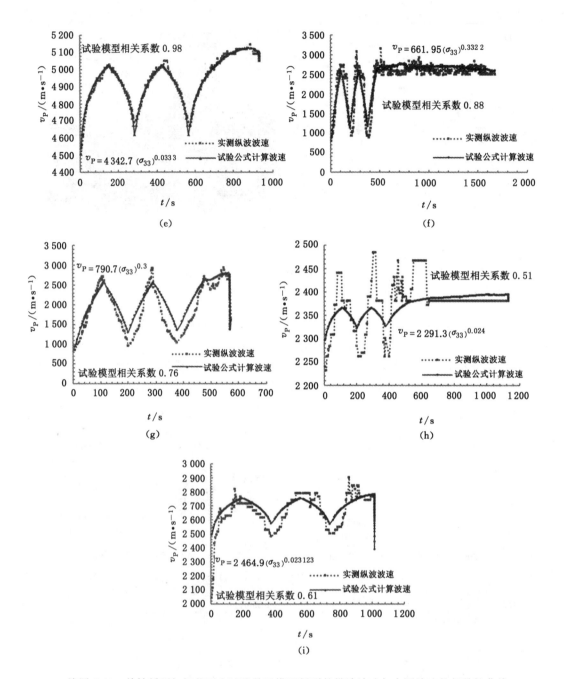

续图 5-10　单轴循环加卸载下由试验关系模型得到的纵波波速与实测波速的相关性曲线
(a) BY2；(b) XZY2；(c) XY2；(d) GY2；(e) SY2；(f) BM2；(g) XM2；(h) XZM2；(i) SM2

除 GY2 外，图 5-10 中的其他煤岩样都很好的体现了纵波波速与应力变化的循环关系。拟合的试验关系模型都具有较高的拟合度，显示轴向应力与纵波波速具有幂函数关系。试样未受载荷影响下的纵波波速值，应完全由试样本身的性质决定，与施加的载荷无关。而 ψ 值则同样描述了波速变化的梯度大小，ψ 值越大，纵波波速受载荷的影响越大，波速值上升的也越快,体现的是试样纵波波速变化对载荷的敏感程度。

综合测量和拟合结果,见表5-3。发现忻州窑矿试样波速变化量最大,所以ψ值也最大,而且两次单轴实验测得的值也比较接近。不仅是忻州窑的试样,对两次都能测得纵波波速值的试样进行对比分析发现:虽然实验加载方式不同,但都为单轴实验,测得的波速变化量都比较接近,值也比较接近,该值应由试样的固有属性决定。

表 5-3　　　　　　　　　单轴实验下纵波波速变化量与 ψ 值关系

单轴循环加卸载			单轴压缩		
试样	纵波波速变化量/(m·s^{-1})	ψ	试样	纵波波速变化量/(m·s^{-1})	ψ
XZY2	1 426.6	0.102 23	XZY3	1 322.3	0.126 4
BY2	1 269.9	0.083 2	BY3	1 270.5	0.099 2
SM2	894.7	0.038	SM3	116.8	0.012 838
SY2	638.9	0.033 5	SY3	836.5	0.044 4
XY2	457.4	0.028 52	XY3	668.1	0.05
XZM2	260.7	0.014	XZM3	146.7	0.018 5
GY2	258.2	0.007 7	GY3	304.5	0.004 2

以上结果说明:

(1) 单轴条件下,煤岩试样在弹性阶段纵波波速变化梯度大,塑性阶段波速变化趋于平缓的特征表明应力与纵波波速间具有幂函数关系,据此根据不同方案下的纵波测量结果建立了单轴条件下的应力与纵波波速的耦合关系试验关系模型。与实测值的相关系数计算结果表明,模型具有较高的拟合度,能够描述应力与波速的变化关系,并服务于现场层析成像冲击危险性计算。

(2) 卸载试验表明:随着应力的降低,波速也会降低,说明闭合的孔隙和裂隙又重新张开,颗粒之间的压实程度减弱;并且与加载相对应,卸载也是在高应力变化时波速变化慢,而在低应力时波速变化快。另外,试样对对载荷循环过程具有一定的记忆作用,之后循环的开始纵波波速值都要大于第一个循环开始时的波速值,这主要是因为部分裂隙和孔隙在压密阶段即发生永久闭合,而在应力降低后无法再张开造成的。

第三节　震动波法评价采矿矿压问题的模型

一、判别冲击矿压危险

1. 波速异常确定冲击危险

冲击矿压预测预报的基础是确定煤层中的应力状态和应力集中程度。由试验结果知,应力高且集中程度大的区域,相对其他区域将出现纵波波速的正异常,表5-4为波速的正异常变化与应力集中程度之间的关系,其异常值由式(5-14)计算得到:

$$A_n = \frac{v_P - v_P^a}{v_P^a} \tag{5-14}$$

式中:v_P 为反演区域一点的纵波波速值;v_P^a 为模型波速的平均值。

表 5-4 波速正异常变化与应力集中程度关系表

冲击危险指标	应力集中特征	震动正异常/%	应力集中概率
0	无	<5	<0.2
1	弱	5~15	0.2~0.6
2	中等	15~25	0.6~1.4
3	强	>25	>1.4

开采过程中必然会使顶底板岩层产生裂隙及弱化带,而岩体弱化及破裂程度与纵波波速的大小相关,因此通过纵波波速的负异常可以判断反演区域的开采卸压弱化程度。

表 5-5 波速负异常变化与弱化程度之间的关系表

弱化程度	弱化特征	震动负异常/%	应力降低概率
0	无	0~-7.5	<0.25
-1	弱	-7.5~-15	0.2~0.55
-2	中等	-15~-25	0.55~0.8
-3	强	<-25	>0.8

2. 波速值结合梯度变化确定冲击危险

岩层破裂需要应力及变形的空间条件,如图 5-11 所示。工作面开采后所形成的采空区导致上覆岩层重量加载到其临近的支撑区域 C,形成一侧应力降低区与一侧高应力集中区,在没有额外力的作用下,两者的存在总是相辅相成的。由纵波波速与应力之间的试验关系模型知,裂隙带区域 A 对应一个低波速区,而在应力集中区域则对应高波速区,在这两个区域之间是从高波速向低波速过渡的一个区域,即波速变化梯度较大的区域 B。已有的研究表明,强矿震不仅发生在高波速区域,也发生在波速梯度变化明显的区域。所以,梯度变化较大的区域也是冲击危险的区域。由矿压理论知,工作面回采后在底板也形成类似的应力分布特征,并与煤层上方顶板岩层具有近似对称性,所以底板的层析成像结果同样可用于分析冲击危险。

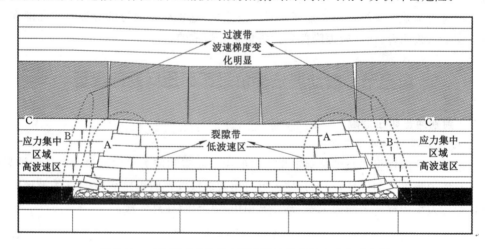

图 5-11 工作面开采后的上覆岩层结构及波速分布示意图

为利用波速变化的梯度值预测预报冲击危险,需要构造网格节点上的波速梯度计算公式,如图 5-12 所示,网格间距为 d,构建了 (i,j) 的 8 点梯度计算式(5-15),从安全考虑,式中取 8 个点中的梯度最大值,由于低波速区危险较小,为不影响危险性判断,对局部最小值上的梯度取为 0。

$$\mathrm{Grad}(i,j) = \max\Big(\frac{V(i,j)-V(i-1,j-1)}{\sqrt{2}\,d}, \frac{V(i,j)-V(i-1,j+1)}{\sqrt{2}\,d},$$

$$\frac{V(i,j)-V(i+1,j+1)}{\sqrt{2}\,d}, \frac{V(i,j)-V(i+1,j-1)}{\sqrt{2}\,d}, \frac{V(i,j)-V(i-1,j)}{d},$$

$$\frac{V(i,j)-V(i+1,j)}{d}, \Big(\frac{V(i,j)-V(i,j-1)}{d}, \frac{V(i,j)-V(i,j+1)}{d}, 0\Big)\Big)$$

$$(5\text{-}15)$$

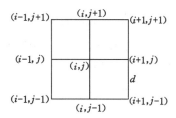

图 5-12　波速梯度计算的 8 点公式

因破裂还与应力大小有关,所以评价危险时,式(5-15)还应乘以 (i,j) 点上的纵波波速值,得:

$$\mathrm{VG}(i,j) = V(i,f)\mathrm{Grad}(i,j) \tag{5-16}$$

对 VG 值的异常变化,采用类似式(5-14)来描述冲击危险性,则:

$$A_{\mathrm{n}} = \frac{\mathrm{VG}-\mathrm{VG}^{a}}{\mathrm{VG}^{a}} \tag{5-17}$$

式中:VG^{a} 为模型中构建的 VG 的平均值。

由 VG 异常计算得到的 A_{n} 对应的冲击危险性见表 5-6,当 $A_{\mathrm{n}}<0$ 时,异常变化不明显,认为无危险特征,对应异常值程度 0。

表 5-6　　　　　　　　　　　**VG 异常变化与冲击危险之间的关系**

冲击危险指标	异常对应的危险性特征	VG 异常 A_{n}/%
0	无	<5
1	弱	5～15
2	中等	15～25
3	强	>25

二、确定卸压爆破有效性

卸压爆破的作用与开采解放层进行卸压的作用相类似。卸压爆破产生的震动,使煤层产生裂隙,弱化煤岩体的结构,这样,就使得震动波的波速降低,振幅的阻尼增加。因此,可以采用震动波法评价卸压爆破的卸压效果。采深 500～900 m 时,波速的异常变化与卸压爆破效果之间的关系见表5-7。

表 5-7   波速的异常变化与卸压爆破效果之间的关系

卸压程度	卸压效果特征	P波震动异常 Ar/%
0	无	<-10.0
1	弱	$-10.0\sim-25.0$
2	中等	$-25.0\sim-35.0$
3	强	>-35.0

三、确定煤层注水效果

试验及现场应用表明,增加煤的湿度,将会降低煤层聚积弹性能的能力,煤的冲击倾向性将会降低。在煤层中注水,不仅会增加煤层的湿度,也会使微裂隙增加。这样将会改变煤层中不同方向震动波的波速,特别是纵波的波速。

注水前后,震动波波速的异常变化可用下式表示:

对于 P 波

$$v_P^* / v_P = \sqrt{\frac{(1-\mu^*)(1+\mu)K^*}{(1+\mu^*)(1-\mu)K}} \tag{5-18}$$

对于 S 波

$$v_S^* / v_S = \sqrt{\frac{(1-2\mu^*)(1+\mu)K^*}{(1+\mu^*)(1-2\mu)K}} \tag{5-19}$$

式中:v_P,v_S 分别为纵波和横波的波速;μ 为泊松比;K 为体积压缩模量;$*$ 为注水后测量的参数。

上述两种波速的异常现象仅与煤体的泊松比有关,即在小裂隙的煤层中注水后湿度增加,$F(\mu)$ 与泊松比的变化成正比。

$$F(\mu) = \frac{(v_P^* / v_P)}{(v_S^* / v_S)} = \sqrt{\frac{(1-2\mu)(1-\mu^*)}{(1-2\mu^*)(1-\mu)}} \tag{5-20}$$

而注水后,裂隙的变化,可用横波的变化来表示,即:

$$G(\varepsilon) = \frac{v_S^*}{v_S} \tag{5-21}$$

式中:ε 为裂隙的密度。

分析上述 $F(\mu)$ 和 $G(\varepsilon)$ 二者之间的关系,就可以评价煤层注水的效果,见图 5-13 和表 5-8。

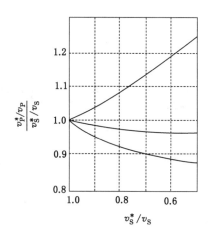

图 5-13 煤层注水效果与纵横波异常之间的关系

表 5-8 煤层注水效果评价表

有效程度	注水效果特征	参数值(图 5-13)	有效程度	注水效果特征	参数值(图 5-13)
0	无	<0.3	2	中等	0.6~0.9
1	弱	0.3~0.6	3	强	>0.9

知识巩固及拓展习题

1. 简述震动波探测的物理基础。

2. 简述煤岩样受载与纵波波速耦合规律。

3. 论述震动波异常与煤岩应力状态的对应关系。

第六章　震动波层析成像反演技术原理与应用

煤矿矿压问题与煤岩体应力条件息息相关,需要一种可高分辨率和大范围准确获得采掘区域应力分布的技术手段。层析成像(CT)被认为是"在减少观测数据的情况下推导获得物质世界的有用信息的一种有组织的数学技术",它是利用震动波传过煤岩体到达传感器后形成的多组射线来大范围、高分辨率反演某参量的分布情况。实验室研究发现,在单轴及循环载荷条件下,纵波(P 波)波速与应力间存在正相关关系,而冲击矿压或强矿震本质上是煤岩体在应力作用下的表现,所以通过 CT 方法反演纵波波速可大范围得到煤岩体内的应力分布特征,进而实现高分辨率、大范围监测和预警冲击矿压或强矿震危险分布。

第一节　震动波探测技术方法

震动波探测技术根据震源的不同可分为主动与被动 CT 技术两种,如图 6-1 所示。主动 CT 技术的优点在于震源位置是已知的,并可以人工优化选择;被动 CT 利用的震源是采矿过程中产生的矿震,而矿震的发生与地质和开采技术条件有很大关系,其数量、能量和发生位置具有一定的不确定性。所以,对于大多数感兴趣的区域,采用主动 CT 技术,在可安放激发源和台站位置的约束下,布置一定数量的台站,通过人工炸药或锤击的方式激发震动波穿过研究区域。通常主动 CT 测试中,探头布置密集,形成的射线覆盖密度较大,且震源位置和发震时刻已知,有利于对局部区域的精细、准确冲击危险探测。

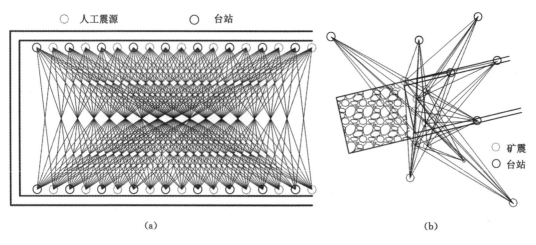

图 6-1　主动与被动 CT 技术

(a) 主动;(b) 被动

一、主动 CT 探测

（1）巷道中剖面法

巷道中的震动波剖面法主要是测量巷道沿剖面线的震动波参数（主要是速度）。测量时，在剖面线上安装震动波的激发点和接收点，以便激发震动波和接收震动波，称为纵向剖面，如图 6-2 所示。

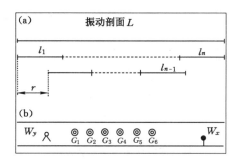

图 6-2 巷道震动波剖面示意图

L——震动波剖面长度；$l_1,\cdots,l_n$——测量单位长度；r——剖面步距；W——激发点；G——接收点

（a）剖面几何布置；（b）激发点与接收点示意图

长度为 L 的剖面由几个或十几个基本测量单位长度 l 构成，每一段完成所有的测量过程，即激发、接收和记录。结束了本次测量循环后，将其位移 γ，称为剖面步距，在保持几何不变的情况下进行下一次测量。

（2）巷道间透视法

采矿巷道中的剖面法技术只获得沿剖面线的一维震动波剖面分布，而且只考虑测量段的地质采矿条件。为了消除这些缺陷，一般采用透视法，它可以测量煤层平面，通常由两条平行的巷道切割的部分。其中之一为激发，另一个为接收，如图 6-3 所示。

（3）钻孔中剖面法

钻孔中的震动波剖面技术与巷道中的震动波剖面技术类似，只是用钻孔代替了巷道，但由于钻孔尺寸有限，故测量比较困难。因此，这种方法主要用来解决特殊的问题，如确定消除邻近煤层的停采线煤柱造成的应力集中影响等，如图 6-4 所示。

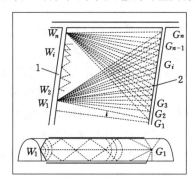

图 6-3 巷道间的震动波透视法示意图

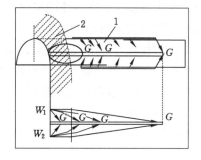

图 6-4 钻孔中的震动波剖面法布置示意图

测量时，钻孔中布置接收探头，并按一定的距离移动探头。每次测量时，在钻孔进行激

发,记录震动波在钻孔中传播的特征。

（4）钻孔间透视法

这种方法是用来测试两个或多个钻孔之间岩体的应力应变变化规律。常用的是相互平行的两个钻孔,其中一个安设激发点,另一个安设接收探头。钻孔之间的间距一般为 10～20 m,在激发能量较高的情况下,钻孔之间的距离可达 50 m,如图 6-5 所示。

主动 CT 探测方法类型的选择主要是根据具体的采矿地质条件和所要解决的问题而定。通过多年的研究和生产实际中使用的效果,对于不同的问题,可选用较优化的震动波方法,见表 6-1。

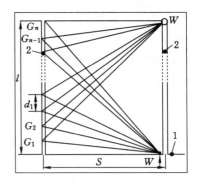

图 6-5　钻孔之间的震动波透视法示意图

表 6-1　　　　　　　　　　　　解决问题所用的震动波方法

问题种类	震动波方法
确定停采边界及相临煤层的残留区范围内应力异常情况	巷道剖面法、巷道透视法
确定与开采工作面有关的应力异常参数	巷道剖面法、巷道透视法、钻孔剖面法
确定与煤巷有关的应力异常参数	钻孔剖面法、钻孔透视法
确定与煤层采空区边界有关的应力异常参数	巷道剖面法、巷道透视法
确定与断层区域有关的应力异常参数	巷道剖面法、钻孔剖面法、巷道透视法
顶板冲击矿压危险区域的定位与参数确定	巷道透视法、巷道剖面法、钻孔透视法
确定开采卸压层的卸压参数	巷道剖面法、巷道透视法
爆破震动卸压参数的确定	钻孔透视法、巷道透视法、钻孔剖面法
确定煤层注水区域的参数	巷道透视法、钻孔透视法、钻孔剖面法
确定煤层的冲击倾向及评价岩层的物理力学参数	钻孔剖面法、巷道剖面法、巷道透视法

主动 CT 技术的弊端是必须人工激发震源和携带仪器下井,所以劳动量大、费时,不利于对危险区域进行长期研究。

二、被动 CT 探测

由于开采诱发的矿震事件能够激发震动波,在传播过程中携带了煤岩体内的大量信息,故也可用于震动波被动 CT 反演,为实现大范围冲击危险预警提供了可能。

该方法的优点为不用人工激发震源,而且通常矿震事件的能量要比人工炸药高很多,震动波传播距离较远,所以探头可放在距离监测区域较远的位置,从而扩大了研究区域范围。

另外,由于采矿活动一直在进行,而矿震又一直伴随发生,所以利用矿震产生的震动波进行层析成像反演是长期和可行的。但是,震源的位置是未知量,必须通过各台站的震动波到时进行计算,导致计算的震源位置与实际位置相比会有一定的偏差,对层析成像结果有一定影响。

一般情况下,矿震都集中在当前开采的区域,所以只要在生产区域周围,尤其是具有冲击危险的区域布设一定数量的台站,就能够形成较好的射线覆盖范围,增加反演结果的可靠性。

第二节　震动波层析成像反演原理与计算

一、震动波主、被动层析成像原理

利用震动波走时曲线的层析成像就是要找到一个速度模型,使得计算的理论震动波到时与实际标记到时相符。震动波理论到时可用如下方程描述:

$$t_i = \int_{\Gamma_i} \frac{1}{V(x,y,z)} \mathrm{d}\vec{x} + t_0 = \int_{\Gamma_i} S(x,y,z) \mathrm{d}\vec{x} + t_0 \qquad (6\text{-}1)$$

式中:$V(x,y,z)$ 为速度分布;t_i 为理论计算震动波时刻;t_0 为震源的发震时刻;Γ_i 为传播射线;$S(x,y,z)$ 等于 $1/V(x,y,z)$,为点 (x,y,z) 上的慢度值。

主动层析成像中,射线路径的起点和发震时刻 已知,由设备测定的触发信号确定。被动层析成像中射线路径的起点和发震时刻都是未知的,即震源位置是未知数,对一新安装微震监测系统的煤矿,需根据常值速度模型估计震源位置,并作为模型输入的初始值。当速度模型改变时,还要利用定位程序重新进行震源位置的计算,并修改传播射线的起点位置。

式(6-1)为震动波 CT 模型的连续形式。为了得到模型参数的离散近似解,可对一系列基本方程进行离散化,并得到下面的线性方程:

$$\boldsymbol{GS} + \boldsymbol{T}^0 = \boldsymbol{d} \qquad (6\text{-}2)$$

式中:$\boldsymbol{d}$ 表示长度为 m 的计算到时向量;$\boldsymbol{S}$ 表示长度为 n 的模型参数向量,即慢度;$\boldsymbol{T}^0$ 为长度为 m 的发震时刻向量;$\boldsymbol{G}$ 表示为 $m \times n$ 的敏感矩阵,其元素 $\boldsymbol{G}_{i,j}$ 由经过模型第 j 个单元的第 i 条射线决定。通常情况下,这一系列方程组是欠定方程组,即实际上 $\mathrm{rank}(G) < n$。

然而,对于一个欠定的问题,人们通常尝试得到最小范数的最小二乘解,即向量 $\boldsymbol{S}$ 沿 $\|\boldsymbol{S}\|$ 方向最小化 $\|\boldsymbol{GS} + \boldsymbol{T}^0 - \boldsymbol{d}\|$,式中 $\|\cdots\|$ 为欧几里德范数。在最小化 $\|\boldsymbol{GS} + \boldsymbol{T}^0 - \boldsymbol{d}\|$ 的条件下,通过求解正规方程 $\boldsymbol{G}^\mathrm{T}\boldsymbol{GS} + \boldsymbol{G}^\mathrm{T}\boldsymbol{T}^0 = \boldsymbol{G}^\mathrm{T}\boldsymbol{d}$ 得到最小二乘解,式中 $\boldsymbol{G}^\mathrm{T}$ 为 $\boldsymbol{G}$ 的转置。但是,如果 $\boldsymbol{G}^\mathrm{T}\boldsymbol{G}$ 是奇异的或近似奇异的,数据 $\boldsymbol{d}$ 中的误差将会显著影响模型参数 $\boldsymbol{S}$ 的估计,观测数据本身不能完全求解模型。因此,反演得到的解是不稳定的。为了得到稳定的解,一些调整是必须的。对于阻尼最小二乘(DSL)问题,方程可调整为:

$$\begin{bmatrix} \boldsymbol{G} \\ \varepsilon\boldsymbol{I} \end{bmatrix} \boldsymbol{S} + \begin{bmatrix} \boldsymbol{T}^0 \\ 0 \end{bmatrix} = \begin{bmatrix} \boldsymbol{d} \\ 0 \end{bmatrix} \qquad (6\text{-}3)$$

式中:ε 为小的正标量。

建立的最小二乘解的方程形式为:

$$(\boldsymbol{G}^\mathrm{T}\boldsymbol{G} + \varepsilon^2\boldsymbol{I})\boldsymbol{S} = \boldsymbol{G}^\mathrm{T}(\boldsymbol{d} - \boldsymbol{T}^0) \qquad (6\text{-}4)$$

二、震动波层析成像反演求解算法

为求解大规模线性方程组问题,通常采用迭代反演算法,其中最有效的为 SIRT(联合迭代重建技术)算法。SIRT 算法不需要解初始反演问题,转而求解最小二乘问题,见式(6-4)。

如图 6-6 所示,计算是基于一个三维的直线网格节点,具有中间的体积元或象元。每个节点上指定一个速度值。每个象元上的速度值可由其周围的 8 个节点的速度值线性内插得到,公式如下:

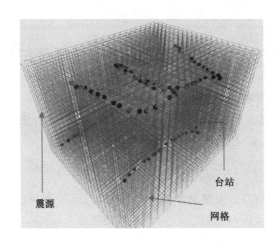

图 6-6　三维网格模型示意图

$$\boldsymbol{V}(x,y,z) = \sum_{i=1}^{2} \sum_{j=1}^{2} \sum_{k=1}^{2} \boldsymbol{V}(x_{i,j,k},y_{i,j,k},z_{i,j,k}) \left[\left(1 - \left| \frac{x - x_{i,j,k}}{x_{2,1,1} - x_{1,1,1}} \right| \right) \right.$$

$$\left. \left(1 - \left| \frac{y - y_{i,j,k}}{y_{2,1,1} - y_{1,1,1}} \right| \right) \left(1 - \left| \frac{z - z_{i,j,k}}{z_{2,1,1} - z_{1,1,1}} \right| \right) \right] \tag{6-5}$$

SIRT 通过三个步骤的循环修改一个任意初始化的速度模型:模型走时的前向计算;残差的计算;速度校正方法的应用。循环过程要重复迭代直到满足程序结束标准的一个。

前向计算实现方式有多种,从比较快和近似的到准确的,再到比较费时的,等等。直线近似方式的选择能够满足模型走时的快速计算,但是有效性会随着速度差异的增大而降低。曲线计算则需要更多的计算量,对于波速差异较大时更准确。

对图 6-7 中的模型,震动波到时计算就是沿射线路径的积分,对于某个震源的射线 $i(i=1,\cdots,N,N$ 为台站的数目),震动波到时方程为:

$$t_i = \sum_{j=1}^{M} p_j G_{ij} + t^0 \tag{6-6}$$

式中:G_{ij} 为射线 i 在象元 j 中传播的距离;M 为象元的个数;p_j 为在象元 j 中射线段的平均慢度;t^0 为发震时刻。

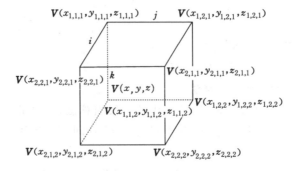

图 6-7　8 象元的速度插值示意图

每条射线上的震动波理论到时与标记到时残差 Δt_i 用于计算增量校正因子,增量校正因子在用于象元之前,在每条射线上不断的积累,对于一条特别的射线,应用于路径上象元的慢度增量校正因子 Δp_{ij} 正比于到时残差 Δt_i 和路径片段长度 G_{ij}:

$$\Delta p_{ij} = \frac{\Delta t_i G_{ij}}{N_p \sum_{k=1}^{M} (G_{ik})^2} \tag{6-7}$$

式中:N_p 为经过象元的射线个数。

相加慢度增量校正因子得到每个象元上的累积校正因子:

$$\Delta p_j = \sum_{i=1}^{N} \Delta p_{ij} \tag{6-8}$$

每个节点上的校正因子则通过平均包含该节点的所有象元得到。

三、射线追踪方法

为进行前向计算获得震动波的理论到时,就需要确定相应的射线追踪方式,当研究区域内介质比较均匀时,震动波波速变化 15% 左右,忽略在边界发生的折射、散射等传播现象,震动波可近似地看作沿直线传播。而当研究区域内存在较大异常体时或异常体的体积相对研究区域范围较大时,震动波在异常体之间的传播变化较大,其在地层中传播的射线弯曲现象必须加以考虑。应用的射线追踪方法包括近似平直射线算法、射线弯曲算法、最短路径算法和两者的混合算法。

(1)射线弯曲算法

射线弯曲算法是基于对初始连接震源和台站直线射线路径的迭代分解,并不断地增加非共线的直线连接段的数量。每个迭代过程都包括分解阶段和调整阶段。对初始迭代过程,构建一从震源到台站的平直射线,然后计算中间点,分解初始路径为两个分段。计算中间点的速度梯度,并根据局部梯度来放置中间点。然后计算新的中间点的梯度,并重新调整中间点的位置。在进入下一个循环前,调整阶段要循环一次或多次。

在第二个循环中,对第一个循环过程中产生的每一个平直线段采用以上同样的过程。调整阶段在分解阶段之后。在接下来的迭代过程中都同样采用同样的处理方式,得到更加光滑的曲线。在每个循环过程中,计算沿该路径传播所花费的时间,当获得一稳定的最小值后,迭代过程即可终止。图 6-8 描述了一个随深度增加、波速线性增加的速度模型。迭代调整过程逐渐的逼近到一条圆弧,并具有均匀的速度梯度。5 次迭代过程产生的传播射线将包括 32 条线段,沿这条曲线传播的时间通常是准确的。

(2)用时最短路径算法

用时最短路径方法就是沿网格节点的直线段计算用时最少的路径。对每一个震源点,该算法决定了到达所有其他网格节点的首次到达路径,从而形成最小生成树。树干为震源点,树枝则延伸到所有可能的台站位置。

最短路径方法的有效应用可定性的说明与惠更斯原理的关系,因为计算总是沿着一个扩展的波前来进行。从震源节点,计算沿直线段到每一个直接相邻节点的传播时间。这些节点与惠更斯方法中的波前点是类似的,都可以作为新的波源向外传播。与惠更斯原理相比,最短路径方法中的"波前点"位置是已经预先定义好的网格节点位置。这个计算过程将一直持续到波前传播完整个网络。换句话说,该算法就是计算从一个震源点到其他每个网格节点的首次到达时间。

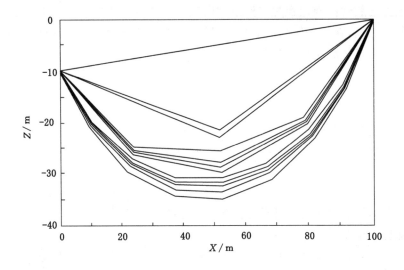

图 6-8　射线弯曲算法示意图

图 6-9 描述了使用最短路径方法计算的一系列射线路径,其中震源位于左方,一列台站位于图的右方。与图 6-8 相同,模型在垂直方向具有均匀的速度梯度,即波速随着深度的增加而线性增加。该网格具有 121 个节点,即 11×11。计算的路径是相当粗糙的,而在完全均匀模型中,应近似为一圆弧曲线,见图 6-8。

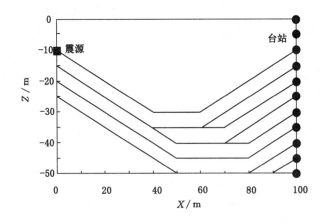

图 6-9　用时最短路径算法示意图

（3）混合算法

　　射线追踪算法的多样性为对运算速度和精确度的不同要求提供了选择的范围。平直射线算法的速度是最快的,但通常也是最不精确的。射线弯曲算法仍比较快,但比起平直射线算法更为准确。最短路径算法花费的时间更长。然而,对于射线弯曲算法,迭代过程可能会收敛到一个局部最小值,而不是全局用时最短的路径。换句话说,计算结果可能是一条合理的射线路径,但不是首次到达的路径。

　　图 6-10 描述了一个速度随深度按正弦变化的模型,形成了高波速和低波速水平分层交

互出现的情况。图中曲线为震源到达台站的首次到达射线路径,模型中速度随深度呈正弦变化。图中显示了从一个震源到一列台站的射线路径,这些路径表明射线总是强烈的倾向于沿高波速层行走,而在低速层中都具有相对较陡的角度以尽可能减少传播时间。然而,也存在一些不确定性使得射线从一个高速层中向另一个高速层中跳跃。在一些例子中,射线传播高于台站的位置,然后再回落。这些都是局部最小解,或者是首次到达射线之后的那条射线路径。

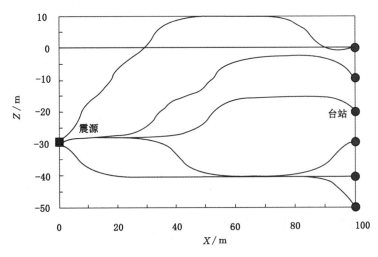

图 6-10　利用射线弯曲法进行射线追踪示意图

利用最小生成树算法对同样的速度模型进行计算,如图 6-11 所示,射线路径同样表现出了沿高波速层传播的倾向。这些路径都是首次到达路径,也是用时最短的射线路径。它们是对用时最短路径的一个初始的最好的估计,再通过射线弯曲算法进行迭代计算可进一步的进行改进。经过混合算法改进后的结果见图 6-12。从图中可以看出,这些射线路径沿合适的高速层的传播结果更精确,曲线更光滑以得到全局用时最短路径。

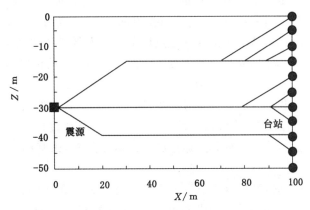

图 6-11　利用用时最短路径法进行射线追踪图
震源到达台站的首次到达射线路径(模型中速度随深度呈正弦变化)

混合算法包括了用时最短路径算法和射线弯曲算法,因此也是用时代价最高的算法,但它却是目前方法可行、计算结果最精确的算法。

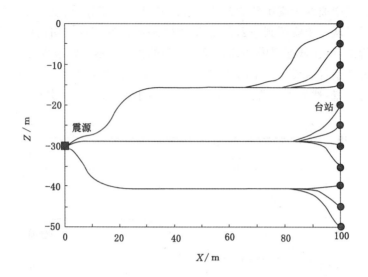

图 6-12　利用混合算法进行射线追踪图

(曲线为震源到达台站的首次到达射线路径,模型中速度随深度呈正弦变化)

四、震动波层析成像反演准确性评价

　　主动 CT 中台站和震源的位置都是精确已知的,其输入数据中能够影响计算的主要是到时标记结果的准确性和台站、震源点的布置情况。如图 6-1(a)所示,为保证研究区域内反演结果的可靠性,就需要保证该区域周围有足够的台站和震源点,使得穿过的射线数量集中在重点研究的区域。而由于主动层析成像所使用的仪器探头数量较多,这一点很容易实现,所以通常选择人工布设的方式就能够满足研究的需要。对于矿震震动波被动 CT,由于矿震震源位置未知,需要定义一个常波速模型进行震源位置的求解,以提供尽可能精确的初始解。该初始解越接近实际位置,对层析成像模型的求解就越有利。为保证震源位置求解的准确性,就需要考虑影响定位精度的多种因素。对台网布置要进行优化,多见于图 6-1(b)的情况,从而保证台站包围研究区域,并形成足够的密度,这一点与保证研究区域内有足够的射线穿过是一致的。所以,从定位上保证重点区域内震源计算结果的准确性就可以保证研究区域内有足够的射线穿过,而且通常重点区域都是震动频发的位置,相对其他区域应具有最高的射线覆盖密度,其计算结果准确性也应高于其他区域。

　　如图 6-6 所示,模型中并不是所有的网格都有射线穿过。只有射线经过的网格,其上的波速才会根据式(6-8)进行校正,若象元上无射线通过,则在迭代过程中,该象元上的波速值会保持不变。通常情况下,若一个象元上通过的射线数量越多,则其约束性越强,反演得到结果就越可信。

　　在进行层析成像求解时,都要求重点区域内有较高的射线覆盖密度,较高的密度能起到较强的约束作用,从而提高求解结果的准确度,但是由于模型的不同,尤其对于被动 CT 模型,与台站和震源位置都有很大关系,所以很难确定一个固定的值用来说明结果的可靠性。但可以确定的是,对于模型内部来说,其网格上穿过的射线越多,则其结果相比其它区域就越精确。对图 6-6 中模型 -500 m 水平的 $X—Y$ 平面上的网格上穿过的射线数量进行统计,结果见图6-13。

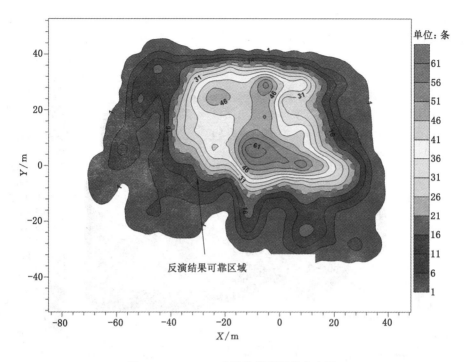

图 6-13　－500 m 水平的射线覆盖密度图

除射线覆盖密度的方法可判断层析结果的可靠性外,另一种有效的方法虽然比较费时,但是可以给出评价的具体数值。一个好的系统应具有较强的鲁棒性,即对误差有很强的免疫能力。即使输入数据中出现误差,也不会对计算结果产生较大的影响,一方面这与射线穿过体元的数量有关,另一方面也受震源与台站位置的影响。为综合两方面因素的作用,采用统计学方法对测量得到的每条走时射线增加一定的随机误差,该误差满足高斯分布。式(6-6)可修改为:

$$t_i + \xi_i = \sum_{j=1}^{M} p_j G_{ij} + t^0 \tag{6-9}$$

式中:ξ_i 满足 $N(0,\sigma)$ 分布特征。

根据以上算法,针对增加的不同的随机误差,可计算得到不同的波速反演结果,与未增加随机误差得到的解相减可获得每个象元上的波速偏离值,即:

$$V_{\text{dev}j} = \left| \frac{1}{p_{j0}} - \frac{1}{p_{jk}} \right| \tag{6-10}$$

式中:p_{j0} 为未增加随机误差的慢度值;p_{jk} 为第 k 次试验下增加随机误差后计算得到的慢度值。

假设实验的次数足够多,满足大样本条件,那么得到的波速偏离值的平均值就可以作为该体元上波速偏离的期望值,该值体现了系统对误差的抵抗能力,所得值越大,抵抗能力越小,一个小的误差就可能对反演结果造成很大的影响,其结果也相对不可信。当取实验次数1 000 次,到时读入误差方差为 4 ms 时,利用式(6-9)与式(6-10)对图 6-6 模型的－500 m 水平进行了误差估计,得到如图 6-14 所示的误差等值线图。图中虚线包围的区域是图 6-13中射线覆盖密度较大的区域,其上的波速偏离期望值低于射线覆盖边界和红色虚线之间的区域,从而验证了区域内穿过的射线数量越多,反演结果越可靠的结论。当然如果穿过的射线到时读入误差很大,也会降低反演结果的可信度。

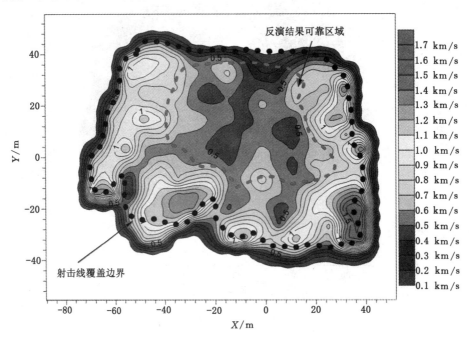

图 6-14　对图 6-13 模型计算得到的 −500 m 水平(X—Y 平面)上的波速偏离期望值

对于式(6-10)需要注意的是,离射线覆盖较远的区域,波速保持不变,计算的波速偏离期望值为零,从而存在假象,图 6-14 中的白色区域就是这样一种结果,由于插值的作用,在图像的周边区域同时形成了一圈变化梯度较大的过渡区域。实际结果应是在射线覆盖边界线(黑色虚线)以外的象元内没有射线通过,从而无法改变其上的波速初始值。

第三节　典型案例

一、震动波主动 CT 探测实例

为验证纵波波速判断冲击危险的有效性,利用主动 CT 技术对济宁三号井 163下02C 孤岛工作面开采前进行了 CT 现场实验。

该面位于十六采区中部,地面标高 +33.11 +33.68 m,平均 +33.68 m,工作面面长 135.5 m,推进长度 742.4 m。工作面隔离煤柱均为 3.0 m,163下02C 工作面井下标高 −652.4～−632.2 m,平均标高 −642.3 m,处于发生冲击矿压的开采深度,对应地表位置为工业广场西北部,东西介于养鸡场和坞庄之间。该工作面设计停采线南距北区回风巷巷中 80 m,切眼中心线南距北区回风巷巷中 826 m。东部为 163下02 采空区,西部为 163下03 采空区,见图 6-15。该煤层为山西组 3下 煤,厚 0.7～6.4 m,平均 3.3 m。煤层倾角 0°～6°,平均为 3°。工作面局部煤层冲刷变薄,煤层厚度最薄处约 0.7 m,其余大部分 3 m 左右。3上 煤层在本工作面西部和北部局部可采,平均厚为 1.33 m,煤 3上 距煤 3下 平均距离约 33.85 m 左右。163下02C 工作面的老顶为中砂岩及细砂岩,直接顶为粉砂岩及粉细砂岩互层,直接底为铝质泥岩,基本顶为粉细砂岩互层,具体参数见表 6-2。

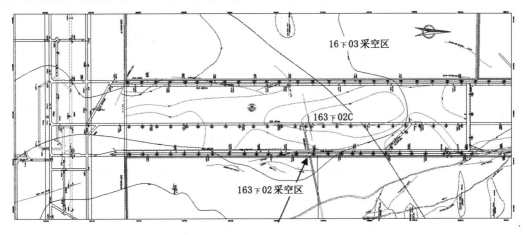

图 6-15　163下 02C 工作面平面布置图

表 6-2　　　　　　　　　　**163下 02C 工作面的顶底板岩性**

顶底板名称	岩石名称	厚度/m	岩性特征
基本顶	中砂岩及细砂岩	$\dfrac{4.94\sim26.4}{19.6}$	灰绿~灰白色,泥硅质胶结,厚层状、遇水易风化,较致密坚硬,$f=8\sim10$
直接顶	粉砂岩及粉细砂岩互层	$0\sim16.75$	灰~深灰色,较致密,坚硬,水平层理,含星点状黄铁矿晶粒,$f=4\sim6$
直接底	铝质泥岩	$\dfrac{0.62\sim4.0}{2.0}$	浅灰色,具滑感,遇水易膨胀,含植物化石碎片,$f=4\sim6$
基本底	粉细砂岩互层	$\dfrac{4.2\sim12.9}{9.00}$	浅灰~灰黑色,致密坚硬,具水平层理,含黄铁矿结核,$f=6\sim8$

该面地质条件较为简单,回采范围内所有巷道掘进过程中共揭露断层点 8 处,落差 0.7~2.0 m,断层发育具有明显的方向性,以走向近 NNW 的断层为主,其中走向 140°~180°的断层有 4 处,占 50%。回采范围内断层密度为 79 条/km²,见表 6-3。

表 6-3　　　　　　　　　　**落差小于 7.0 m 的断层列表**

断层名称	走向/(°)	倾向/(°)	倾角/(°)	落差/m	性质	面内预计延展长度/m
FP12	178	88	65	0.9	正	60
FP15	170~190	260~280	60	1.5	正	90
FP29	140	230	35	0.7	正	25
SF166	80	170	56	2.0	正	60
SF282	110	20	65	1.0	正	0
FP41	4	94	62	1.5	正	80
FP45	162	252	55	1.0	正	30
FP46	90	180	65	0.7	正	20

为保证163下02C工作面的波速反演精度,测点如图6-16所示。起爆点(震源点)位于图中中间巷道和切眼位置,间距16 m,起爆点总数105个;在辅助运输巷和胶带运输巷中布置接收点,每条巷道中布置的接收点为96个,共192个,接收点间距设定为8 m。为了获得较好的原始数据,试验确定炮眼孔深为3 m,装药量300 g。

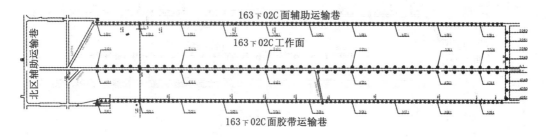

图6-16 163下02C工作面CT测点布置示意图

本次施工过程中所采用的仪器设备为GeoPen SE2404NT,仪器配备主机1台,采集站5个,数据传播电缆线5条,每条电缆线有12个检波器通道。每次进行资料采集时,仪器所能接收到的最大通道数为54个。

采用以上设计的参数对163下02C工作面进行实验。图6-17是辅助运输巷一侧拾取的折射波初至和透射波初至。由于煤层速度较低,而顶底板砂岩的速度较高,折射波的初至时间要早于反射波的初至时间到达。因此,通过折射波初至时间,可以反演出煤层顶板砂岩的速度分布。

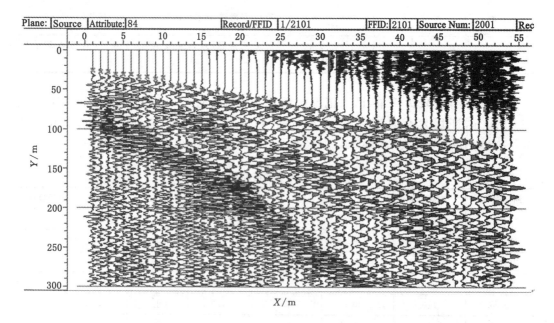

图6-17 辅助运输巷一侧拾取的折射波初至示意图

折射波是用时最短的波,首先由煤体传播,然后沿煤与顶板岩石的分界面传播,最后再反射到接受探头处。所以,对于折射波不能简单的用平直射线追踪模型,而应采用混合射线弯曲模型。图 6-18 显示折射波波速的变化范围较广,同样表明不能再采用近似的直线处理方式。对折射波采用图 6-19 的三维网格模型,初始速度范围从下到上为 $3\sim3.6$ km/s,触发和接受探头都位于煤层的中间位置。由于采用混合射线模式的计算量非常大,网格划分调整为 $79\times10\times3,X,Y,Z$ 方向间距为 $10,10,3$ m。模型计算共耗时 4 h 左右,得到的顶板波速分布见图 6-20。

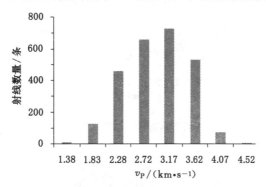

图 6-18　辅助运输巷侧纵波速度分布直方图

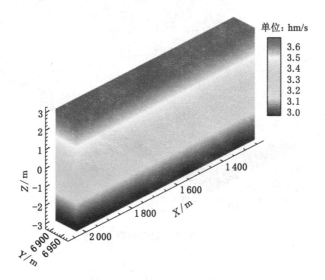

图 6-19　辅助运输巷网格模型

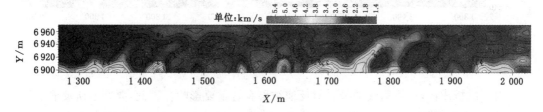

图 6-20　辅助运输巷侧速度分布等值线图

与辅助运输巷侧一样,通过层析反演,分别可以获得胶带运输巷侧工作面顶板的速度分布。对折射波则采用混合射线弯曲模型,初始速度范围 $2.8\sim3.4$ km/s,网格划分为 $79\times7\times3,X,Y,Z$ 方向间距为 $10,10,\times3$ m,见图 6-22。煤层和顶板的反演波速结果见图 6-23。

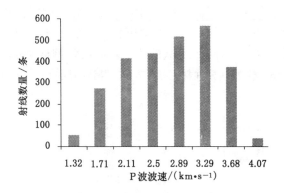

图 6-21　胶带运输巷纵波波速分布直方图

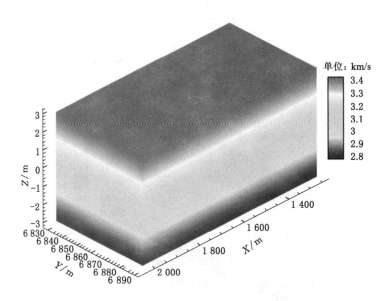

图 6-22　胶带运输巷侧网格模型

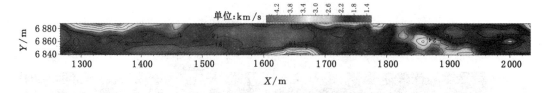

图 6-23　胶带运输巷侧速度分布等值线图

对于层析成像,地震射线的分布对反演结果有着重要影响。因此,要判断所反演的结果是否可靠,很重要的一点就是要分析工作面内地震射线的分布情况是否符合要求。由于本次施工中,辅助运输巷侧工作面与胶带运输巷侧工作面中所使用的观测方式完全相同,因此,仅需分析辅助运输巷侧工作面内的情形即可。图 6-24(a)显示的是靠近停采线侧工作面内地震射线分布图,图的下部对应着中间巷道、上部对应着辅助运输巷,图的左边对应着停采线、右侧开始深入工作面内部。

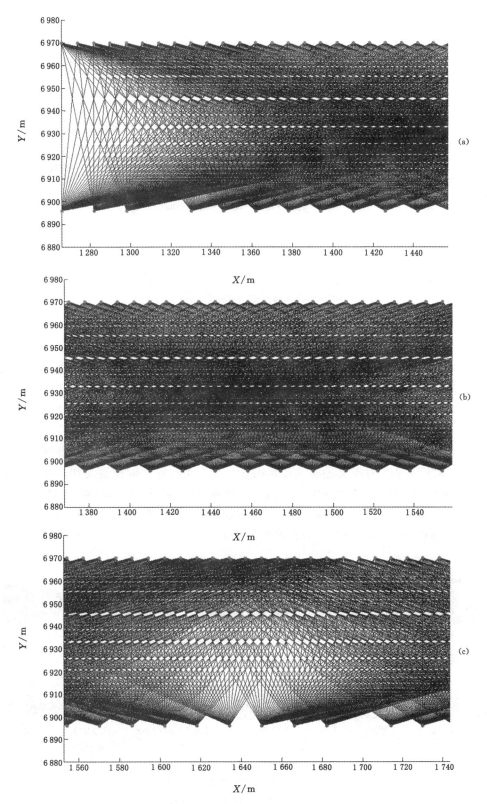

图 6-24　辅助运输巷侧射线分布图

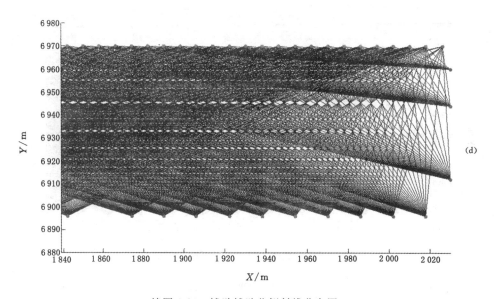

续图 6-24　辅助辅助巷侧射线分布图

（a）靠近停采线射线在工作面内的分布；（b）射线在工作面中段的分布；（c）射线在切眼附近的分布；
（d）射线在工作面中段与停采线间的分布

由图 6-24(a)和(d)可知，靠近停采线及切眼附近一侧地震射线较稀疏，因此这一段的反演结果可靠性相对中段及之间的区域较差；当逐渐向工作面中部深入时，地震射线的密度逐渐加大，见图 6-24(b)；而当到了工作面中部时，地震射线密集程度有所降低［如图 6-24(c)］，主要因为震源点分布不均匀，间距较大造成的，但是这一段的反演结果依然可靠。

对划分的网格进行射线密度的统计，图 6-25 显示的射线密度等值线与工作面射线分布图有较好的对应关系。射线覆盖密度较高的区域位于工作面中间位置与切眼和停采线之间，其中停采线和中间位置之间的区域射线覆盖程度最好，切眼与中间位置之间次之。三个覆盖密度较低的区域分布位于停采线、中间位置和切眼附近，其中尤以切眼附近最差，这主要由图 6-24(d)中右下角未设置多余的震源点有关。

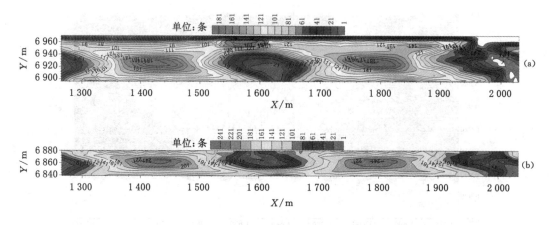

图 6-25　工作面射线密度等值线图

（a）辅助运输巷侧折射波；（b）胶带运输巷侧折射波

通过射线分布图绘制和工作面射线密度统计,可初步比较工作面内哪些区域受到的约束强,哪些区域受到的约束弱,为进一步分析结果的可靠性,采用式(6-10)利用统计学方法获得波速偏离的期望值分布(图6-26),作为输入误差的可靠性评价。图中等值线绘制结果表明三个射线密度覆盖较低的区域对输入误差的敏感度较高,受输入误差的影响较大。

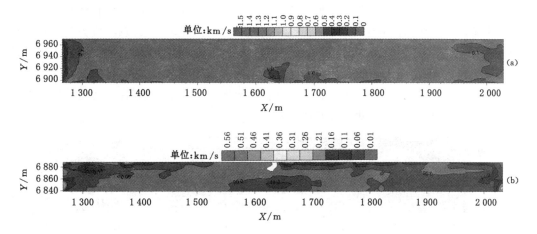

图 6-26 波速偏离期望值等值线图
(a)辅助运输巷侧折射波;(b)胶带运输巷侧折射波

图 6-27 为工作面震动波层析反演速度分布,不同颜色代表不同速度值的高低,速度由高到低所对应的颜色分别是红色、黄色、绿色、蓝色等;红色和黄色对应着高波速,即高应力,而蓝色则代表着低波速区,即低应力。对于煤层来说,其高应力区主要集中在停采线一侧中间巷附近(图中标注的 C 区域)、工作面中部断层右侧条带(图中标注的 B 区域)和切眼附近辅助平巷工作面一侧的条带(图中标注的 A 区域)等三处。煤层切眼附近的应力集中区(A 区域)的范围较大。另外,对比此处的煤层厚度等值线,发现煤层厚度等值线较密,说明煤层厚度在此的变化较大,而煤层应力集中区的范围与煤层厚度变化最大梯度方向是一致的,认为煤层切眼附近高应力区(A 区域)的形成主要是由于煤层厚度在此处的较大变化造成的。对于煤层中部和切眼一侧的高应力区(B 区域和 A 区域)呈条带状,与相应的小断层和煤厚变化最大梯度方向并不一致,认为此两处的高速异常区的形成是由于区域应力集中造成的,也是发生冲击矿压较危险的区域。因此,163下 02C 工作面内所出现的应力集中区主要是由

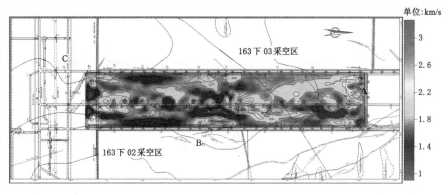

图 6-27 163下 02C 工作面反演速度分布

于两侧采空区、煤厚变化和断层构造造成的。

利用折射波采用纵波波速判别冲击危险的指标计算得图 6-28 和图 6-29 的冲击危险结果。从图中可看出,各项危险指标的分布区域比较集中,在停采线和切眼附近都存在应力集中、波速异常和明显梯度变化。反演结果表明冲击危险并不总位于辅助运输巷和胶带运输巷附近,也不具备明显的均匀性和分明的特征。不过在靠辅助运输巷侧切眼附近的应力集中比较明显。在工作面两侧附近都测到明显的波速负异常,显示顶板破碎,应力集中程度较低,即可以推断在 163下02C 工作面相邻采空区影响下,顶板沿断层滑移并破断是造成附近波速较低的原因,但是在工作面内部的断层处存在高应力集中区。另外,折射波在联通巷附近测得存在冲击危险性,说明在 3 煤变薄处存在明显的波速异常、较高梯度变化和应力集中现象,其中左侧等值线的变尖处体现的更加明显。

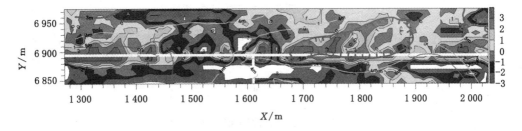

图 6-28　折射波波速异常确定的冲击危险

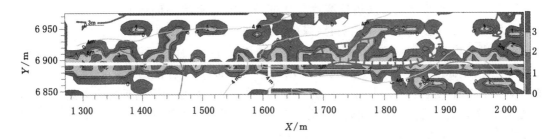

图 6-29　折射波梯度变化确定的冲击危险

根据以上分析,如图 6-30 所示,综合透射波三种预测指标的冲击危险分析结果、可靠性分析及生产实际条件,确定三个冲击危险区域:停采线附近(C)、联通巷处(B)和切眼附近(A)。

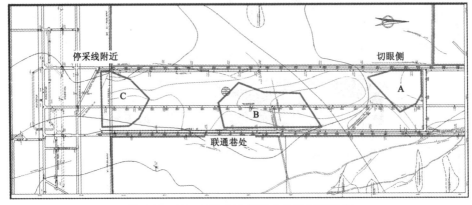

图 6-30　163下02C 工作面冲击危险区域确定

　　对于 163下 02C 工作面来说,其回采前不仅做了震动波主动 CT 探测,还安装了矿井微震监测系统。因此,对于此工作面来说,可以将回采后所监测到的微震数据与震动波 CT 预警结果相对比,从而相互验证其探测或监测的准确性。图 6-31(a)显示的是 163下 02C 工作面内监测到的能量大于 10^3 J 的微震点分布图。对于震源点来说,震动主要位于工作面右半侧,即 A 和 B 区域内,这与这个区域内波速较高、波速梯度较大,异常比较明显具有很强的相关性,说明应力变化较大,提供足够的破裂条件。据冲击矿压理论,能级越高的微震点越易引发冲击矿压,同时高能级微震点的应力一般比较集中。在利用微震数据分析冲击矿压危险度时,一般只需分析高能级微震点。图 6-31(b)显示的是 163下 02C 工作面高能量($E > 10^4$ J)震动与确定的冲击危险区域的位置关系图。从图中可以看出,发生在 163下 02C 工作面内的强矿震主要位于 A 和 B 区域内,震动波 CT 预警位置与微震监测结果一致性达 80%左右。

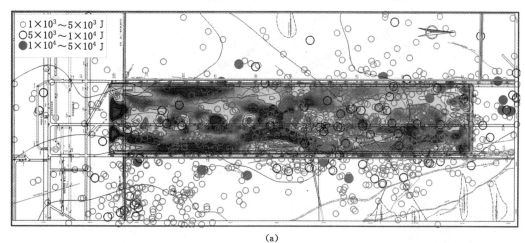

(a)

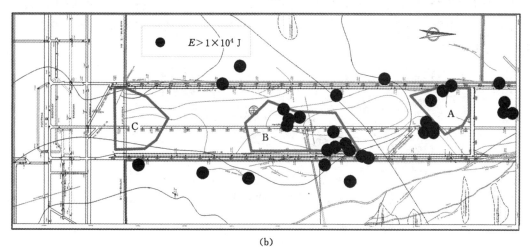

(b)

图 6-31　163下 02C 工作面微震点分布图

(a) 震源能量大于 10^3 J 的微震点分布;(b) 震源能量大于 10^4 J 的微震点分布

　　通过以上分析,完全从侧面验证了利用震动波 CT 技术预测工作面内高冲击矿压危险区结果的有效性和可靠性。

二、震动波被动 CT 探测实例

义马某矿 25110 工作面采深 1 000 m 左右(地面标高+551～+596 m,工作面煤层标高－390.0～－451.6 m),为 25 采区东翼第一个综放工作面,平均采高 11 m,主采 2-1 煤层。2-1 煤层平均厚度 11.5 m,平均倾角 13°,煤层上方依次为 18 m 泥岩直接顶、1.5 m 厚 1-2 煤、4 m 泥岩和 190 m 巨厚砂岩基本顶,下方依次为 4 m 泥岩直接底和 26 m 砂岩基本顶。井下四邻关系(图 6-32):东为 23 采区下山保护煤柱,南为 25 区下部未采煤层,西为 25 采区下山保护煤柱,北为 25090 工作面(一分层已开采),且 25110 上巷布置于 25090 采空区下方煤层中。

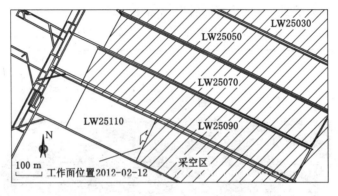

图 6-32 某矿 25110 工作面概况

如图 6-33 所示,选取 2012 年 5 月 8 日至 6 月 7 日的震动波形作为反演数据。期间监测到微震事件总数 201 个,其中满足条件的有效微震事件 101 个,形成射线 599 条。大能量震动激发探头个数较多,对于接受探头总数超过 10 个的震动事件,进行震源定位时采用最多 10 个探头,当中所有的 P 波首次到时的标记均由人工进行,由此确定的震源分布如图 6-33 所示的空心圆。

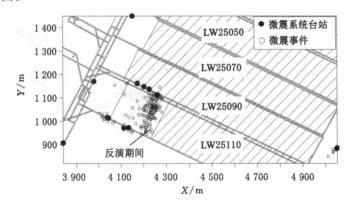

图 6-33 探测方案(2012-05-08 至 2012-06-07)

对形成的射线进行波速统计,得出最小波速为 2.60 km/s,最大波速为 6.92 km/s,平均波速为 4.21 km/s。通过统计每个波速区间内的射线条数可知(图 6-34),P 波波速主要集中在 3.87 km/s 和 4.38 km/s 附近,射线总数分别占总数的 52.6% 和 17.7%。统计分析说明,该反演区域 P 波波速变化较大,所以需建立层状模型进行计算,网格划分为 $50 \times 28 \times 4$,X,Y,Z 方向间距为 $30,30,133$ m,模型从上到下波速在 $2.60 \sim 6.00$ km/s 范围等梯度分布。

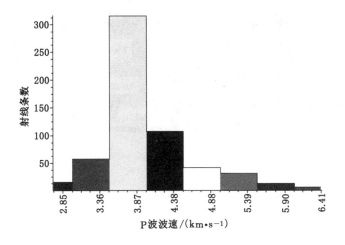

图 6-34　射线波速统计

选取 25110 工作面煤层平均标高 -400 m 水平切片的波速异常系数 A_n 和波速梯度变化系数 V_G 等值线云图作为 25110 工作面的探测评价结果,如图 6-35 和图 6-36 所示。根据波速正负异常变化与应力集中程度及弱化程度之间的关系,划分出 2 个强应力集中区域 B1 和 B2(由图 6-35 中曲线圈出),以及 3 个强弱化区域 R1,R2 和 R3(由图 6-35 中曲线圈出)。另外,根据波速梯度变化与冲击危险之间的关系,划分出 5 个强冲击危险区域 G1,G2,G3,G4 和 G5(由图 6-36 中黑色曲线圈出)。

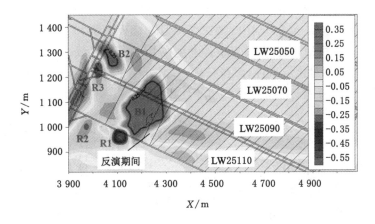

图 6-35　波速异常系数计算结果(-400 m 水平)

①B1 区域。该区域的形成与工作面超前支承压力有关,为冲击矿压频发区域。该区域走向上分布范围为 100 m 左右,与现场实际的工作面超前支承压力影响范围基本一致。

②B2 区域。该区域为 25090 工作面停采线遗留煤柱影响区。25090 工作面回采结束后,遗留煤柱侧形成悬顶现象,进而在煤柱内侧形成侧向支承压力。随着 25110 工作面向停采线的靠近,25110 工作面超前支承压力将与该区域侧向支承压力叠加,此时该区域的冲击

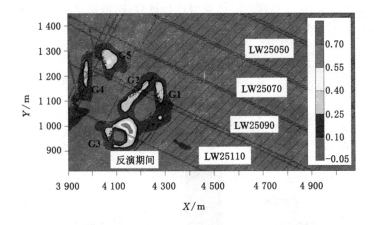

图 6-36　波速梯度变化系数计算结果（－400 m 水平）

危险性将更为显著。

③ R1 和 R2 区域。该区域为现场卸压措施实施区域。

④ G1，G2 和 G5 区域。该区域为实体煤向采空区过渡的区域，如图 6-35 所示的区域 B1 和 B2。

⑤ G3 区域。该区域的形成与现场卸压措施实施有关。由于卸压措施的实施将松散煤岩体形成破碎带，使得该破碎带与实体煤之间形成一个过渡带，即波速梯度变化异常带；同时，当实体煤中应力集中程度较高时，实施卸压措施容易诱发冲击矿压灾害，此时施工人员应充分做好个体防护或远离施工区域；同时，该区域属于施工过程中的危险区域，至于施工后，该区域仍然属于卸压区域，不能作为下一时段的冲击危险区域。

⑥ R3 和 G4 区域。该区域为因素未知区域。

为验证探测评价结果，绘制了未来 2012 年 6 月 8 日至 6 月 30 日的微震事件震源分布，如图 6-37 所示。由图可知，大部分微震事件发生在 B1 和 G2 区域，同时在 B2 和 G5 区域发生了一次 5 次方的大能量微震事件，而在 G3 区域仅发生了少量小能量微震事件，这与探测评价结果分析一致，从而验证了该技术的可靠性。

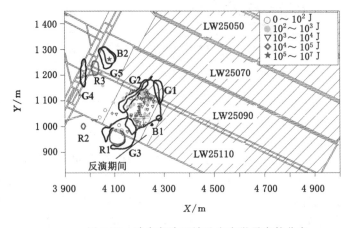

图 6-37　冲击危险区域及未来微震事件分布

如图 6-38 所示为 2012 年 4 月 16 日至 5 月 8 日期间的震动波 CT 探测结果,反演结果显示出 5 个需要采取卸压措施的中等应力集中区域 A1,A2,A3,A4 和 A5。其中区域 A1 和 A2 位于采空区,远离工作面开采空间,卸压措施无法实施,同时该区域对工作面的安全也不构成威胁;区域 A3 和 A5 横穿工作面上下巷,由于 25110 工作面上巷位于采空区下方,卸压措施实施效果不佳,同时考虑到现场施工的难度,暂不在该区域的上巷采取卸压措施。

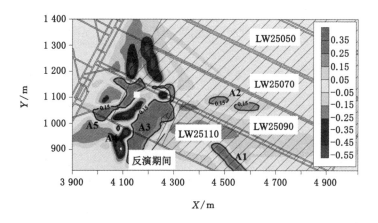

图 6-38　CT 探测评价结果(2012-04-16 至 2012-05-08)

最终确定在 A4 区域和 A3 与 A5 的下巷区域实施卸压措施,如图 6-39 所示。

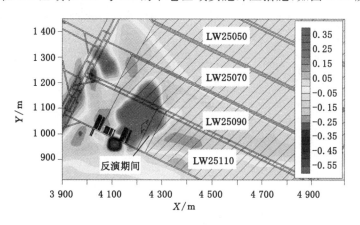

图 6-39　卸压措施实施方案及实施后波速异常系数分布图

此次卸压解危措施效果检验采用 2012 年 5 月 8 日至 6 月 7 日期间的波速异常系数结果,如图 6-39 所示。从图中可以看出,A4 区域和 A5 下巷区域实施卸压措施后,波速异常指数由正异常转为负异常,表明该区域应力下降幅度很高,说明卸压效果很明显;A3 下巷区域实施卸压措施后,该区域不仅呈现出波速负异常,同时还表现出高波速梯度异常,表明该区域实施的卸压措施通过松散煤岩体形成了破碎带,该破碎带与实体煤之间的过渡正好表征出了高波速梯度异常。由此可知,高波速梯度异常在没有实施卸压措施的前提下才能表征高冲击危险性,而实施卸压措施后的高波速梯度异常应表征卸压措施效果的有效性,即弱化程度的显著性。综上所述,CT 探测技术能很好地对各项卸压解危措施进行效果检验。

知识巩固及拓展习题

1. 简述震动波主动 CT 和被动 CT 探测技术方法及各自的优缺点。
2. 简述震动波层析成像反演技术原理。

第七章　煤岩变形破裂的电磁辐射监测

第一节　煤岩变形破裂的电磁辐射现象

煤岩电磁辐射是指煤岩受载破裂过程中向外辐射电磁能量的过程或现象,煤岩破裂电磁辐射的观测和研究是从地震工作者发现震前电磁异常开始的。

电磁辐射是煤岩体等非均质材料在受载时发生变形及破裂的结果,一般由煤岩体各部分的非均匀变速变形引起的电荷迁移和裂纹扩展过程中形成的带电粒子产生变速运动所形成。

图 7-1 所示为某矿 7 煤煤样的结果;图 7-2 所示为该矿 9 煤煤样的试验结果。

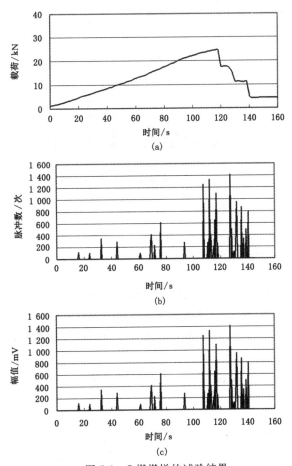

图 7-1　7 煤煤样的试验结果

（a）煤样变形破坏的载荷-时间曲线;（b）煤样变形破坏的 EME 脉冲数分布;（c）煤样变形破坏的 EME 能量分布

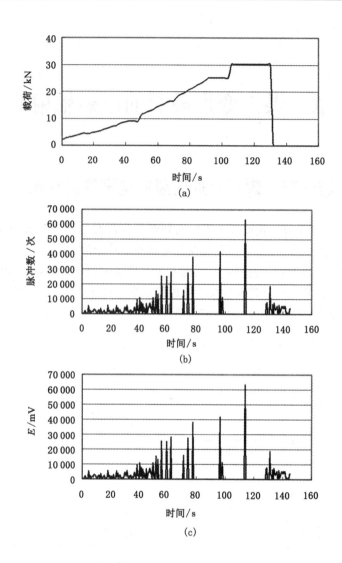

图 7-2　9 煤煤样的试验结果

（a）煤样变形破坏的载荷—时间曲线；（b）煤样变形破坏的 EME 脉冲数分布；（c）煤样变形破坏的 EME 能量分布

泥岩的典型应力—时间、电磁辐射幅值—时间和声发射—时间曲线如图 7-3 所示。

砂岩的典型应力—时间、电磁辐射幅值—时间和声发射—时间曲线如图 7-4 所示。

混凝土样的典型应力—时间、电磁辐射幅值—时间曲线和声发射—时间曲线如图7-5所示。

受载煤岩试样电磁辐射具有 Kaiser 效应，如图 7-6 所示。

根据试验结果可以总结得出：

① 不同类型的煤岩试样在载荷作用下变形破裂过程中都有电磁辐射信号产生。电磁辐射基本上随着载荷增大而增强，随着加载及变形速率的增加而增强。

② 从煤岩煤样的变形破裂试验结果来看，煤岩试样在发生破坏以前，电磁辐射强度一般较小，而在发生破坏时电磁辐射强度出现突然增加。

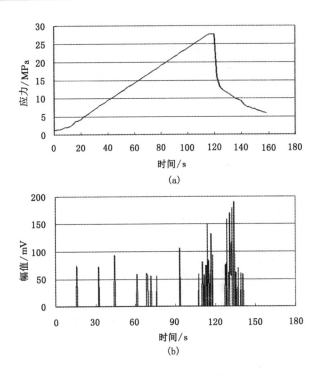

图 7-3　泥岩的试验结果

（a）泥岩变形破坏应力—时间曲线；（b）泥岩变形破坏的 EME 脉冲数分布

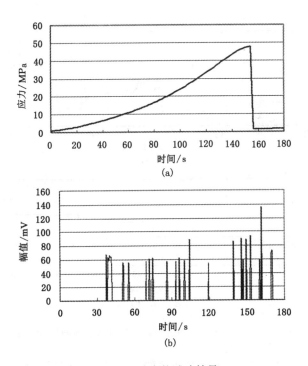

图 7-4　砂岩的试验结果

（a）砂岩变形破坏应力—时间曲线；（b）砂岩变形破坏的 EME 脉冲数分布

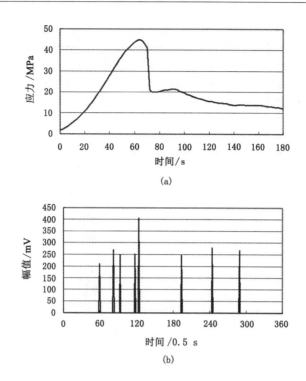

(a)

(b)

图 7-5　混凝土的试验结果

(a)混凝土变形破坏应力—时间曲线;(b)混凝土变形破坏的能量分布

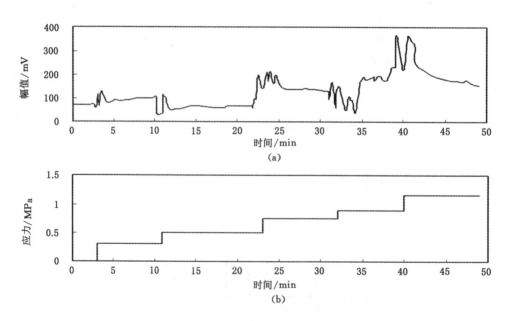

图 7-6　煤岩试样电磁辐射与载荷梯级增长间的试验关系

③ 煤岩试样电磁辐射的脉冲数随着载荷的增大及变形破裂过程的增强而增大。载荷及加载速率越高,煤岩体变形破裂越猛烈,电磁辐射信号也越强。

④ 受载煤岩试样电磁辐射具有 Kaiser 效应,即对受到反复加卸载的煤岩试样而言,只有在加载至煤岩试样曾经受过的最大载荷后才会重新出现明显的电磁辐射现象。

第二节　煤岩变形破裂的电磁辐射机理

煤岩体的组成及结构相当复杂,包括许多结构缺陷及矿物杂质,是典型的非均质材料。为研究方便起见,认为煤岩体是由一些颗粒包裹体(简称单元)黏结在一起而组成的,不仅颗粒包裹体与界面处胶结物的强度及变形特性不同,而且颗粒包裹体之间的强度及变形也有显著的差异,因此煤岩体中的应力及应变分布极不均匀。

任何岩石中都有自由和束缚的电荷(电子、离子),煤体也不例外。当煤岩体发生不均匀应变时,压缩区域的自由电荷浓度升高,而低应力区或拉伸区域的自由电荷浓度降低,这必然使自由电荷由高浓度区向低浓度区扩散、运移。低速扩散过程中产生低频电磁辐射,并在试件表面积累表面电荷。

高应变区主要位于强度不同的颗粒界面处强度较低的单元内,煤岩体破裂主要是沿着颗粒之间的界面进行的。颗粒之间的作用包括电场或电荷的相互作用。当相邻颗粒之间发生非均匀形变时,其界面处的电平衡被打破,将产生局部激发,结果使受拉的界面处积累自由电荷(主要是电子),而受压的颗粒内部积累相反符号的电荷。从宏观上来看,试样表面积累的电荷形成了库仑场(静电场)。当变形非常缓慢或匀速的情况下,自由电荷来得及消退以适应电平衡的变化,因而对外并不产生电磁辐射。当相邻颗粒之间发生变速形变时,这种局部激发就会对外产生电磁辐射。

在煤岩材料的变形阶段,由于颗粒之间的力学变形特性不同,必然发生颗粒之间的滑移,其结果是在滑移面发生强烈的激发,甚至在滑移面尖端形成带电粒子(主要是电子)发射。这种强烈的激发对外产生较强的电磁辐射。

煤岩材料的破裂呈张拉或剪切形式。煤岩体裂纹扩展时,处于裂纹尖端表面区域的电子在裂隙尖端区域大量电子形成的电场作用下向裂纹内部的自由空间区域发射,形成电子发射;同时,也可能产生带负电的碎屑粒子发射。当发生剪切摩擦时,也会形成带电粒子发射。

裂纹扩展时,在裂纹表面受拉的区域出现表面电荷,极性为负,在裂纹表面受压的区域出现正电荷。裂纹扩展时,在裂纹尖端形成运动的偶极子群。在裂纹尖端的煤体受拉区域仍表现为负电荷,这就是产生电子加速电场的原因,而周围的压应力区带正电。

发射出来的低速运动带电粒子在电场的作用下加速,当带电粒子碰撞到周围环境介质,或碰撞到周围的煤岩体裂隙表面时会减速,在其变速运动过程中会产生电磁辐射。后者形成的电磁辐射也叫作韧致辐射。由于可能形成大量的带电粒子,因此会产生从低频电磁辐射到 X 射线的宽频带电磁辐射。

上述分析可以得出,煤岩体产生电磁辐射,源于煤岩体的非均质性,是由应力作用下煤岩体中产生非均匀变速形变而导致的电荷加速迁移引起的。

受载煤岩体将发生以下电荷(带电粒子)运动过程:

① 煤岩材料变形及破裂时能够产生两种形式的电磁场:一种是自由电荷,特别是试样表面积累电荷引起库仑场(静电场);另一种是由带电粒子做变速运动而产生的电磁辐射,它

是一种脉冲波。

② 在非均匀应力作用下非均质煤岩体各部分产生非均匀形变,由此引起电荷迁移,使原来自由的和逃逸出来的电子由高应力区向低应力区迁移;同时,在试样表面积累的大量电荷形成库仑场(静电场),产生低频电磁辐射。

③ 裂纹形成及扩展前,裂纹尖端积累了大量的自由电荷(电子)。另外,裂纹扩展时发射电子,因为裂纹非匀速扩展,这必然导致向外辐射电磁波。裂纹扩展过程中也会使应变能得到释放,形成声发射,从而同步产生电磁辐射与声发射。

④ 裂纹扩展后,裂纹局域煤体卸载收缩,在卸载的瞬时,裂纹尖端两侧附近区域煤体中电子浓度较高,形成库仑场,在该电场的作用下,发射出的电子产生加速运动,向外辐射电磁波。

⑤ 出于摩擦等原因裂纹表面电荷也会发生张弛,也可产生带正或负电粒子发射,从而产生电磁辐射。运动的电荷碰撞周围介质分子或原子,使运动电荷减速,同时能使介质分子或原子发生电离,向外发射电磁波。

第三节 煤岩破裂的电磁辐射监测预警准则

一、煤岩电磁辐射强度与加载应力的耦合关系

电磁辐射的产生从微观上来说:一方面,应力作用下内部裂纹的扩展和裂纹端部应力集中产生电荷分离;另一方面,由于产生的带电粒子做变速运动。所以,研究煤岩受载变形破裂过程中产生的电磁辐射及其变化规律必须从以下几个方面入手:

(1)探讨应力大小或应力变化率与裂纹的扩展速度、裂纹数量之间的关系。

(2)研究煤岩内部的损伤变化与裂纹的产生、扩展之间的关系(对于煤岩等脆性材料,即基于断裂力学与损伤力学研究损伤与断裂之间的关系)。

(3)研究裂纹的扩展速度、裂纹数量,与产生的电磁辐射信号之间的耦合关系。

(4)应力场与电磁辐射信号之间的耦合关系。

根据脆性固体断裂力学理论,对于每一个产生的裂纹,在常力加载的条件下煤岩破裂时裂纹扩展的速度为:

$$v = \left(\frac{2\pi E}{k\rho}\right)^{1/2}\left(1 - \frac{c_0}{c}\right) \tag{7-1}$$

式中:v 为裂纹扩展的速度,cm/s;E 为煤岩材料的杨氏模量,N/cm^2;ρ 为煤岩材料的密度,kg/m^3;c_0 为裂纹的初始长度,cm;c 为裂纹扩展时的长度,cm;k 为常数。

当 c 趋于无穷大时,可以求出裂纹扩展时的极限速度,即:

$$v_c = \left(\frac{2\pi E}{k\rho}\right)^{1/2} \tag{7-2}$$

对式(7-1)进行求导,通过式(7-2)变换后可以求得裂纹扩展的加速度:

$$a = v_c^2 \frac{c_0}{c^2}\left(1 - \frac{c_0}{c}\right) \tag{7-3}$$

煤岩变形破裂产生的电荷在变速运动时会在空间激发电磁辐射场,其近场和远场的强

度由式(7-4)和式(7-5)决定：

$$B_1 = \frac{\mu}{4\pi} \cdot \frac{qv}{r^2}\sin\theta \qquad (7\text{-}4)$$

$$B_2 = \frac{q}{4\pi\varepsilon c^3} \cdot \frac{a}{r}\sin\theta \qquad (7\text{-}5)$$

式中：q 为带电粒子的电荷量；μ 为煤岩介质的磁导率；ε 为介质的绝对介电常数；v 为带电粒子的速度；a 为带电粒子的加速度；r 为带电粒子与场点之间的距离；B_1，B_2 分别为运动电荷产生的近场和远场磁场。

从式(7-4)和式(7-5)可以明显看出，对于煤岩内部微元体来说，电磁辐射产生的强度主要取决于裂纹端部产生的电荷量、裂纹扩展的速度和加速度的大小。而加载应力越大，煤岩变形破裂的速率就越快，裂纹端部电荷的运动速度和加速度也越大，同时产生的裂纹数也越多，因而煤岩向外辐射的电磁辐射强度也就越大，这样在加载应力与煤岩变形破裂过程产生的电磁辐射强度之间就建立起了耦合关系，二者呈正相关的关系。

二、煤岩电磁辐射力电耦合模型

在煤岩材料中选取一个代表性体积单元，由于煤岩材料的内部不均质，可能存在强度不同的许多薄弱环节，各体元所具有的强度也就不尽相同，考虑到材料在加载过程中的损伤是一个连续过程，故假设：① 无损伤煤岩体元的平均弹性模量为 E，在体元破坏前，服从虎克定律；② 各体元的强度服从统计规律，且服从威布尔(Weibull)分布(唐春安，1993；徐卫亚等，2002)：

$$\phi(\varepsilon) = \frac{m}{a}\varepsilon^{m-1} \cdot \exp\left(-\frac{\varepsilon^m}{a}\right) \qquad (7\text{-}6)$$

式中：a，m 为常数；$\phi(\varepsilon)$ 是材料在加载过程中体积单元损伤率的一种量度，从宏观上反映了试样的损伤程度，即劣化。

由于损伤系数 D 是材料损伤程度的量度，而损伤程度与各体元所包含的缺陷的多少有关，这些缺陷直接影响着体元的强度。因此，损伤系数 D 与体元破坏的概率密度 $\phi(\varepsilon)$ 之间存在如下关系：

$$\frac{\mathrm{d}D}{\mathrm{d}\varepsilon} = \phi(\varepsilon) \qquad (7\text{-}7)$$

若初始损伤 $D_0 = 0$，当 $m = 1$，$a = \varepsilon_0$ 时，则得到：

$$D = 1 - \exp\left(-\frac{\varepsilon}{\varepsilon_0}\right) \qquad (7\text{-}8)$$

上式的物理意义在于：在变形初期，试样内伴随着少量体元的破坏(这些体元的强度较低)；在变形的后期，试样中仍有少量体元没有破坏(这些体元强度较大)，并继续经受着变形和破坏；只有在变形的中期(强度值附近)，试样内的体元破坏量最大，宏观的破坏在此阶段最明显，因此损伤参量从总体上反映了损伤的积累。

根据损伤力学模型，煤岩材料的本构关系如下：

$$\sigma = E\varepsilon(1-D) = E\varepsilon \cdot \exp\left(-\frac{\varepsilon}{\varepsilon_0}\right) \qquad (7\text{-}9)$$

由于电磁辐射与材料内部微观破裂和变形直接相关,所以电磁辐射与煤岩材料的损伤系数、本构关系等有关。假设每一个体元的破裂都对电磁辐射有一份贡献,则可以得到结论:煤岩材料的损伤参量与电磁辐射之间存在着正相关关系,所以电磁辐射反映了材料的损伤程度,与材料内部缺陷的产生与演化直接相关。由于电磁辐射的活动规律是一种统计规律,因此其与材料内部缺陷的统计分布规律一致。

根据实验研究,尤其是电磁辐射与煤岩材料的微观破坏的密切关系,电磁辐射是材料变形破坏的直接结果。因此,可以假设电磁辐射脉冲数 N 与损伤面积 S 成正比,其比例系数为 n,即单位面积体元损伤时产生的电磁辐射脉冲数。电磁辐射脉冲数 ΔN 由下式给出:

$$\Delta N = n\Delta S \tag{7-10}$$

若整个截面面积为 S_m,S_m 全破坏的电磁辐射脉冲数累计为 N_m,则:

$$\Delta N = \Delta S \frac{N_m}{S_m} \tag{7-11}$$

由体元的强度分布可知,当试件的应变增加 $\Delta\varepsilon$ 时,产生破坏的截面增量 ΔS 为:

$$\Delta S = S_m \phi(\varepsilon)\Delta\varepsilon \tag{7-12}$$

由此得:

$$\Delta N = N_m \phi(\varepsilon)\Delta\varepsilon \tag{7-13}$$

所以,试件受载、应变增至 ε 时的电磁辐射脉冲数累计为:

$$\sum N = N_m \int_0^\varepsilon \phi(x)\mathrm{d}x \tag{7-14}$$

当 $\phi(\varepsilon)$ 服从 Weibull 分布时:

$$\frac{\sum N}{N_m} = 1 - \exp\left[-\left(\frac{\varepsilon}{\varepsilon_0}\right)^m\right] \tag{7-15}$$

根据损伤力学理论和式(7-15),可以得出损伤因子与电磁辐射脉冲数累积量的重要关系:

$$D = \frac{\sum N}{N_m} \tag{7-16}$$

由此可见,煤岩材料的电磁辐射脉冲数累积量与损伤量具有同样的性质,由此可以得出一维情况下电磁辐射脉冲数表示的煤岩材料本构关系:

$$\sigma = E\varepsilon\left[1 - \frac{\sum N}{N_m}\right] \tag{7-17}$$

式(7-15)和式(7-17)构成煤岩电磁辐射的力电耦合模型。

通过对试验数据的处理及电磁辐射脉冲数、幅值等方面的分析,可以得出:在载荷作用下,煤岩体变形破坏过程中,电磁辐射的幅值及脉冲数按时间的累计值与应力之间呈三次多项式的关系,而且相关性非常好;电磁辐射的脉冲数累计值与时间之间呈二次多项式关系,相关系数在 0.9 以上,见图 7-7。

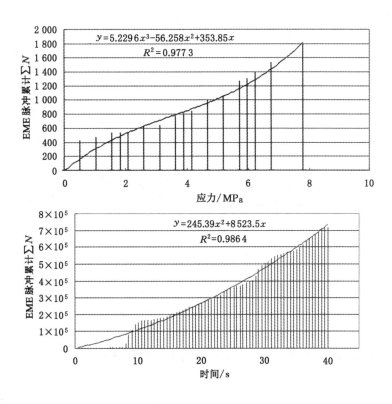

图 7-7 某矿原煤电磁辐射脉冲数与应力、时间拟合结果

根据试验,得到电磁辐射指标与时间、应力的关系为:

$$\begin{cases} E_S = at^3 + bt^2 + ct + d \\ \sum N = at^3 + at^2 + ct + d \\ N_{max} = at + b \\ \sum N = a\sigma^3 + b\sigma^2 + c\sigma + d \end{cases}$$ (7-18)

式中:E_S 为幅值累加值;$\sum N$ 为脉冲数累加值;N_{max} 为脉冲数最大值;σ 为煤岩体应力;a,b,c,d 分别为系数。

通过分析可得出煤岩应力状态与电磁辐射的一般规律,即煤岩电磁辐射是煤岩体受载变形破裂过程中向外辐射电磁能量的一种现象,与煤岩体的变形破裂过程密切相关,电磁辐射强度主要反映了煤岩体的受载程度及变形破裂强度,脉冲数主要反映了煤岩体变形及微破裂的频次。

三、煤岩动力灾害的电磁辐射预警准则

利用煤岩电磁辐射进行冲击矿压、煤与瓦斯突出等矿井煤岩动力灾害预警时,主要采用强度和脉冲数两项指标,电磁辐射强度主要反映煤岩体的受载程度及变形破裂强度,脉冲数主要反映煤岩体变形及微破裂的频次。预测手段上一般采用临界值法和趋势法进行综合评判,即根据某矿区煤岩电磁辐射测试数据,并参考常规预测方法的监测结果,然后进行统计分析,从而确定灾害危险性的电磁辐射临界值。当电磁辐射数据超过临界值时,认为有动力灾害危险;当电磁辐射强度或脉冲数具有明显增强趋势时,也表明有动力灾害危险;当电磁辐射强度或脉冲数较高,出现明显由大变小,一段时间后又突然增大,该情况更加危险,应立即采取措施。该预警方法在现场煤岩动力灾害监测预警时得到较好的应用。由于不同灾害的前兆特征不同,对不同地点所采取的预警方法也不尽相同,给预警工作增加了一定的难度。下面具体分析电磁辐射预警临界值及动态趋势系数的确定方法。

1. 煤岩动力灾害电磁辐射脉冲数预警准则

根据煤岩破坏的力电耦合模型和煤岩破坏过程规律,推导煤岩动力灾害电磁辐射预警临界值的确定准则。

煤岩体宏观上的变形破坏最终都表现为组成煤岩体的微元变形破坏和位移。对于煤岩微元体,由损伤力学基本假设符合弹性变形关系:

$$\varepsilon = \frac{\sigma}{E} \tag{7-19}$$

根据力电耦合模型,则:

$$\Delta N = N_{\mathrm{m}} \frac{m}{\sigma_0} \left[\frac{\sigma_1 - \dfrac{\sigma_3}{2}}{\sigma_0} \right] \exp\left[-\left[\frac{\sigma_1 - \dfrac{\sigma_3}{2}}{\sigma_0} \right] \right] \Delta\sigma \tag{7-20}$$

式中:ΔN 为 $\Delta\sigma$ 的对应电磁辐射脉冲数。

据此可以得到不同应力变化 $\Delta\sigma_1$ 和 $\Delta\sigma_2$ 时的电磁辐射脉冲数,则:

$$\Delta N_1 = N_{\mathrm{m}} \frac{m}{\sigma_0} \left[\frac{\sigma_1 - \dfrac{\sigma_3}{2}}{\sigma_0} \right]^{m-1} \exp\left[-\left[\frac{\sigma_1 - \dfrac{\sigma_3}{2}}{\sigma_0} \right]^m \right] \Delta\sigma_1 \tag{7-21}$$

$$\Delta N_2 = N_{\mathrm{m}} \frac{m}{\sigma_0} \left[\frac{\sigma_2 - \dfrac{\sigma_3}{2}}{\sigma_0} \right]^{m-1} \exp\left[-\left[\frac{\sigma_2 - \dfrac{\sigma_3}{2}}{\sigma_0} \right]^m \right] \Delta\sigma_2 \tag{7-22}$$

式(7-22)除以式(7-21),则:

$$\frac{\Delta N_2}{\Delta N_1} = \left[\frac{\sigma_2 - \dfrac{\sigma_3}{2}}{\sigma_1 - \dfrac{\sigma_3}{2}} \right]^{m-1} \exp\left[\left(\frac{\sigma_1 - \dfrac{\sigma_3}{2}}{\sigma_0} \right)^m - \left(\frac{\sigma_2 - \dfrac{\sigma_3}{2}}{\sigma_0} \right)^m \right] \frac{\Delta\sigma_2}{\Delta\sigma_1} \tag{7-23}$$

为了讨论方便,在此以单轴压缩为例进行计算,则:

$$\frac{\Delta N_2}{\Delta N_1} = \left(\frac{\sigma_2}{\sigma_1} \right)^{m-1} \exp\left[\left(\frac{\sigma_1}{\sigma_0} \right)^m - \left(\frac{\sigma_2}{\sigma_0} \right)^m \right] \frac{\Delta\sigma_2}{\Delta\sigma_1} \tag{7-24}$$

为了得到电磁辐射脉冲数的临界值准则,式(7-24)可变为:

$$\frac{\Delta N_2 / \Delta\sigma_2}{\Delta N_1 / \Delta\sigma_1} = \left(\frac{\sigma_2}{\sigma_1} \right)^{m-1} \exp\left[\left(\frac{\sigma_1}{\sigma_0} \right)^m - \left(\frac{\sigma_2}{\sigma_0} \right)^m \right] \tag{7-25}$$

这样就得到单位应力的电磁辐射脉冲数与应力之间的关系。只要确定出煤岩流变—突变过程不同阶段应力之间的关系,就可以得到煤岩流变—突变过程不同阶段电磁辐射脉冲数变化量的关系,从而求得电磁辐射的临界值。

设没有煤岩动力灾害时的应力为 σ_w,对应的电磁辐射脉冲数为 ΔN_w,达到弱危险和强危险的应力分别为 σ_r 和 σ_q,对应电磁辐射脉冲数分别为 ΔN_r 和 ΔN_q,可以得到:

$$K_{N_r} = \frac{\Delta N_r/\Delta\sigma_r}{\Delta N_w/\Delta\sigma_w} = \left(\frac{\sigma_r}{\sigma_w}\right)^{m-1}\exp\left[\left(\frac{\sigma_w}{\sigma_0}\right)^m - \left(\frac{\sigma_r}{\sigma_0}\right)^m\right] \tag{7-26}$$

$$K_{N_q} = \frac{\Delta N_q/\Delta\sigma_q}{\Delta N_w/\Delta\sigma_w} = \left(\frac{\sigma_q}{\sigma_w}\right)^{m-1}\exp\left[\left(\frac{\sigma_w}{\sigma_0}\right)^m - \left(\frac{\sigma_q}{\sigma_0}\right)^m\right] \tag{7-27}$$

式中:K_{N_r},K_{N_q} 分别为有弱危险和强危险时电磁辐射脉冲数的临界值系数。

这样就得到了电磁辐射脉冲数的预警准则。

2. 煤岩动力灾害电磁辐射强度预警准则

受载条件下的煤岩体在变形破裂过程会向外辐射各种能量,包括弹性能、热能、声能、电磁能等。煤岩受到的载荷越大,变形越大,所具有的能量越高,变形破裂过程中向外辐射的电磁辐射能量也就越高。煤岩体在应力为 σ,应变为 ε 时所具有的能量为:

$$W = \sigma\varepsilon = \frac{\sigma^2}{E} \tag{7-28}$$

假设电磁辐射能量与此能量成正比,则电磁辐射能为:

$$W_e = a_e W = a_e\frac{\sigma^2}{E} = a\sigma^2 \tag{7-29}$$

由电磁理论可以得到电磁辐射能量 W_e 与电磁辐射幅值 E' 存在以下关系:

$$W_e = \int_V w_e \mathrm{d}V = \int_V \frac{1}{2}E'D\mathrm{d}V = \frac{1}{2}\varepsilon'E'^2 V \tag{7-30}$$

式中:W_e 为单位体积的电磁辐射能量密度;E' 为电磁辐射幅值(强度);D 为电位移;V 为煤岩体的体积;ε' 为煤岩体的介电常数。

煤岩体的介电常数和体积变化不大,所以,电磁辐射能量 W_e 与电磁辐射幅值平方 E'^2 成正比关系,即:

$$W_e = bE'^2 \tag{7-31}$$

式中:b 为常数。

由式(7-29)和式(7-31)得到:

$$E'^2 = k'\sigma^2 \tag{7-32}$$

式中:k' 为常数。

因此:

$$E' = k\sigma \tag{7-33}$$

式中:k 为常数。

所以,电磁辐射强度与应力成正比关系。

设没有煤岩动力灾害时的电磁辐射强度为 E_w,达到弱危险和强危险的电磁辐射强度分别为 E_r 和 E_q,所以可以得到:

$$\begin{cases} K_{E_r} = \dfrac{E_r}{E_w} = \dfrac{\sigma_r}{\sigma_w} \\[2mm] K_{E_q} = \dfrac{E_q}{E_w} = \dfrac{\sigma_q}{\sigma_w} \end{cases} \tag{7-34}$$

式中：K_{E_r}，K_{E_q} 分别为有弱危险和强危险时的电磁辐射强度预警临界值系数。

这样就得到了电磁辐射强度的预警准则。

3. 电磁辐射预警临界值的确定

由上述分析可知，煤岩变形破裂过程产生的电磁辐射脉冲数和强度从理论上可以与应力建立联系。只要确定了煤岩变形破裂过程达到弱危险、强危险对应的应力值，就能够得到电磁辐射预测的临界值系数，这也是电磁辐射进行动态预测时所要采用的动态变化趋势系数。

根据上述确定的预测准则，结合大量的实验室和现场试验，可以确定煤与瓦斯突出电磁辐射脉冲数和电磁辐射强度预警临界值系数分别为：

$$\begin{cases} K_{N_r} = 1.5 \\ K_{N_q} = 1.8 \\ K_{E_r} = 1.3 \\ K_{E_q} = 1.7 \end{cases} \tag{7-35}$$

冲击矿压的预警临界值系数为：

$$\begin{cases} K_{N_r} = 1.7 \\ K_{N_q} = 2.3 \\ K_{E_r} = 1.3 \\ K_{E_q} = 1.7 \end{cases} \tag{7-36}$$

这样就得出了电磁辐射动态预测煤岩动力灾害的临界值系数。根据预警临界值系数可以得出煤岩动力灾害电磁辐射预警的临界值和动态趋势的变化率，并根据具体矿区的煤岩层和采掘条件等因素对临界值系数进行修正。

第四节　煤岩动力灾害电磁辐射监测预警技术

一、电磁辐射监测预警三维图

电磁辐射监测仪器主要有中国矿业大学研发的 KBD-5 便携式电磁辐射仪和 KBD-7 在线式电磁辐射仪。采用电磁辐射仪对煤岩动力灾害进行监测时，可以采用静态临界值法和动态趋势法相结合的方法进行预警。实际对某矿区或某采掘工作面进行监测预警时，首先测试巷道后方稳定区域的电磁辐射脉冲数和强度，并将此数值作为基准值 N_w 和 E_w，然后根据式(7-34)～式(7-36)来确定电磁辐射静态预警临界值和动态趋势预警变化系数。由此得到的煤与瓦斯突出和冲击矿压危险预警时静态预警法和动态趋势预警法的判断方法，见表7-1。图7-8是根据预警方法绘制的三级预警三维图。其中，动态趋势法中 K_E 表示电磁辐射强度的动态变化系数，K_N 表示电磁辐射脉冲数的动态变化系数。此变化系数在现场使用时，可以利用现场实际测试得到的电磁辐射值与前面测试得到的值的比率来计算。为了真实地反映工作面前方煤岩破坏电磁辐射的统计规律，防止由于监测数据少而发生误报，应针对不同矿区的实际情况，确定出合理的监测数据域来进行预警。

表 7-1　　　　　　　　　　　煤岩动力灾害危险电磁辐射预警方法及防治对策

	煤与瓦斯突出			冲击矿压		
	无危险	弱危险	强危险	无危险	弱危险	强危险
静态临界值方法	$E<1.3\,E_{\mathrm{w}}$ 且 $N<1.5\,N_{\mathrm{w}}$	$E\geqslant1.3\,E_{\mathrm{w}}$ 或 $N\geqslant1.5N_{\mathrm{w}}$	$E\geqslant1.7\,E_{\mathrm{w}}$ 或 $N\geqslant1.8N_{\mathrm{w}}$	$E<1.3\,E_{\mathrm{w}}$ 且 $N<1.7N_{\mathrm{w}}$	$E\geqslant1.3\,E_{\mathrm{w}}$ 或 $N\geqslant1.7N_{\mathrm{w}}$	$E\geqslant1.7\,E_{\mathrm{w}}$ 或 $N\geqslant2.3N_{\mathrm{w}}$
动态趋势方法	$K_{\mathrm{E}}<1.3$ 且 $K_{\mathrm{N}}<1.5$	$K_{\mathrm{E}}\geqslant1.3$ 或 $K_{\mathrm{N}}\geqslant1.5$	$K_{\mathrm{E}}\geqslant1.7$ 或 $K_{\mathrm{N}}\geqslant1.8$	$K_{\mathrm{E}}<1.3$ 且 $K_{\mathrm{N}}<1.7$	$K_{\mathrm{E}}\geqslant1.3$ 或 $K_{\mathrm{N}}\geqslant1.7$	$K_{\mathrm{E}}\geqslant1.7$ 或 $K_{\mathrm{N}}\geqslant2.3$
措施	不需要采取措施	需要采取措施	撤人或立即采取措施	不需要采取措施	需要采取措施	撤人或立即采取措施

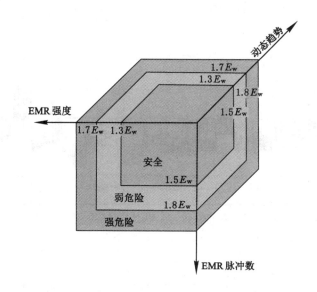

图 7-8　煤岩动力灾害电磁辐射预警三维图

二、电磁辐射监测规律

1. 工作面区域电磁辐射监测一般规律

图 7-9 所示为华丰煤矿 2408 工作面观测的电磁辐射值(图中:上面一条曲线为最大值,下面一条曲线为平均值)。矿压实际观测表明,下平巷的冲击危险性比上平巷的高。电磁辐射监测结果表明,在工作面不同区域,监测到的电磁辐射值是不同的,应力和冲击矿压危险性高的区域,电磁辐射值较高。

2. 正常开采区域电磁辐射监测规律

某矿 9112 工作面在没有冲击危险,工作面和巷道处于正常压力情况下的观测结果如图 7-10 和图 7-11 所示。从图中可以看出,正常情况下电磁辐射的幅值比较低,脉冲数较少,变化也较小。

3. 应力升高区的电磁辐射监测规律

在工作面前方煤壁内的应力升高区,测定的电磁辐射值强度高,脉冲数变化大,说明煤层内的应力高,而且煤层处于不断变形和破坏之中。图 7-12 所示为某矿 9112 工作面在距

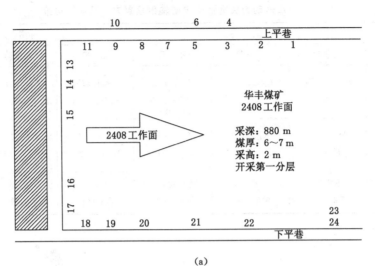

(a)

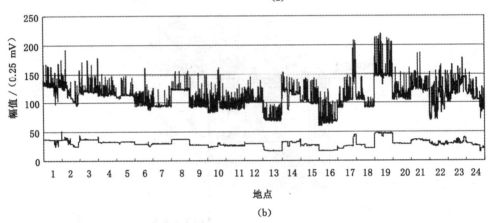

(b)

图 7-9　华丰煤矿 2408 工作面及周围巷道内的电磁辐射监测结果
(a) 电磁辐射测点布置；(b) 电磁辐射监测值

材料道 15 m 处工作面煤壁内测定的电磁辐射强度和脉冲数在 2 min 内的变化规律。从图中可以看出，煤层中的应力处于不断变化之中。

4. 支承压力区的电磁辐射监测规律

在工作面前方支承压力高峰区，测定的电磁辐射值强度高，脉冲数变化大，同样说明了煤层内的应力高，煤层处于不断变形和破坏之中。图 7-13 所示为 9112 工作面前方 30 m 处材料道内测定电磁辐射的结果。

5. 顶板运动的电磁辐射监测规律

在工作面推进 42,52,62 m 时，工作面周期来压。在来压期间，电磁辐射值增高，呈现与周期来压一致的周期性变化。电磁辐射的变化规律与顶板的运动规律相吻合。图 7-14 所示为工作面在推进过程中，距工作面 50～60 m 风巷范围内电磁辐射幅值的变化规律。电磁辐射规律与工作面周期来压规律是一致的。另外，巷道中在基本顶断裂的位置，观测到的电磁辐射值也较高，如图 7-15 所示。

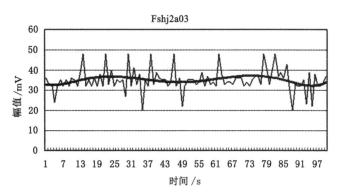

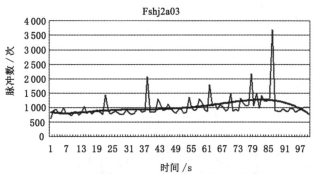

图 7-10 9112 工作面风巷观测结果(一)

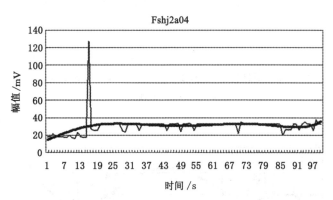

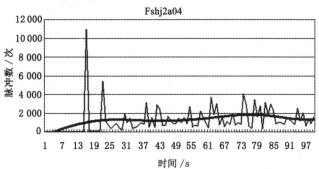

图 7-11 9112 工作面风巷观测结果(二)

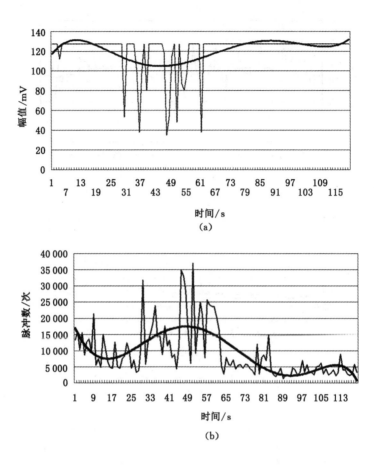

图 7-12　距材料道 15 m 处工作面煤壁内的电磁辐射值

(a) 幅值；(b) 脉冲数

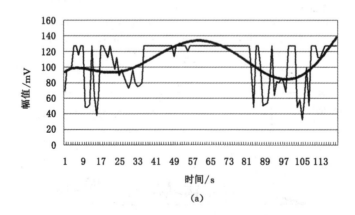

图 7-13　工作面前方 30 m 处材料道内测定的电磁辐射值

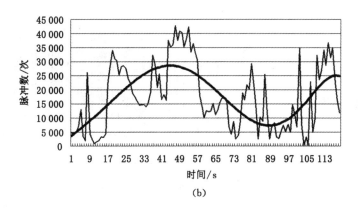

续图 7-13　工作面前方 30 m 处材料道内测定的电磁辐射值

（a）幅值；（b）脉冲数

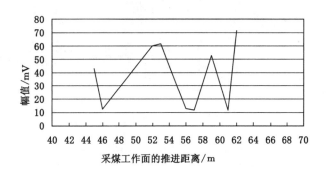

图 7-14　距采面 50～60 m 风巷内电磁辐射

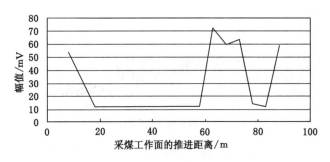

图 7-15　巷道中基本顶断裂处电磁辐射

6. 顶板破断的电磁辐射监测规律

　　工作面煤层顶板破断，观测到电磁辐射幅值的剧烈变化，反映了顶板内聚集的弹性能剧烈释放过程。图 7-16 所示为某矿 7204 工作面在推进 57 m、顶板破断至中部时观测的电磁辐射变化规律；图 7-17 所示为 7204 工作面顶板破断至中上部时观测的电磁辐射变化规律；图 7-18 所示为工作面中下部顶板垮落后 2 h 的电磁辐射变化规律。图中表明，此时测到的电磁辐射值非常低，反映了工作面中下部顶板已经断裂，顶板内的弹性能已大量释放。

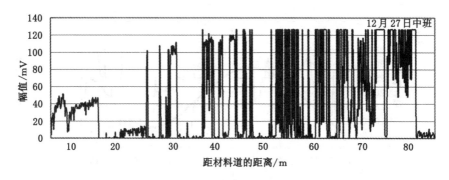

图 7-16　工作面 12 月 27 日中班中部顶板破断时电磁辐射监测结果

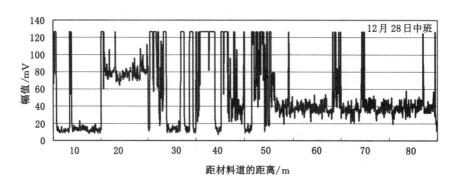

图 7-17　顶板破断至中上部时电磁辐射监测结果

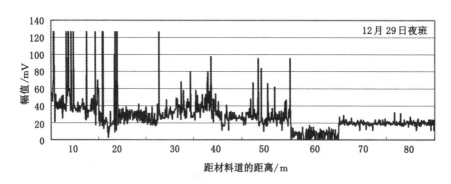

图 7-18　工作面中下部顶板垮落 2 h 后电磁辐射监测结果

7. 冲击危险区域的电磁辐射监测规律

在具有冲击危险的高应力区域,观测到的电磁辐射值较高。冲击矿压危险性高的区域,电磁辐射的幅值变化不大,但整体水平高。例如,11 月 19 日中班,7204 工作面自材料道向下 60 m 范围内的电磁辐射幅值较高,表明两材料道间的煤柱应力及冲击危险性较高。在工作面没有进行爆破卸压、顶板没有垮落的区域,电磁辐射值非常高,而且其幅值变化较大。在进行了爆破卸压、顶板已垮落的区域,电磁辐射幅值降低,二者相差近 4 倍,说明爆破卸压和顶板垮落对煤体的应力起到了释放作用。图 7-19 所示为 7204 工作面各观测点的电磁辐射值,高峰处为工作面未进行爆破卸压的区域。

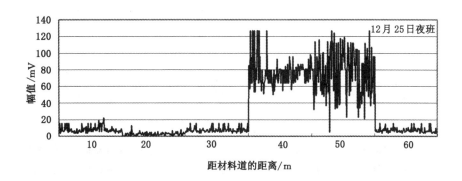

图 7-19　7204 工作面电磁辐射值监测结果

8. 矿震与电磁辐射的耦合规律

某矿 7204 工作面为强冲击危险工作面,生产过程中矿震显现频繁。在采用电磁辐射法监测过程中,记录了大量矿震导致的电磁辐射幅值变化曲线。在没有电气设备影响的情况下,电磁辐射监测到几个突然增高的幅值,而其余的幅值变化比较平缓,说明矿震引起了煤体应力产生瞬时增量。图 7-20 所示为电磁辐射监测记录的矿震发生时的电磁辐射变化规律。

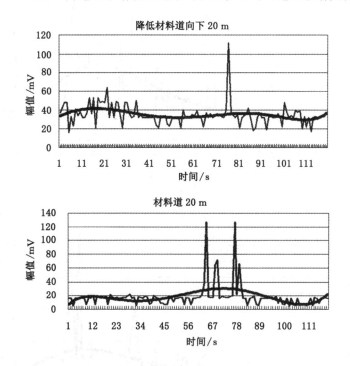

图 7-20　工作面上、下部两次矿震时的电磁辐射监测结果

9. 卸压爆破前后的电磁辐射监测规律

在工作面有冲击危险的区域内进行煤体爆破后,煤体内应力得到释放,电磁辐射值应有明显的变化,因此可用电磁辐射法检测煤体爆破的卸压效果。图 7-21 所示为同一地点卸压爆破前后钻屑量的变化趋势;图 7-22 和图 7-23 所示分别为卸压爆破前后电磁辐射的变化

规律。通过对比爆破前后电磁辐射和钻屑量的变化规律可知,二者的观测结果具有一致性。

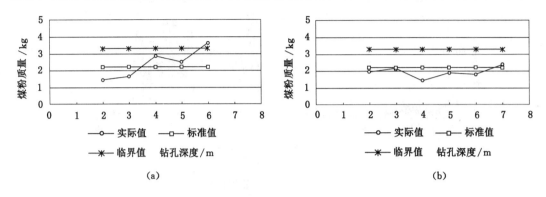

(a)　　　　　　　　　　　　　　　　　　　(b)

图 7-21　卸压爆破前后钻屑量的变化规律

(a) 卸压爆破前;(b) 卸压爆破后

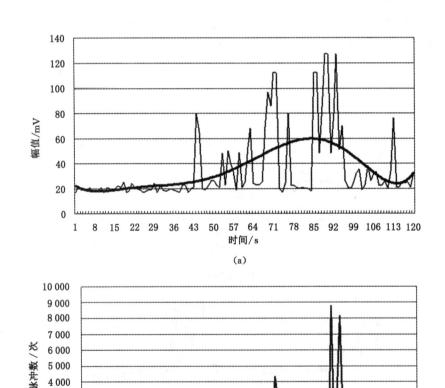

(a)

(b)

图 7-22　卸压爆破前电磁辐射监测结果

(a) 电磁辐射幅值;(b) 电磁辐射脉冲数

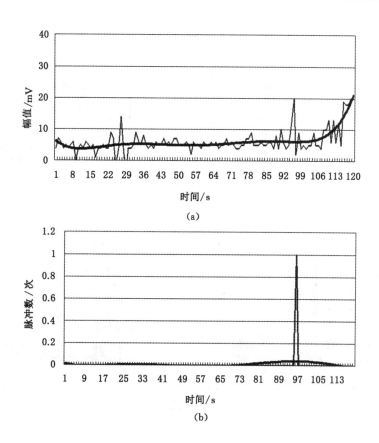

图 7-23　卸压爆破后电磁辐射监测结果

（a）电磁辐射幅值；（b）电磁辐射脉冲数

图 7-24 所示为某矿 7204 工作面上部随工作面推进过程中，卸压爆破前后的电磁辐射值变化规律。从图中可以看出，大部分冲击危险区域在卸压爆破后，电磁辐射值有了明显的下降，特别是 11 月 18 日电磁辐射值下降幅度非常大。

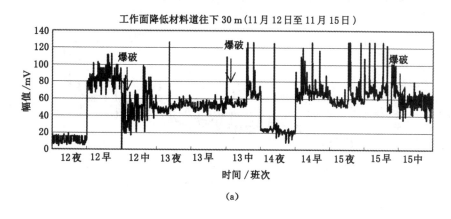

图 7-24　卸压爆破与电磁辐射监测值的相关关系

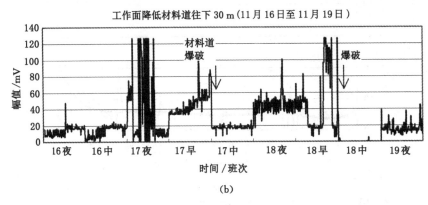

(b)

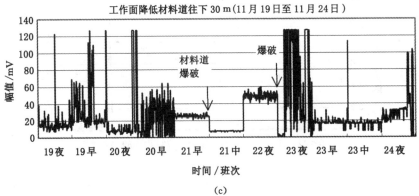

(c)

续图 7-24　卸压爆破与电磁辐射监测值的相关关系

10. 冲击矿压与电磁辐射监测规律

监测表明,在冲击矿压发生前,电磁辐射的幅值有较大幅度的增大。例如,在某矿 9112 工作面风巷距上头 120 m 处,在测量过后不到 30 s,曾发生过一次小型冲击。在发生冲击以前,电磁辐射仪测到了脉冲数和幅值的连续增长,反映了煤岩破坏的发展、冲击危险的增大过程,如图 7-25 所示。

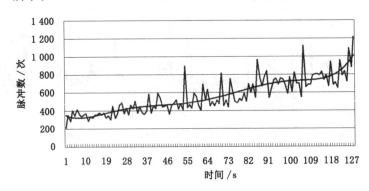

图 7-25　冲击矿压发生前电磁辐射脉冲数的变化趋势

在该矿 7204 工作面开采期间,通过爆破多次诱发了冲击矿压,同时也自然发生了两次较大规模的冲击矿压,其冲击地点和范围为材料道从工作面向外 13 m 开始的 13 m 长,工作面从材料道往下 11 m 开始的 22 m 长的煤壁。从诱发和发生的冲击矿压前后电磁辐射变化情况看,存在以下规律,即冲击矿压发生前的一段时间,电磁辐射值较高,之后有一段时间相对较低,但这段时间内,其电磁辐射值均达到、接近或超过临界值,之后发生冲击矿压,说明了能量的聚集与释放的过程。图 7-26 和图 7-27 所示分别为冲击矿压发生前后工作面煤壁和降低材料道处的电磁辐射强度的变化规律。

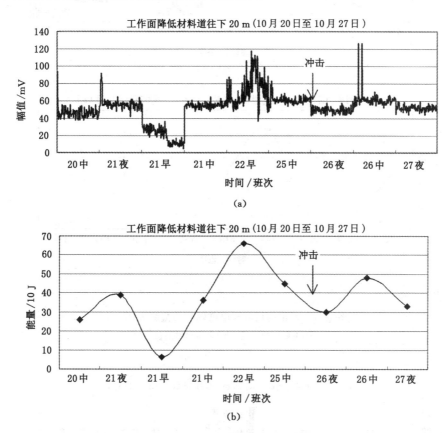

图 7-26 冲击前后工作面电磁辐射的监测规律
(a) 电磁辐射幅值;(b) 电磁辐射能量

图 7-28 所示为 7204 工作面 12 月 16 日诱发冲击矿压前后电磁辐射的变化规律。同样可以看出,冲击矿压发生前的一段时间,电磁辐射连续增长或先增长,然后下降,之后又呈增长趋势。

图 7-29 所示为 7204 工作面于 10 月 26 日、11 月 7 日冲击矿压发生前记录的电磁辐射信息变化规律。

图 7-30 所示为卸压爆破前后的电磁辐射信息变化规律。可以看出,绝大部分冲击危险区域在卸压爆破后,电磁辐射值有了明显的下降。图 7-31 反映了工作面进行卸压爆破过程中电磁辐射强度的变化情况。这几次爆破均相应地诱发了冲击矿压。

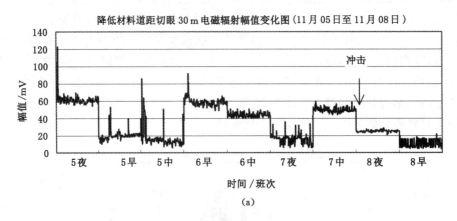

(a)

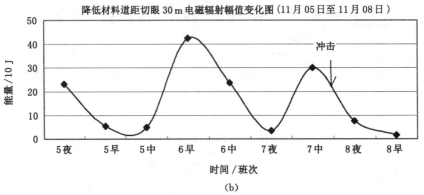

(b)

图 7-27 冲击前后巷道电磁辐射的监测规律

（a）电磁辐射强度；（b）电磁辐射能量

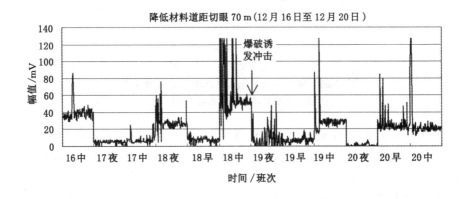

图 7-28 诱发冲击矿压前后电磁辐射的监测规律

7204 工作面从 1999 年 10 月份开始回采，采面及巷道共发生冲击矿压 38 次，其中 34 次为卸压爆破诱发，另外 4 次虽进行了卸压爆破，但由于爆破力度不够，在落煤时诱发了冲击矿压显现。对于卸压爆破诱发冲击矿压和 4 次落煤诱发冲击矿压，在此之前均采用

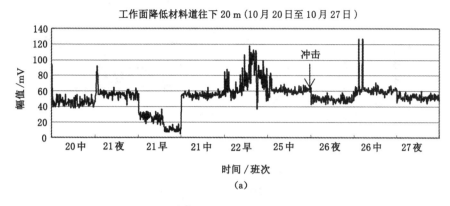

工作面降低材料道往下 20 m（10 月 20 日至 10 月 27 日）

(a)

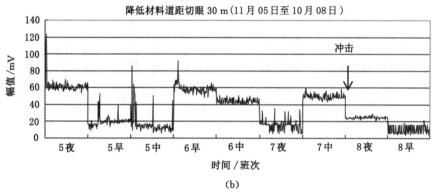

降低材料道距切眼 30 m（11 月 05 日至 10 月 08 日）

(b)

图 7-29　冲击矿压前后电磁辐射监测规律

（a）10 月 26 日冲击矿压前后电磁辐射监测规律；（b）11 月 7 日冲击矿压前后电磁辐射监测规律

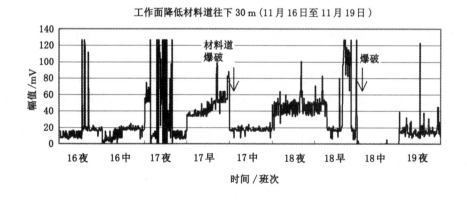

工作面降低材料道往下 30 m（11 月 16 日至 11 月 19 日）

图 7-30　卸压爆破前后电磁辐射幅值的变化规律

电磁辐射进行了监测预警。从电磁辐射预警的结果来看，预警冲击矿压不发生的准确率达 100％。如果以发生的冲击矿压现象为标准，则预警冲击矿压发生的准确率达 80％以上。

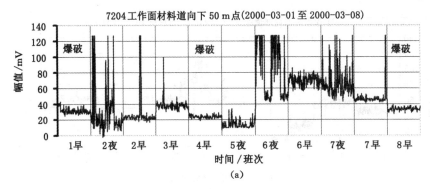

(a)

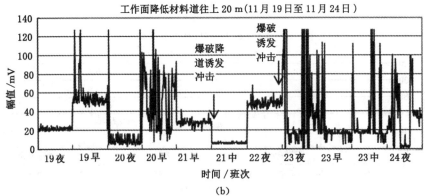

(b)

图 7-31　卸压爆破诱发冲击矿压前后电磁辐射监测规律

（a）3 月 1 日至 8 日电磁辐射综合对比图；（b）11 月 19 日至 24 日电磁辐射幅值变化图

第五节　煤岩动力灾害与电磁辐射的耦合规律

从冲击危险工作面的电磁辐射监测结果分析，煤岩动力现象与电磁辐射信号变化存在如下规律：

（1）电磁辐射与煤岩体所受应力之间存在相关关系，即煤岩体所受的应力越高，电磁辐射的强度就越大，特别是在工作面及巷道的支承应力影响区，电磁辐射的幅值明显高于非支承应力影响区。

（2）电磁辐射可反映煤岩体的破坏程度。在煤岩体破坏剧烈的区域，即微裂隙形成和发展速率大的区域，不仅电磁辐射的脉冲数非常高，而且变化非常大。

（3）电磁辐射信号能敏感反映出煤岩体的冲击破坏。在煤岩体发生冲击破坏前，电磁辐射的幅值突然升高，脉冲数非常高，变化也非常大。

（4）电磁辐射可监测矿震的发生。发生矿震时，电磁辐射的幅值和脉冲数突然出现一到几个高峰值。

（5）电磁辐射可反映工作面的来压规律。顶板断裂和基本顶来压的信息通过煤体应力的变化反应到电磁辐射信号上。在电磁辐射所测时间段内，若顶板处于断裂发展状态，则其幅值变化较大，由低到高，呈强烈的振荡状态，在巷道中的顶板来压、断裂的区域，电磁辐射值明显高于其他区域。

（6）电磁辐射可预测预报冲击矿压。冲击矿压发生前的一段时间，电磁辐射连续增长或先增长，然后下降，之后又呈增长趋势，即：冲击矿压发生前的一段时间，电磁辐射值较高，之后有一段时间相对较低，但这段时间内，电磁辐射值均达到、接近或超过临界值，之后发生冲击矿压。

（7）电磁辐射可检验卸压爆破的效果。也就是说，在卸压爆破前电磁辐射幅值较高，卸压爆破后电磁辐射值有明显下降，说明煤体应力降低，能量得到了释放。如果卸压爆破后电磁辐射值没有明显的变化，甚至有所上升，则说明煤岩体中的弹性能没有得到有效释放。

（8）根据电磁辐射监测分析结果，可以确定冲击矿压可能发生的区域和地点，为及时采取相应的冲击矿压防治措施提供了依据。

知识巩固及拓展习题

1. 基本概念

煤岩电磁辐射　电磁辐射强度　电磁辐射脉冲数

2. 简述煤岩体受载试验过程中电磁辐射信号变化规律。

3. 论述煤岩动力现象与电磁辐射耦合规律。

第八章　其他采矿地球物理方法

第一节　煤岩变形破裂的热红外辐射

一、热红外辐射的物理基础

自 19 世纪麦克斯韦尔证明光是一种电磁波以来,人类对不同波长范围内的各类电磁波的性质及其应用进行了卓有成效的研究,并建立了从 γ 射线到极远红外线的连续波谱图,如图 8-1 所示。其中具有热效应的红外波长范围为:0.75~1 000 μm。理论上,自然界中一切高于绝对温度 0 K(−273 ℃)的物体都向外辐射不同波段范围的电磁波(包括红外线)。这种辐射是物体内电子振荡辐射电磁能的结果。根据斯蒂芬-玻尔兹曼定律,辐射强度与物体的辐射率及分子运动的绝对温度的四次方成正比,即

$$F = \int_0^\infty E(\lambda)\,\mathrm{d}\lambda = \varepsilon\delta T^4 \tag{8-1}$$

式中:F 为单位面积上辐射到半球空间里的总能量,即辐射通量密度,W/cm^2;λ 为辐射波波长,μm;$E(\lambda)$为光谱辐射度,W/(cm^2 · μm);ε 为辐射系数,指灰体与黑体(理想辐射源,ε=1)辐射能量之比,0<ε<1,岩石一般为 0.7~0.95;δ 为斯蒂芬—玻耳兹曼常数,5.669 7×10^{-12} W/(cm^2 · K^{-4});T 为物体的绝对温度,K。

由斯蒂芬-玻耳兹曼定律可以看出,相当小的温度变化都会引起辐射通量密度的很大变化。例如:一块辐射系数为 0.9 的岩石,当处于室温状态(300 K 即 27 ℃)时,其所有波段辐射值总和大约是 413.3 W/m^2;若其温度升高 1 K,辐射值增加约 5.6 W/m^2。

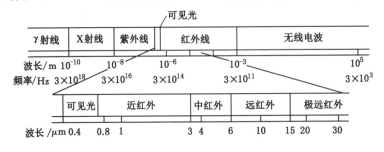

图 8-1　电磁波谱图

维恩位移定律进一步指出,对于同一物体,不同波段上的辐射通量密度是不一样的,辐射通量密度—波长曲线是单峰形态;随温度升高,该辐射通量密度的峰值波长 $\lambda_{\max}$ 向短波方向移动,如图 8-2 所示。用公式描述为:

$$\lambda_{\max} = \alpha/T \tag{8-2}$$

式中:α 为常数,α 取 2 897.8 $\mu m \cdot K$。

公式(8-1)和公式(8-2)是红外辐射的基本定律,岩石毫无例外地遵守。

热红外辐射温度是一定面域内物体辐射强度的平均值;热红外图像则是物体表面辐射能量场变化的一种视频显示。在灰度分割图像中,通常浅色调代表强辐射体,说明它的表面温度较高或辐射率较高;暗色调则代表弱辐射体,说明它的表面温度较低或辐射率较低。

随着遥感技术的发展,热红外遥感已成为遥感技术中一种新的方法。自 20 世纪 70 年代末、80 年代初以来,它已广泛应用于地质、地热、海洋、水利、电力、城市环境调查及自然灾害监测等方面,并显示出其独特的优越性。

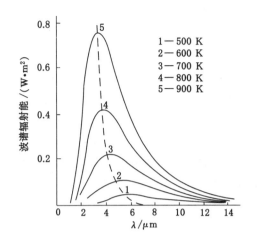

图 8-2　辐射强度与波长、温度的关系

对于地质体,其辐射率和表面温度的变化多是岩性差异的表现。地质体的辐射率主要取决于它的表面状态和物理性质(如岩石的粒度、密度、粗糙度、孔隙度、含水性、颜色等),一般表面粗糙、颜色较深的地质体具有较高的辐射率;表面光滑、颜色较浅的地质体具有较低的辐射率。地质体的表面温度主要取决于其自身的热学性质,如热传导率、热扩散率、热容量、热惯量等。对于组成岩体的岩石来讲,它们的温度变化主要取决于热惯量,大多数岩石的热惯量随岩石的密度增加而呈线性增加。

二、热红外辐射在采矿中的潜在应用

矿山实践表明,具有一定规模构造应力场或瓦斯突出现象的矿井也往往会造成矿井局部温度异常。例如:1986 年,山东陶庄矿井下频繁发生应力集中和冲击矿压时,环境温度场高达 34 ℃;1970 年,大同二矿 980 大巷靠近倒转褶皱的工作面常出现不明原因的高温;北票矿务局瓦斯突出时井温高达 38℃;四川省、贵州省的一些矿务局瓦斯突出时井温明显上升;在有些煤与瓦斯突出实例中,能见到突出煤的温度升高,如英国西恩海德赖-彭特赖马任尔矿井的一次突出,突出的煤温高达 60 ℃;而多数情况下,发生瓦斯突出时的预兆是煤壁温度或环境气温降低,如 1951 年 12 月 22 日四川天府磨心坡矿发生煤和瓦斯突出前,"工人感觉到工作面发冷,从煤面的裂缝内有冷气喷出、并有嘶嘶呼呼的响声"。

煤柱承载直到屈服破坏,是一个动力过程;煤爆、煤岩与瓦斯突出、煤层顶板运动破坏也是一个动力过程。它们在地应力和采动应力的共同作用下,产生移动变形,并会引起成岩物质内部结构的调整和某些物理化学变化,其中必然包括能量的转化和电子跃迁,如部分机械能转化为热能,或部分固有热能转化为机械能,并以电磁辐射的形式表现出来。

那么,作为电磁辐射之一的热红外辐射温度的特征变化必然反应上述物理化学过程,并提供一些前兆信息。若这些特征变化和前兆信息能被监测到,则有可能发展成为一种崭新的矿柱稳态监测和矿山岩爆、冲击矿压、煤与瓦斯突出的热红外遥感监测与预测预报技术,其中能反应场信息的热红外成像技术将具有较强生命力。

第二节　岩体地电特征

采矿电法是利用岩石电特征或其变化来解决顶板、地质及采矿技术问题。电法分为稳定电流法和变化电流法两种。稳定电流法利用的是岩石介质中电流传导的稳定性和亚稳定性，主要是利用岩体的电阻特性进行探测。变化电流法主要是研究电磁波的传播规律进行探测。电磁波在岩石中的传播特征除电阻外，还有电介常数 ε、磁通量 μ 等。

考虑煤矿井下巷道中存在大量金属，故变化电流法没有得到广泛应用。应用较广泛的是雷达法。井下地电法主要用来解决如下问题：

（1）认识顶底板岩层的地质条件。

（2）自然灾害评价（如矿震、冲击矿压、火灾、水害等）。

（3）评价支架与围岩的相互作用关系。

（4）监测开拓巷道和回采巷道的应力应变状态。

应当注意，在煤矿井下，地电测量非常困难。因此应预先进行实验研究，确定其测定结果与岩体物理特性之间的关系。

一、地电测量的物理基础

1. 电阻法

在电阻法中，主要是测量岩体的电阻及其随时间变化的规律。岩体中的电场由物理定律来描述。

欧姆定律：

$$I = \frac{E}{\rho} \tag{8-3}$$

拉普拉斯方程（laplace 方程）描述的电势，可以分析任意点电势的分布。

在均质、无限半平面点源的情况下，可得到 m 点的电势为：

$$V_m = \frac{I\rho}{2\pi r} \tag{8-4}$$

式中：I 为从点源到介质的影响电流强度；ρ 为电阻；r 为从点源到观察点 M 的距离。

在实际中，介质中不可能只用一个极，根据叠加原则，电势总和对于符号相反的 A、B 两极：

$$V_M = V_{AM} + V_{BM} = \frac{+I\rho}{2\pi r_{AM}} + \frac{-I\rho}{2\pi r_{BM}} = \frac{I\rho}{2\pi}\left(\frac{1}{r_{AM}} - \frac{1}{r_{BM}}\right) \tag{8-5}$$

而对于相邻两点 M 和 N 来说：

$$V_{MN} = V_M - V_N = V_{AM} + V_{BM} - (V_{AN} + V_{BN})$$
$$= \frac{I\rho}{2\pi}\left(\frac{1}{r_{AM}} - \frac{1}{r_{BM}} - \frac{1}{r_{AN}} - \frac{1}{r_{BN}}\right) \tag{8-6}$$

从上式可见，如果已知电源两极的布置方式（加电极）和测量点（测量极）的布置以及测量其中的电流和电压 V_{MN}，就可以确定地质介质中的电阻。

$$\rho = k\frac{V_{MN}}{I} \tag{8-7}$$

通过测量电阻可以获得开采影响下岩体结构及变化的信息，特别是应力应变变化过程形成的分层、裂隙、湿度的变化及其他变化。图 8-3 所示为电阻法应用的测量系统简图,实际常用的是电桥系统;表 8-1 中为矿井中常见岩石的电阻。

电阻关系式从一方面来说可广泛应用,而从另一方面,结果有多种解释而受到限制。例如,采用电阻法来监测煤层中的应力应变状态,其依据是试验结果(A,B,C,D 为脆性崩裂的阶段)(图 8-4),而应力应变的状态与电阻之间的关系在矿井测量中有明显的不同,如图 8-5 所示。

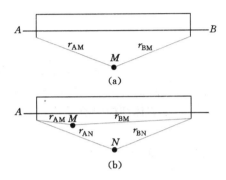

图 8-3 测量系统简图

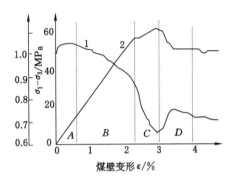

图 8-4 围压 20 MPa 时电阻与应力差和变形之间的关系

1——电阻曲线;2——应力差曲线

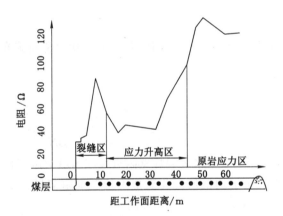

图 8-5 工作面前方的电阻测量结果

表 8-1 常见岩石的电阻值

岩石种类	电阻/Ω	岩石种类	电阻/Ω
硬石膏	$8\times10^3 \sim 1\times10^6$	页岩	$3\times10^0 \sim 1\times10^2$
玄武岩	$5\times10^2 \sim 1\times10^5$	石盐	$1\times10^4 \sim 1\times10^6$
石灰岩	$5\times10^2 \sim 5\times10^3$	硬煤	$1\times10^{-3} \sim 1$
砾岩	$1\times10^2 \sim 2\times10^3$	瘦煤	$1\times10 \sim 5\times10^2$
松散砂岩	$5\times10^{-1} \sim 5\times10$	烟煤	$1\times10^2 \sim 1\times10^4$
坚硬砂岩	$2\times10 \sim 1\times10^3$	褐煤	$1\times10^4 \sim 2\times10^2$

2. 地质雷达法

雷达法是属于利用电磁波传播特性的方法之一。其物理基础是利用电磁波传播速度和阻尼与岩体结构和性能之间的关系进行探测。这种波的传播像地震波的传播过程一样。总的来说,雷达波的传播速度与介质的电介常数 ε 及其湿度、孔隙率等紧密相关。事实表明,对于电磁波来说,水和空气是两个界面。相对于材料而言的 $v_r = (0.33 \sim 3) \times 10^5$ km/s,在岩体中电磁波的传播速度为:

$$v_r = \frac{c}{\sqrt{\varepsilon}} \tag{8-8}$$

式中:c 为真空中电磁波传播速度;ε 为电介常数。

雷达法的测量深度取决于岩石特性以及发射接收的强度、频率。频率越低,磁通量越大,传播范围也越大。若电磁波在传播途中遇到电介质不同的边界,则会出现反射,形成反射波。反射波传回的时间在已知传播速度的情况下,可对边界定位,如岩体结构中的断层、裂隙等。

二、地电测量方法

在矿井条件下,将电极(加电极和测量级)安装在钻孔平底(深度 0.5 $\sim$ 2.0 m),进行测量。

电阻法可采用:

(1) 剖面法:剖面可布置在顶底板或巷道帮部。

(2) 差值法:常用在顶板。

(3) 钻孔法:钻孔中站式测量。

测量系统:在常电流情况下测量岩石的电阻变化,常采用对称桥式布置。

三、地电测量参数

1. 电阻法

$$\rho = 4\pi = \frac{V}{\left(\dfrac{1}{AM} - \dfrac{1}{AN} - \dfrac{1}{BM} + \dfrac{1}{BN}\right)I} \tag{8-9}$$

图 8-6 所示为用具体的测量数据来表现煤壁附近裂隙区域对电阻值的影响。在距巷道壁 0 $\sim$ 6 m 的距离内,电阻值比平均值低。巷道帮附近低电阻值异常是由于巷道边裂隙水的增加,以及该区域破断的影响。

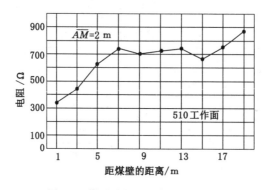

图 8-6 煤壁内部电阻值的变化规律

2. 雷达法

确定边界的埋藏深度：

$$D = \frac{vt}{2} \tag{8-10}$$

确定反射系数：

$$K = \frac{\sqrt{\varepsilon_2} - \sqrt{\varepsilon_1}}{\sqrt{\varepsilon_2} + \sqrt{\varepsilon_1}} \tag{8-11}$$

确定阻尼系数：

$$A = \frac{1\,635\sigma}{\sqrt{\varepsilon}} \tag{8-12}$$

确定波长：

$$L = \frac{1\,000c}{f\sqrt{\varepsilon}} \tag{8-13}$$

式中：ε 为电介常数；t 为材料中波传播时间，ms；σ 为介质电通量，s/m；f 为频率，MHz。

四、采矿应用实例

1. 确定岩像

在地质钻孔中，采用地电法测井，从而确定岩像的变化。

2. 确定岩体的裂隙性

可采用剖面法、雷达法确定岩体的裂隙性。研究表明，当顶板出现高电阻异常时，表明顶板可能存在离层。根据振幅超过原背景值的大小，可确定离层值大小。

3. 识别停采线的影响区域

在停采线影响下，507 煤层的电阻分布见图 8-7。煤层电阻与标准电阻之比与距工作面距离之间的关系见图 8-8。断层区域边界的电阻变化见图 8-9。

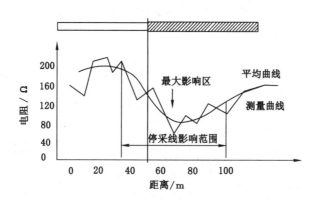

图 8-7 停采线影响下电阻分布规律

4. 雷达法用于地质研究

雷达法可解决如下多种矿井问题：

(1) 研究井壁厚度和状态(井壁损坏、裂缝、破裂、脱落等)。

(2) 井壁向外变形压出(离层)。

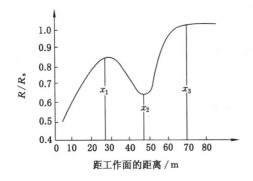

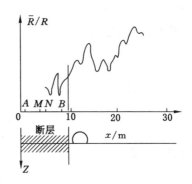

图 8-8 煤层电阻与标准电阻之比与
距工作面距离之间的关系
x_1——裂缝压密边界；x_2——扩展边界；
x_3——弹性边界

图 8-9 断层区域边界电阻变化规律

（3）揭露井筒和巷道的含水层。

第三节 开采引起的重力场

开采引起的重力场通过重力法进行观测。重力法是一种地球物理方法，它是根据地层中岩石介质质量分布的不均匀性来测量重力的异常变化。重力的变化取决于地层的尺寸、形式、埋藏深度以及该地层与周围岩层之间的密度差异。

测量仪器和测量方法的发展，促进了重力法广泛应用。测量仪器的高精度（2×10^{-9} m·s^{-2}）可使其广泛用于小结构，岩相变化的测量以及由于采矿引起的密度分布变化。

目前，采矿重力法主要应用于开采引起的岩体体积变化；地层震动的预测；小范围内煤层构造的变化；局部空洞的定位。

一、多水平重力剖面

对于地层中的上下两层岩层，由于其密度不同，而且在各分层边界面不平的情况下，则在该边界的上下形成重力异常，如图 8-10 所示。

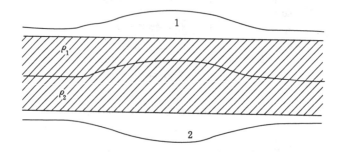

图 8-10 密度分布不均边界 $\rho_2 > \rho_1$ 的重力异常 Δg
1——复合层上部的重力异常曲线；2——复合层下部的重力异常曲线

实际中,对于两水平来说,可用重力异常来探测以下信息:

(1) 揭露测量水平之间的地质情况;

(2) 研究开采引起的岩层密度的变化;

(3) 揭露岩体引力升高的影响下,膨胀过程的发展。

二、重力测量方法与观测仪器

测量仪器有美国公司 Worden,LaCwta-Romberg 和加拿大公司 Scintex 生产的重力仪。重力仪主要测量重力值的变化,其灵敏度很高(10^{-7} 到 10^{-8} 重力值)。在其原理如图 8-11 所示,这种情况下,重力的微小变化,弹性作用臂将产生较大的倾斜度。

三、冲击矿压的重力法监测预警

重力法可用于矿山震动与冲击矿压的预测预报之中,其主要是确定在有冲击矿压危险的区域,微重力异常的变化特征。一般情况下,在发生震动与冲击矿压前,岩体的体积将会增加,从而使岩体的密度降低,微重力异常值将发生变化。

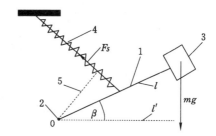

图 8-11　重力仪原理示意图

1——系统臂长;2——回转轴;3——质量;

4——弹簧;5——弹性作用臂;

β——平衡状态时与平面的夹角;mg——重力

四、揭露老巷及其充填程度

地下的老巷和采空区对地表建筑物及工业区有很大的威胁。根据老巷与采空区上方重力场中的密度与周围岩体的密度之差,可以采用重力垂直梯度 ΔW_{zzw} 的分布确定其位置。

图 8-12 所示为两条巷道上方重力垂直梯度的分布,根据曲线 ΔW_{zzw} 的极小值,可以很好地确定巷道的位置。

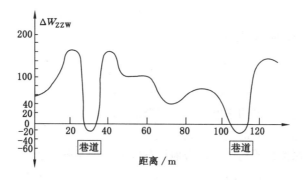

图 8-12　巷道上方 12.0 m 处的重力垂直梯度分布

图 8-13 所示为在地表测量的隧道上方重力垂直梯度 ΔW_{zzw} 的分布。这些隧道距地表 13.5 m。从图上可以清楚地看到,隧道上方的 ΔW_{zzw} 出现最小值。

图 8-14 所示为保护煤柱上方重力垂直梯度的变化情况。ΔW_{zzw} 出现的最大值的情况与压力分布以及煤柱的破裂区域联系在一起。

根据 Fajlclewicz 的研究,ΔW_{zzw} 的负振幅与巷道中非充填部分的体积成正比关系,这样就可以计算开采后充填的程度。

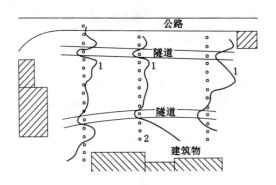

图 8-13　地下隧道的定位

1——重力异常曲线；2——测点

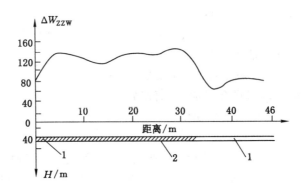

图 8-14　煤柱与巷道上方 ΔW_{zzw} 分布

1——巷道；2——煤柱

 知识巩固及拓展习题

1. 基本概念

热红外辐射法　采矿电法　电阻法　雷达法　重力法

2. 简述井下地电法主要用来解决哪些问题。

3. 简述地质雷达法探测的物理基础。

4. 简述重力法探测地质构造及冲击地压危险的物理基础。

参 考 文 献

［1］ BRACE W,BYERLEE J. California earthquakes:why only shallow focus ［J］. Science, 1970,168(3939):1573-1575.

［2］ CODEGLIA D,DIXON N,FOWMES G J,et al. Analysis of acoustic emission patterns for monitoring of rock slope deformation mechanisms［J］. Engineering Geology,2017, 219(S1):21-31.

［3］ DOU L M,MU Z L,LI Z L,et al. Research progress of monitoring,forecasting,and prevention of rockburst in underground coal mining in China［J］. International journal of coal science & technology,2014,1(3):278-288.

［4］ GE M. Analysis of source location algorithms part Ⅱ:iterative methods［J］. Journal of Acoustic Emission,2003,21:29-51.

［5］ GUTENBERG B,RICHTER C F. Frequency of earthquakes in California［J］. Bulletin of the Seismological Society of America,1944,34(4):185-188.

［6］ GIBOWICZ S J,KIJKO A. 矿山地震学引论［M］. 修济刚,译. 北京:地震出版社,1996.

［7］ HE J,DOU L M,CAO A Y,et al. Rock burst induced by roof breakage and its prevention［J］. Journal of Central South University,2012,19(4):1086-1091.

［8］ JIN P J,WANG E Y,SONG D Z. Study on correlation of acoustic emission and plastic strain based on coal-rock damage theory［J］. Geomechanics and engineering,2017,12 (4):627-637.

［9］ LU C P,DOU L M, WU X R,et al. Case study of blast-induced shock wave propagation in coal and rock. Int. ［J］. Rock Mech. Min. Sci. ,2010,47(6):1046-1054.

［10］ MORSCHER G N,GORDON N A. Crack classification and evolution in anisotropic shale during cyclic loading tests by acoustic emission［J］. Journal of geophysics & engineering,2017,14(4):930-938.

［11］ MU Z L,DOU L M, HE H, et al. F-structure model of overlying strata for dynamic disaster prevention in coal mine［J］. International journal of mining science and technology,2013,23(4):513-519.

［12］ REID H F. Remarkable earthquakes in central New Mexico in 1906 and 1907［J］. Bulletin of the Seismological Society of America,1911,1(1):10-16.

［13］ XIAO Y,LU J H,WANG C P,et al. Experimental study of high-temperature fracture propagation in anthracite and destruction of mudstone from coalfield using high-resolution microfocus x-ray computed tomography［J］. Rock mechanics & rock engineering,2016,49(9):3723-3734.

［14］XU S D,LI Y H,LIU J P. Detection of cracking and damage mechanisms in brittle granites by moment tensor analysis of acoustic emission signals［J］. Acoustical Physics,2017,63(3):359-367.

［15］YANG L T,MARSHALL,ALEC M,et al. Effect of high temperatures on sandstone - a computed tomography scan study［J］. International journal of physical modelling in geotechnics,2017,17(2):75-90.

［16］ZHANG X Q,WANG K,WANG A,et al. Analysis of internal pore structure of coal by micro-computed tomography and mercury injection［J］. International journal of oil gas & coal technology,2016,12(1):38.

［17］ZHAO Y,JIANG Y. Acoustic emission and thermal infrared precursors associated with bump-prone coal failure. Int. J［J］. Coal geol, 010,83(1):11-20.

［18］ZHAO Y S,MENG Q R, FENG Z C, et al. Evolving pore structures of lignite during pyrolysis observed by computed tomography［J］. Journal of porous media,2017,20(2):143-153.

［19］蔡武,窦林名,李振雷,等.矿震震动波速度层析成像评估冲击危险的验证［J］.地球物理学报,2016,59(1):252-262.

［20］曹安业,LUO X,窦林名,等.采动煤岩体中冲击震动波传播的微震效应试验研究［J］.采矿与安全工程学报,2011,28(4):530- 535.

［21］曹安业,窦林名,秦玉红,等.高应力区微震监测信号特征分析［J］.采矿与安全工程学报,2007,24(2):146-149.

［22］曹安业,窦林名.采场顶板破断型震源机制及其分析［J］.岩石力学与工程学报,2008,27(S2):3833-3839.

［23］曹安业,井广成,窦林名,等.不同加载速率下岩样损伤演化的声发射特征研究［J］.采矿与安全工程学报,2015,32(1):923- 928.

［24］陈炳瑞,冯夏庭,李庶林,等.基于粒子群算法的岩体微震源分层定位方法［J］.岩石力学与工程学报,2009,28(4):740-749.

［25］崔若飞,岳建华.煤田地球物理导论［M］.徐州:中国矿业大学出版社,1994.

［26］窦林名,蔡武,巩思园,等.冲击危险性动态预测的震动波 CT 技术研究［J］.煤炭学报,2014,39(2):238-244.

［27］窦林名,何学秋.煤矿冲击矿压的分级预测研究［J］.中国矿业大学学报,2007,36(6):717-722.

［28］窦林名,何学秋.声发射监测隧道围岩活动性［J］.应用声学,2002,21(5):25-29.

［29］窦林名,何江,曹安业,等.煤矿冲击矿压动静载叠加原理及其防治［J］.煤炭学报,2015,40(7):1469-1476.

［30］窦林名,牟宗龙,陆菜平,等.采矿地球物理理论与技术［M］.北京:科学出版社,2014.

［31］付京斌.受载组合煤岩电磁辐射规律及其应用研究［D］.北京:中国矿业大学（北京）,2009.

［32］高明仕,窦林名,张农,等.岩土介质中冲击震动波传播规律的微震试验研究［J］.岩石力学与工程学报,2007,26(7):1365-1371.

［33］耿乃光,崔承禹,邓明德.岩石破裂实验中的遥感观测与遥感岩石力学的开端[J].地震学报,1992,11(增刊1):645-652.

［34］宫宇新,何满潮,汪政红,等.岩石破坏声发射时频分析算法与瞬时频率前兆研究[J].岩石力学与工程学报,2013,32(4):787-799.

［35］巩思园,窦林名,何江,等.深部冲击倾向煤岩循环加卸载的纵波波速与应力关系试验研究[J].岩土力学,2012,33(01):45-51.

［36］巩思园.矿震震动波波速层析成像原理及其预测煤矿冲击危险应用实践[D].徐州:中国矿业大学,2010.

［37］何江,窦林名,蔡武,等.薄煤层动静组合诱发冲击地压的机制[J].煤炭学报,2014,39(11):2177-2182.

［38］何学秋,窦林名,牟宗龙,等.煤岩冲击动力灾害连续监测预警理论与技术[J].煤炭学报,2014,39(8):1485-1491.

［39］贺虎,窦林名,巩思园,等.覆岩关键层运动诱发冲击的规律研究[J].岩土工程学报,2010,32(8):1260-1265.

［40］李会义,姜福兴,杨淑华.基于Matlab的岩层微地震破裂定位求解及其应用[J].煤炭学报,2006,31(2):154-158.

［41］李庶林,唐海燕.不同加载条件下岩石材料破裂过程的声发射特性研究[J].岩土工程学报,2010,32(1):147-152.

［42］李新平,赵航,罗忆,等.深部裂隙岩体中弹性波传播与衰减规律试验研究[J].岩石力学与工程学报,2015,34(11):2319-2326.

［43］李志华,窦林名,管向清,等.矿震前兆分区监测方法及应用[J].煤炭学报,2009,34(5):614-618.

［44］李志华,窦林名,陆菜平,等.断层冲击相似模拟微震信号频谱分析[J].山东科技大学学报(自然科学版),2010,29(4):51-56.

［45］刘炯,巴晶,马坚伟,等.随机孔隙介质中地震波衰减分析[J].中国科学:物理学 力学天文学,2010,40(7):43-53.

［46］刘晓斐.冲击地压电磁辐射前兆信息的时间序列数据挖掘及群体识别体系研究[D].徐州:中国矿业大学,2008.

［47］陆菜平,窦林名,郭晓强,等.顶板岩层破断诱发矿震的频谱特征[J].岩石力学与工程学报,2010,29(5):1017-1022.

［48］陆菜平,窦林名,吴兴荣,等.煤岩冲击前兆微震频谱演变规律的试验与实证研究[J].岩石力学与工程学报,2008,27(3):519-525.

［49］陆菜平,窦林名,吴兴荣,等.岩体微震监测的频谱分析与信号识别[J].岩土工程学报,2005,27(7):772-775.

［50］牟宗龙,巩思园,刘广建,等.深部矿井冲击动力灾害防治研究[M].徐州:中国矿业大学出版社,2016.

［51］牟宗龙,王浩,彭蓬,等.岩-煤-岩组合体破坏特征及冲击倾向性试验研究[J].采矿与安全工程学报,2013,30(6):841-847.

［52］聂百胜,何学秋,王恩元,等.煤岩力电耦合模型及其参数计算[J].中国矿业大学学报,

2007,36(4):505-508.

[53] 潘一山,赵扬锋,官福海,等.矿震监测定位系统的研究及应用[J].岩石力学与工程学报,2007,26(5):1002-1011.

[54] 逢焕东,姜福兴,张兴民.微地震的线性方程定位求解及其病态处理[J].岩土力学,2004,25(增刊1):60-62.

[55] 钱鸣高,石平五.矿山压力与岩层控制[M].徐州:中国矿业大学出版社,2010.

[56] 宋卫东,明世祥,王欣,等.岩石压缩损伤破坏全过程试验研究[J].岩石力学与工程学报,2010,29(增刊2):4180-4187.

[57] 宋晓艳.煤岩物性的电磁辐射响应特征与机制研究[D].徐州:中国矿业大学,2009.

[58] 唐晓明,钱玉萍,陈雪莲.孔隙、裂隙介质弹性波理论的实验研究[J].地球物理学报,2013,56(12):4226-4233.

[59] 田玥,陈晓非.地震定位研究综述[J].地球物理学进展,2002,17(1):147-155.

[60] 王云刚.受载煤体变形破裂微波辐射规律及其机理的基础研究[D].徐州:中国矿业大学,2008.

[61] 魏国华.隧道地质地震波法超前探测技术[D].长春:吉林大学,2010.

[62] 肖红飞,冯涛,何学秋,等.煤岩动力灾害电磁辐射预测技术中力电耦合方法的研究及应用[J].岩石力学与工程学报,2005,24(11):1881-1887.

[63] 徐卫亚,韦立德.岩石损伤统计本构模型的研究[J].岩石力学与工程学报,2002,21(6):787-791.

[64] 杨春和,马洪岭,刘建锋.循环加、卸载下盐岩变形特性试验研究[J].岩土力学,2009,30(12):3562-3568.

[65] 杨红伟.循环载荷作用下岩石与孔隙水耦合作用机理研究[D].重庆:重庆大学,2011.

[66] 杨圣奇,徐卫亚,韦立德,等.单轴压缩下岩石损伤统计本构模型与试验研究[J].河海大学学报(自然科学版),2004,32(2):200-203.

[67] 袁振明,马羽宽,何泽云.声发射技术及其应用[M].北京:机械工业出版社,1989.

[68] 钟明寿,龙源,谢全民,等.基于分形盒维数和多重分形的爆破地震波信号分析[J].振动与冲击,2010,29(1):7-11.